MySQL 数据库应用与项目开发教程

主　编：祝小玲　吴碧海
副主编：苏燕杰　邓敦杰　陆　宇　朱新琰
参　编：包东辉　罗　莎　黄丽娟　卢万庆
马仕琼

北京理工大学出版社
BEIJING INSTITUTE OF TECHNOLOGY PRESS

内 容 简 介

本书按照读者的认知过程编排内容，由浅入深，详细得当。概念、方法、步骤都用实例说明，易于理解。对于数据库各种对象的创建方法和步骤，仅在重要处详细介绍，其他地方从略。

本书系统、全面地介绍了 MySQL 的实用技术，围绕“教务管理系统”的实施展开，以理论联系实际的方式，从具体问题分析开始，在解决问题的过程中讲解知识，介绍操作技能。全书分为项目实践篇、拓展应用篇，项目实践篇共有 10 章，包含 15 个课堂实践，基本实践任务（数据库的创建和管理，表的创建与管理）侧重于数据库的应用，面向数据库管理员岗位；主要实践任务（数据查询，存储过程和触发器等）侧重于数据高级查询和编程，面向应用软件开发人员，全书的示例均使用 SQL 语句实施和管理。拓展应用篇共有 2 章，分别是 Java 和 PHP 访问 MySQL 数据库应用操作。

本书可以作为应用型本科和高职高专计算机相关专业和非计算机专业数据库基础和数据库开发课程的教材，也适合计算机软件开发人员、从事数据库管理和维护工作的专业人员和广大计算机爱好者自学使用。为了方便读者自学，本书针对重难点提供了微课视频，同时也提供了多媒体课件、实例和习题等教学资源供老师使用。

图书在版编目（CIP）数据

MySQL 数据库应用与项目开发教程/祝小玲，吴碧海主编. —北京：北京理工大学出版社，2019.2

ISBN 978 -7 -5682 -6135 -7

Ⅰ.①M…　Ⅱ.①祝…　②吴…　Ⅲ.①SQL 语言 - 程序设计 - 高等学校 - 教材　Ⅳ.①TP311.132.3

中国版本图书馆 CIP 数据核字（2018）第 190433 号

出版发行／北京理工大学出版社有限责任公司
社　　址／北京市海淀区中关村南大街 5 号
邮　　编／100081
电　　话／（010）68914775（总编室）
　　　　　（010）82562903（教材售后服务热线）
　　　　　（010）68948351（其他图书服务热线）
网　　址／http：//www.bitpress.com.cn
经　　销／全国各地新华书店
印　　刷／三河市天利华印刷装订有限公司
开　　本／787 毫米 ×1092 毫米　1/16
印　　张／16
字　　数／375 千字
版　　次／2019 年 2 月第 1 版　2019 年 2 月第 1 次印刷
定　　价／67.50 元

责任编辑／李志敏
文案编辑／赵　轩
责任校对／周瑞红
责任印制／李志强

前　　言

本书从数据库技术的实际应用开发，根据应用型本科和高等职业教育的特点和要求，以任务驱动为主要教学方式编写，每章都以具体的学习任务为主线，引导读者理解、掌握知识和技能。全书通过大量丰富、实用、前后衔接的数据库项目来完整地介绍MySQL数据库技术，具有概念清晰、系统全面、精讲多练、实用性强和突出技能训练等特点，可以使读者由浅入深、全面、系统地掌握MySQL数据库管理系统及其应用开发的相关知识。

本书系统、全面地介绍了MySQL的实用技术，围绕“教务管理系统”的实施与管理展开，以理论联系实际的方式，从具体问题分析开始，在解决问题的过程中讲解知识，介绍操作技能。全书分为项目实践篇、拓展应用篇，项目实践篇共有10章，包含15个课堂实践，基本实践任务（数据库的创建和管理，表的创建与管理）侧重于数据库的应用，面向数据库管理员岗位；主要实践任务（数据查询，存储过程和触发器等）侧重于数据高级查询和编程，面向应用软件开发人员，全书的示例均使用SQL语句实施和管理。拓展应用篇共有2章，分别是Java和PHP访问MySQL数据库应用操作。

本书由祝小玲和吴碧海担任主编，包东辉、罗莎、黄丽娟、卢万庆、马仕琼也参与了本书的编写，此书是校企合作教材，书中采用企业真实案例，以工作过程为导向组织教学内容，将新方法、新规范、新标准等编入教材，开发有特色的校企合作教材。在编写过程中，得到许多老师们提出的宝贵意见和建议，在此向他们表示忠心的感谢。

由于水平有限，难免出现纰漏，望读者予以指正。

编著者

2018.1

CONTENTS 目录

项目实践篇

项目一　数据库技术基础……3

任务一　数据库系统概述……3

一、数据库的概念……3

二、数据管理技术的产生和发展……4

三、数据库系统的特点……6

任务二　数据模型……7

一、数据处理的三个世界……7

二、实体间的联系……7

三、数据模型的分类……8

四、关系模型的规范化……10

五、关系运算……12

任务三　数据库系统结构……13

一、数据库系统的三级模式结构……13

二、数据库系统的二级映像……14

任务四　数据库设计基础……14

一、设计原则……14

二、设计步骤……15

任务五　需求分析……16

一、需求分析的任务……16

二、需求分析的方法……16

三、数据字典……17

任务六　数据库的实施……19

一、数据的载入和应用程序的调试……19

二、数据库的试运行……20

项目实践　教务管理系统的数据库设计……20

小结……21

习题……21

项目二　MySQL 概述 …… 24
任务一　MySQL 的功能及特点 …… 24
一、MySQL 的版本 …… 24
二、MySQL 的特性 …… 25
任务二　Windows 系统中安装和配置 MySQL …… 27
一、安装 MySQL …… 27
二、配置 MySQL 服务器 …… 30
三、连接服务器 …… 34
任务三　在 Linux 系统中安装与配置 MySQL …… 36
一、Linux 操作系统下的 MySQL 版本介绍 …… 36
二、安装和配置 MySQL 的 RPM 包 …… 37
三、安装和配置 MySQL 的源码包 …… 40
任务四　MySQL 管理工具 …… 40
一、MySQL Workbench 管理工具 …… 41
二、MySQL Administrator 管理器工具 …… 41
三、MySQL Query Browser 数据查询工具 …… 41
四、MySQL Migration Toolkit 数据库迁移工具 …… 42
项目实践　MySQL 的简单应用 …… 42
小结 …… 53
习题 …… 53
项目三　创建与管理数据库 …… 55
任务一　MySQL 数据库简介 …… 55
一、数据库的构成 …… 55
二、数据库文件 …… 56
三、数据库对象 …… 56
四、数据库对象的标识符 …… 57
任务二　管理数据库 …… 57
一、创建数据库 …… 58
二、查看已有的数据库 …… 58
三、打开数据库 …… 59
四、修改数据库 …… 59
五、删除数据库 …… 59
六、使用 MySQL Workbench 管理数据库 …… 60
项目实践一　创建和管理教务管理系统数据库 …… 64
任务三　数据备份与恢复 …… 64
一、数据备份 …… 65
二、数据恢复 …… 68
项目实践二　备份教务管理系统数据库 …… 69
小结 …… 70

习题 …… 70
项目四 创建与管理数据表 …… 71
任务一 表概述 …… 71
一、表的概念 …… 71
二、表的类型 …… 72
三、表的数据类型 …… 73
四、表的设计 …… 74
任务二 创建和管理表 …… 74
一、创建表 …… 74
二、查看表信息 …… 77
三、修改表结构 …… 77
四、删除表 …… 79
任务三 表数据操作 …… 79
一、添加数据 …… 79
二、更新数据 …… 81
三、删除数据 …… 82
项目实践一 创建教务管理系统数据表 …… 82
任务四 创建和管理索引 …… 86
一、索引概述 …… 86
二、创建索引 …… 87
三、查看索引 …… 89
四、删除索引 …… 89
任务五 数据完整性 …… 90
一、数据完整性的分类 …… 90
二、数据完整性的实现 …… 91
三、使用约束 …… 91
项目实践二 教务管理系统中表的约束管理 …… 95
小结 …… 96
习题 …… 96
项目五 数据查询与视图管理 …… 101
任务一 简单查询 …… 101
一、SELECT 语句结构 …… 101
二、SELECT 子语句 …… 102
三、WHERE 子语句 …… 104
四、ORDER BY 子语句 …… 108
五、GROUP BY 子语句 …… 109
六、HAVING 子语句 …… 110
项目实践一 简单查询的应用 …… 110
任务二 连接查询 …… 113

一、内连接 …… 113
二、外连接 …… 115
三、交叉连接 …… 117
四、自连接 …… 118
五、多表连接 …… 118
项目实践二　连接查询的应用 …… 119
任务三　子查询 …… 121
一、IN 子查询 …… 122
二、比较运算符子查询 …… 122
三、ANY 或 ALL 子查询 …… 123
四、EXISTS 子查询 …… 124
项目实践三　子查询的应用 …… 125
任务四　联合查询 …… 128
一、UNION 操作符 …… 128
二、UNION 操作符和 JOIN 操作符的区别与联系 …… 129
任务五　视图管理 …… 130
一、视图概述 …… 130
二、创建视图 …… 131
三、更新视图 …… 131
四、删除视图 …… 132
项目实践四　教务管理系统中视图管理的应用 …… 132
小结 …… 133
习题 …… 133
项目六　SQL 语言基础 …… 136
任务一　SQL 基础 …… 136
一、标识符 …… 136
二、注释 …… 136
三、数据类型 …… 137
四、常量与变量 …… 137
五、操作符 …… 140
六、表达式 …… 140
任务二　函数 …… 141
一、系统函数 …… 141
二、存储函数 …… 147
任务三　流程控制语句 …… 148
一、顺序控制语句 …… 148
二、分支控制语句 …… 149
三、循环控制语句 …… 151
任务四　游标 …… 151

一、游标的概念 …… 152
二、游标的使用 …… 152
项目实践 游标在教务管理系统中的应用 …… 153
小结 …… 154
习题 …… 154
项目七 存储过程和触发器 …… 157
任务一 存储过程 …… 157
一、存储过程概述 …… 157
二、创建存储过程 …… 158
三、管理存储过程 …… 160
四、存储过程中的异常处理 …… 162
项目实践一 创建查询选课记录的存储过程 …… 163
任务二 触发器 …… 164
一、触发器概述 …… 165
二、创建触发器 …… 165
三、管理触发器 …… 168
项目实践二 创建一个插入事件触发器 …… 170
任务三 事件 …… 170
一、创建事件 …… 171
二、管理事件 …… 172
小结 …… 173
习题 …… 173
项目八 事务与锁 …… 175
任务一 事务 …… 175
一、事务概述 …… 175
二、事务操作 …… 176
任务二 锁 …… 179
一、并发问题 …… 180
二、事务的隔离级别 …… 180
三、MySQL 中的锁定 …… 181
项目实践 定义学生选课事务 …… 184
小结 …… 186
习题 …… 186
项目九 数据库安全管理 …… 188
任务一 MySQL 的安全性 …… 188
一、MySQL 安全性概述 …… 188
二、MySQL 安全管理等级 …… 188
任务二 用户管理 …… 189
一、创建用户 …… 189

二、修改用户名和密码 …… 190
三、删除用户 …… 190
任务三 权限管理 …… 191
一、权限概述 …… 191
二、授予权限 …… 191
三、收回权限 …… 192
四、查看权限 …… 193
任务四 日志文件 …… 194
一、二进制日志 …… 194
二、错误日志 …… 195
三、通用查询日志 …… 196
四、慢查询日志 …… 196
项目实践 创建数据管理员用户 …… 197
小结 …… 198
习题 …… 198
项目十 数据库应用开发实例 …… 199
任务一 系统分析 …… 199
一、开发背景 …… 199
二、需求分析 …… 199
任务二 系统设计 …… 200
一、系统功能设计 …… 200
二、数据库设计 …… 201
三、开发环境选择 …… 209
任务三 系统实现 …… 210
一、数据库访问设计 …… 210
二、登录模块设计 …… 210
三、图书借阅管理模块设计 …… 211
四、系统主模块设计 …… 212
小结 …… 214
习题 …… 215

拓展应用篇

项目十一 Java 访问 MySQL 数据库 …… 218
一、下载与安装 MySQL Connector/J …… 218
二、Java 连接 MySQL 数据库 …… 219
三、Java 操作 MySQL 数据库 …… 220
四、Java 备份和还原 MySQL 数据库 …… 224
项目十二 PHP 操作 MySQL 数据库 …… 225
一、PHP 访问 MySQL 数据库的一般步骤 …… 225

二、连接数据库前的准备工作 …… 225
三、PHP 操作 MySQL 数据库所用的函数 …… 227
四、实例一——使用 insert 语句动态添加用户信息 …… 231
五、实例二——使用 select 语句查询数据信息 …… 233
附录 A MySQL 常用语句 …… 236
附录 B 存储引擎 …… 239

项目实践篇

项目一

数据库技术基础

学习要点

数据库是一项研究数据管理的重要技术，是计算机科学与技术中的重要分支。随着计算机应用的不断普及与发展，数据处理在计算机领域的地位越来越重要，数据库技术的应用也越来越广泛。

本章主要介绍数据库原理的一些基本概念和基本理论，为后面各章学习打下基础。

任务一 数据库系统概述

随着计算机技术的发展，计算机应用从传统的科学计算转变为事务数据处理，如教学管理、人事管理、财务管理等。在计算机技术应用于数据管理工作的过程中，诞生和发展了数据库技术。

一、数据库的概念

1. 信息和数据

信息泛指通过各种方式传播的可被感受的声音、文字、图像、符号等所表示的某一特定事物的消息。情报或知识。数据是描述客观事物及其活动并存储在某一种媒体上能够被识别的物理符号，它可以是数字、字母、声音、文字、图形、图像、绘画、视频等多种形式。

一方面，信息是以数据的形式表示的，即数据是信息的载体；另一方面，信息是抽象的，不随数据设备所决定的数据形式而改变，而数据的表示方式却是可选择的。

计算机主要使用磁盘、光盘等外部存储器来存储数据，通过计算机软件来管理和处理数据。

2. 数据处理

数据处理是人们直接或间接利用机器对数据进行加工的过程，对数据进行的查找、统计、分类、修改、变换等操作都属于加工。数据处理的目的是为了从大量的原始数据中抽取对人们有价值的信息，并以此作为行为和决策的依据。

数据处理一般不涉及复杂的数学计算，但要求处理的数据量很大，因此，进行数据处理时需要考虑以下几个问题：数据以何种方式存储在计算机中；采用何种数据结构有利于数据的存储和取用；采用何种方法从已组织好的数据中检索数据。

3. 数据库（DataBase，DB）

数据库是以一定的组织方式将相关的数据存放在计算机外存储器上，并能为多个用户共享的与应用程序彼此独立的一组相关数据的集合，它不仅包括描述事物的数据本身，而且包括相关事物之间的联系。

4. 数据库管理系统（DataBase Management System，DBMS）

数据库管理系统是为数据库的建立、使用和维护而配置的软件，它提供了安全性和完整性等统一控制机制，方便用户管理和存取大量的数据资源。MySQL 就是计算机上使用的一种数据库管理系统。

数据库管理系统的主要功能包括以下几个方面。

（1）数据定义功能：DBMS 提供数据定义语言（Data Definition Language，DDL），通过它可以方便地定义数据库中数据对象的逻辑结构。

（2）数据操纵功能：DBMS 提供数据操纵语言（Data Manipulation Language，DML），通过它可以操纵数据库中的数据，如对数据库中的数据进行查询、插入、删除、修改等操作。

（3）数据库的运行管理：数据库在建立、运行和维护时，由数据库管理系统统一管理和控制，以保证数据的安全性、完整性、多用户对数据的并发使用及发生故障后的系统恢复。

（4）数据库的建立和维护：包括数据库初始数据的输入、转换功能，数据库的转储、恢复、重组织性能监视及分析功能等，这些功能通常由一些实用程序完成。

5. 数据库系统（DataBase System，DBS）

很多读者认为数据库就是数据库系统（DataBase System，简称 DBS）。其实，数据库系统不是一个单纯的数据库，而是由数据库、数据库管理系统、应用开发工具、数据库管理员、用户等构成。其中，数据库管理系统是数据库系统的核心。

6. 数据库应用系统（DataBase Application System，DBAS）

数据库应用系统是指系统开发人员利用数据库系统资源开发出来的面向某一类信息处理问题而建立的软件系统，例如，以数据库为基础的学籍管理系统等。

二、数据管理技术的产生和发展

随着计算机硬件和软件技术的发展，数据处理技术不断丰富，到目前为止大致经历了人工管理、文件管理、数据库管理、分布式数据库管理和面向对象数据库管理等不同发展阶段。

1. 人工管理阶段

20 世纪 50 年代中期，外存储器只有纸带、磁带、卡片等，没有像磁盘一样速度快、存储容量大、随机访问、直接存储的外存储器，没有专门管理数据的软件，数据由计算或处理它的程序自行携带存储结构、存取方法、输入输出方式等数据管理任务，完全由程序设计人员负责。

在人工管理阶段，数据与程序不具有独立性，一组数据对应一组程序，数据无法长期保存，程序运行结束就退出计算机系统，一个程序中的数据无法被其他程序利用，因此程序与程序之间存在大量的重复数据。

2. 文件管理阶段

20 世纪 50 年代末期，计算机开始大量地用于管理中的数据处理工作。在硬件方面，磁盘成为主要的外存；软件方面出现了高级语言和操作系统，其中，操作系统中的文件系统是专门管理数据的软件。

在文件系统阶段，程序与数据具有一定的独立性，程序和数据分开存储，数据文件可被多次存取。在文件系统的支持下，程序只需利用文件名访问数据文件，程序员可以集中精力在数据处理的算法上，而不必关心记录在存储器上的地址和内存、外存交换数据的过程。

在文件管理阶段，数据和程序具有一定的独立性，数据以文件的形式长期保存在外存储器上，并能够多次存取；数据的存取以记录为基本单位，并出现了多种文件组织。这一时期存在数据冗余度大、缺乏数据独立性和数据无集中管理等缺点。

3. 数据库管理阶段

随着社会信息量的迅速增长，计算机处理的数据量不断增加，文件管理系统采用的一次存取一条记录的访问方式，以及在不同文件之间缺乏相互联系的结构，越来越不能适应管理大量数据的需要，数据库管理系统便应运而生，并在 20 世纪 60 年代末期诞生了第一个商品化的数据库系统——美国 IBM 公司的 IMS 系统（Information Management System）。

数据库技术的主要目的是研究计算机环境下如何合理组织数据、有效管理数据和高效处理数据，包括提高数据的共享性，使多个用户能够同时访问数据库中的数据；减小数据的冗余度，以提高数据的一致性和完整性；数据与应用程序之间完全独立，从而减少应用程序的开发和维护代价。

在数据库管理阶段，采用复杂结构化的数据模型减少数据冗余度，具有较高的数据独立性和统一的数据控制功能。

4. 分布式数据库管理阶段

分布式数据库系统是数据库技术、网络技术和通信技术相结合的产物。在 20 世纪 70 年代后期，数据库系统多数是集中式的，网络技术的发展为数据库提供了分布式运行环境，从主机/终端体系结构发展到客户/服务器系统结构。

在分布式数据库管理阶段，数据库系统的可靠性和稳定性有了较大的提高，系统具有较强可兼容性和处理数据能力。

5. 面向对象数据库管理阶段

面向对象数据库系统是数据库技术与面向对象程序设计技术结合的产物，是面向对象方法在数据库领域中的实现和应用，它既是一个面向对象的系统，又是一个数据库系统。

在面向对象数据库管理阶段，用面向对象的观点来描述现实世界实体的逻辑组织、对象之间的限制和联系等，从而大幅度地提高数据库管理效率，降低用户使用的复杂性。

三、数据库系统的特点

1. 数据结构化

数据结构化是数据库系统与文件系统的根本区别。文件系统中的文件是等长的、同格式的记录集合。

为了实现整体数据的系统结构化，在描述数据本身的同时进一步描述数据间的联系，例如，一个学校的信息管理系统中不仅要考虑学生的信息管理，还要考虑学籍管理、选课管理等。整个应用的数据需要统一考虑，建立数据之间的联系，面向整个组织，实现整体的结构化。这必须用数据库系统来实现，这是数据库系统与文件系统的区别。

2. 数据的共享性高，冗余度低，易于扩充

数据库系统从整体的观点出发组织和描述数据，数据不再面向某个应用，而是面向整个系统，可以提供给多个用户、多个应用系统共享使用。数据共享减少了数据冗余，解决了重复存储时经常发生的因不同应用修改数据的不同副本而造成的数据不一致问题。另外，数据库系统弹性大，易于扩充，可以抽取整体数据的各种子集用于不同的应用系统，当需求改变时，只要重新抽取不同的子集或增加一部分数据便可满足新的需求。

3. 数据库独立性强

数据库独立性包括物理独立性和逻辑独立性两个方面。

物理独立性指用户的应用程序与存储在磁盘上的数据库中的数据是相互独立的，用户（应用程序）需要处理的只是数据的逻辑结构，数据的物理存储形式的改变不影响用户（应用程序）的使用。

逻辑独立性指用户的应用程序与数据库的逻辑结构是相互独立的，数据的逻辑结构的改变不影响用户程序。

数据库系统中的数据与操纵数据的应用程序完全独立，程序中不必考虑数据的定义。同时，数据的存取由 DBMS 完成，大大简化了程序设计工作。

4. 数据由 DBMS 统一管理和控制

数据库为多个用户所共享，当多个用户同时存取数据库中的数据时，为保证数据库数据的正确性和有效性，数据库系统提供了 4 个方面的数据控制功能。

（1）数据的安全性控制。用户只能按规定对特定数据以特定方式进行访问和处理，防止不合法使用数据造成数据的泄密和破坏。

（2）数据的完整性控制。系统通过设置一些完整性规则确保数据的正确性、有效性和相容性，即将数据控制在有效的范围内，或要求数据之间满足一定的关系。

（3）并发性控制。当多个用户的并发进程同时存取、修改数据库时，可能发生相互干扰而得到错误的结果，并使得数据库的完整性遭到破坏，因此必须对多用户的并发操作加以控制和协调。

（4）数据库恢复。计算机系统的硬件故障、软件故障、操作员的失误，以及故意破坏会影响数据库中数据的正确性，甚至造成数据库部分或全部数据的丢失。DBMS 必须具有将数据库从错误状态恢复到某一已知的正确状态（亦称为完整状态或一致状态）的功能。

任务二 数据模型

数据模型是数据库系统的核心，它规范了数据库中数据的组织形式，表示数据与数据之间的联系，是数据库管理系统用来表示实体及实体间联系的方法。一个具体的数据模型应当正确地反映数据之间存在的整体逻辑关系。任何一个数据库管理系统都是基于某种数据模型的。

一、数据处理的三个世界

1. 现实世界

现实世界是指客观存在的世界中的事物及其联系。目前的数据库方法先现实世界中的客观事物抽象成信息世界的实体，再将实体描述成数据世界的记录。现实世界中的一切信息都可以用数据来表示。

2. 信息世界

信息世界是现实世界的事物在人们头脑中的反映。客观事物在信息世界中称为实体，实体是彼此可以明确识别的对象，可分成对象与属性两大类。例如，“学生”属于对象，而表示对象的“学生”的属性有学号、姓名、性别、政治面貌、出生日期等多方面的特征，属性是客观事物性质的抽象描述。

3. 数据世界

数据世界可称作计算机世界，是在信息世界基础上的进一步抽象。在数据世界中用数据模型描述现实世界中的事物及其联系。

从现实世界、信息世界到数据世界是一个认识的过程，也是抽象和映射的过程，与此相对应，设计数据库也要经历类似的过程，即数据库设计的步骤包括用户需求分析、概念结构设计、逻辑结构设计和物理结构设计 4 个阶段。其中，概念结构设计根据用户需求设计的数据库模型，也称概念模型，概念模型可用实体联系模型（E-R 模型）表示；逻辑结构设计将概念模型转换成某种数据库管理系统（DBMS）支持的数据模型；物理结构设计为数据模型在设备上选定合适的存储结构和存储方法，以获得数据库的最佳存取效率。

二、实体间的联系

现实世界中的事物是彼此关联的，任何一个实体都不是独立存在的，因此，描述实体的数据也是互相关联的。实体之间的对应关系称为联系，它反映了现实世界事物之间的相互关联。

1. 实体（Entity，E）

实体是信息世界中描述客观事物的概念，可以是人、物或抽象的概念，也可以指事物本身或事物之间的联系。例如，一个人、一件物品、一个部门都可以是实体。

2. 属性（Attribute）

属性是指实体具有的某种特性，用来描述一个实体。例如，学生实体可由学号、姓名、出生日期、性别等属性来刻画。

3. 联系（Relationship，R）

在信息世界中，事物之间的联系有两种：一种是实体内部的联系，反映在数据上是记录内部即字段间的联系；另一种是实体与实体间的联系，反映在数据上是记录间的联系。尽管实体间的联系很复杂，但经过抽象化后，可把它们归结为三类：即一对一联系（简记为1：1）、一对多联系（简记为1：n）和多对多联系（简记为m：n）。

（1）一对一联系。若一个实体型中的一个实体只与另一个实体型中的一个实体发生关系，同样，另一个实体型中的一个实体只与该实体型中的一个实体发生关系，则这两个实体型之间的联系被定义为一对一联系。例如，学校和校长之间是一对一联系，每个学校只有一个校长，每个校长也只允许在一个学校任职。

（2）一对多联系。若一个实体型中的一个实体与另一个实体型中的任意多个实体发生关系，而另一个实体型中的一个实体至多与该实体型中的一个实体发生关系，则这两个实体型之间的联系被定义为一对多联系。例如，学校和教师之间是一对多联系，每个学校包含多位教师，而每位教师只能属于一个学校。

（3）多对多联系。若一个实体型中的一个实体与另一个实体型中的任意多个实体发生关系，同样，另一个实体型中的一个实体也与该实体型中的多个实体发生关系，则这两个实体型之间的联系被定义为多对多联系。例如，学生与所选课程之间是多对多联系，每个学生允许选修多门课程，每门课程也允许多个学生选修。

实体间的联系可用实体联系模型（E-R）表示，这种模型直接从现实世界中抽象出实体及实体间的联系。在模型设计中，首先根据分析阶段收集到的材料，利用分类、聚集、概括等方法抽象出实体，并一一命名，再根据实体的属性描述它们之间的各种联系。E－R图如图1.1所示。

图中矩形表示实体，菱形表示实体之间的关系，用无向边连接菱形与有关实体，在边上标明联系的类型。实体的属性可用椭圆表示，并用无向边把实体与属性联系起来。为了简明起见，图1.1中未画属性。

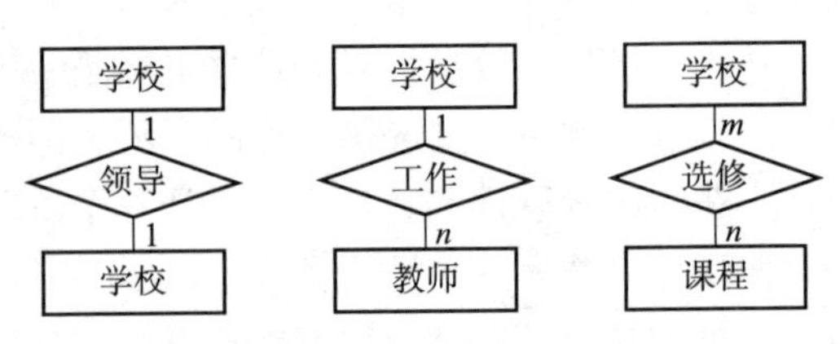

图1.1　E－R图表示实体间的三类联系

E-R模型是对现实世界的一种抽象，它抽取了客观事物中人们关心的信息，忽略非本质的细节，并对信息进行精确的描述。E-R图所表示的概念模型与具体的DBMS所支持的数据模型相互独立，是各种数据模型的共同基础，是抽象和描述现实世界的有力工具。

三、数据模型的分类

数据模型是对客观事物及其联系的数据化描述。在数据库系统中，对现实世界中数据的抽象、描述及处理等都是通过数据模型实现的。数据模型是数据库系统设计中用于提供信息表示和操作手段的形式构架，是数据库系统实现的基础。目前，在实际数据库系统中支持的数据模型主要有层次模型、网状模型、关系模型和面向对象模型。

1. *层次模型*

层次数据模型是数据库系统使用最早的一种数据模型，它的数据结构是一棵有向树，其特点如下。

（1）有且仅有一个结点无父结点，这个结点为树的根，称为根结点；

（2）其余的结点有且仅有一个父结点。

2. 网状模型

网状模型是用网状结构表示实体及实体之间联系的一种模型，也称为网络模型。网络中的每一个结点代表一个记录型，其特点如下。

（1）可以有一个以上结点无父结点；

（2）至少有一个结点有多于一个的父结点。

3. 关系模型

关系模型是把数据的逻辑结构归结为满足一定条件的二维表的模型。在关系模型中，每一个关系是一个二维表，用来描述实体与实体之间的联系，见表 1.1。

表 1.1 关系 S（学生表）

学号	姓名	性别	出生日期	政治面貌
201007001	孙庆梅	女	1991－6－7	共青团员
201007002	李林桐	男	1990－12－20	共青团员
201007003	王立辉	男	1991－11－3	中共党员

表 1.1 表示一个关系模型。关系中的每一个数据都可看成独立的数据项，它们共同构成了该关系的全部内容；关系中的每一行称为一个元组，它相当于一个记录值，用以描述一个个体；关系中每一列称为一个属性，其取值范围称为域。

关系模型中的关系性质有：

（1）在一个关系中，每一个数据项不可再分，是最基本的数据单位；

（2）在一个关系中，每一列数据项要具有相同的数据类型；

（3）在一个关系中，不允许有相同的属性名；

（4）在一个关系中，不允许有相同的元组；

（5）在一个关系中，行和列的次序可以任意调换，调换不影响信息内容。

关系模型中的主要术语有以下几个。

（1）关系。一个关系就是一张二维表，关系可以用关系模式来描述，其格式为

关系名（属性 1，属性 2，…，属性 n）。

例如，表 1.1 所示的“学生表”关系的关系模式可表示为

学生表（学号，姓名，性别，出生日期，政治面貌）。

（2）属性。二维表中垂直方向的列称为属性，每一列有一个属性名。属性是数据库中可以命名的最小逻辑数据单位。例如，学生有学号、姓名、性别、出生日期、政治面貌等属性。

（3）元组。在一个二维表中，水平方向的行称为元组，每一行是一个元组。元组对应存储文件中的一个具体记录。例如，“学生表”和“成绩表”两个关系各包括多个元组。

（4）域。域是属性的取值范围，即不同元组对同一个属性的取值所限定的范围。

（5）主关键字。能唯一标识关系中每一个元组的属性或属性集。例如，学生的学号可以作为“学生表”关系的主关键字。

(6) 外部关键字。用于连接另一个关系，并且在另一个关系中为主关键字。例如，“成绩表”关系中的课程号可以看作外部关键字。

数据模型可以由实体联系模型转换而来，将 E-R 模型转换为关系模型的规则如下。

(1) 每一实体集对应于一个关系模式，实体名作为关系名，实体的属性作为对应关系的属性；

(2) 实体间的联系一般对应一个关系，联系名作为对应的关系名，设有属性的联系可以去掉；

(3) 实体和联系中关键字对应的属性在关系模式中仍作为关键字。

4. 面向对象模型

面向对象模型是数据库系统中继层次、网状、关系等传统数据模型之后得到不断发展的一种新型的逻辑数据模型，是数据库技术与面向对象程序设计方法结合的产物。面向对象模型表达信息的基本单位为对象，每个对象包含记录的概念，但比记录含义更广泛，更复杂，它不仅要包含所描述对象（实体）的状态特征（属性），而且要包含所描述对象的行为特征。例如，对于描述学生实体的记录而言，只要包含学号、姓名、出生日期、专业等表示学生状态的属性特征即可，而对于描述学生实体的对象而言，不仅要包含表示学生状态的属性特征，还要包含诸如修改学生姓名、出生日期、专业等，以及显示学生当前状态信息等行为特征。

对象具有封装性、继承性和多态性，这些特性是传统数据模型中的记录所不具备的，是面向对象模型区别于传统数据模型的本质特征。

四、关系模型的规范化

关系规范化理论认为，关系数据库中的每一个关系都需要进行规范化，使之达到一定的规范化程度，从而提高数据的结构化、共享性、一致性和可操作性。根据满足规范条件的不同，关系模式可划分为 6 个等级，分别称为第一范式（1NF）、第二范式（2NF）、第三范式（3NF）、BCNF 范式、第四范式（4NF）和第五范式（5NF）。范式表示的是关系模式的规范化程度，即满足某种约束条件的关系模式，根据满足的约束条件的不同来确定范式。如果满足最低要求，则为第一范式，符合第一范式而又进一步满足一些约束条件的称为第二范式，其余范式以此类推。

关系规范化的基本思想是逐步消除数据依赖关系中不合适的部分，从而使依赖于同一个数据模型的数据达到有效的分离。需要特别指出的是，在实际操作中，并不是关系规范的等级越高越好，通常情况下，只要把关系规范到第三范式标准就可以满足需要。

1. 第一范式（1NF）

属于第一范式的关系应满足的基本条件是元组中的每一个分量都必须是不可分割的数据项。例如，非规范关系不符合第一范式，见表 1.2，经过规范化处理删除重复项的关系符合第一范式的关系，见表 1.3。

2. 第二范式（2NF）

属于第二范式的关系不仅满足第一范式，而且所有非主属性完全依赖于主关键字。例如，非主属性不完全依赖于由学号和课程号组成的主关键字关系虽满足 1NF，但不满足

2NF，见表 1.4，其中，姓名和性别只依赖于主关键字的一个分量——学号，课程名称只依赖于主关键字的另一个分量——课程编号。这种关系会引起数据冗余和更新异常：当要插入新的课程数据时，往往缺少相应的学号，以致无法插入；当删除某位学生的信息时，常会丢失有关的课程信息。解决的方法是将一个非 2NF 的关系模式分解为多个 2NF 的关系模式。

表 1.2 非规范化关系

学号	姓名	性别	出生年月	
			年	月
201007001	孙庆梅	女	1991	6
201007002	李林桐	男	1990	12
201007003	王立辉	男	1991	11

表 1.3 规范化关系

学号	姓名	性别	出生年	出生月
201007001	孙庆梅	女	1991	6
201007002	李林桐	男	1990	12
201007003	王立辉	男	1991	11

表 1.4 非规范化的学生与课程关系

学号	姓名	性别	课程编号	课程名称
201007001	孙庆梅	女	070074	大型数据库技术
201007002	李林桐	男	070075	基于桌面开发技术
201007003	王立辉	男	070081	计算机专业英语

在本例中，可将表 1.4 所示关系分解为如下三个关系。

（1）学生关系：学号、姓名、性别。

（2）课程关系：课程编号、课程名称。

（3）学生选课关系：学号、课程编号。

这些关系都符合 2NF 要求。

3. 第三范式（3NF）

属于第三范式的关系不仅满足第二范式，而且它的任何一个非主属性都不依赖于任何主关键字。例如，属于第二范式，但不是第三范式的关系见表 1.5，由于所属系部依赖于学号（学号唯一确定该学生的所属系部），系部地点和系部电话又依赖于所属系部，因而，系部地点和系部电话传递依赖于学号。这样的关系存在高度冗余和更新异常的问题。

表 1.5 非规范化的学生与系部关系

学号	姓名	出生日期	所属系部	系部地点	系部电话
201007001	孙庆梅	女	计算机系	教学楼 A 座	4934274

消除传递依赖关系的办法是将原关系分解为如下两个关系。

（1）学生关系：学号、姓名、出生日期、所属系部。

（2）系部关系：所属系部、系部地点、系部电话。

这样的关系符合第三范式，消除了数据冗余、更新异常、插入异常和删除异常。

五、关系运算

对关系数据库进行查询时，要找到需要的数据就要对关系进行一定的关系运算。关系的基本运算有两类：一类是传统的集合运算（并、交、差等），另一类是专门的关系运算（选择、投影、连接）。

1. 传统的集合运算

进行并、差、交等集合运算的两个关系必须具有相同的关系模式，即相同结构。

1）并运算

两个相同结构关系的并运算是由属于这两个关系的元组组成的集合。例如，有两个结构相同的学生关系 R1、R2，分别存放两个班的学生，把第二个班的学生记录追加到第一个班的学生记录后面就是这两个关系的并集。

2）差运算

两个相同结构的关系 R 和 S，R 差 S 的结果是由属于 R 但不属于 S 的元组组成的集合，即差运算的结果是从 R 中去掉 S 中也有的元组。

例如，有选学 Java 程序设计课程的学生关系 R，选学 MySQL 课程的学生关系 S，求选学 Java 程序设计课程而没选学 MySQL 课程的学生，应当进行差运算。

3）交运算

两个具有相同结构的关系 R 和 S，它们的交运算是既属于 R 又属于 S 的元组组成的集合，其运算结果是 R 和 S 的共同元组。

例如，有选学 Java 程序设计课程的学生关系 R，选学 MySQL 课程的学生关系 S，求既选 Java 程序设计课程又选 MySQL 课程的学生，应当进行交运算。

2. 专门的关系运算

在 MySQL 中，查询是高度非过程化的，用户只需明确提出“要干什么”，而不需要指出“怎么去干”，系统将自动对查询过程进行优化，实现对多个相关联的表的高速存取。然而，要正确表示复杂的查询并非一件简单的事，了解专门的关系运算有利于正确给出查询表达式。

1）选择

从关系中找出满足给定条件的元组的操作称为选择，它是从行的角度进行的运算，即从水平方向抽取记录。经过选择运算得到的结果可以形成新的关系，其关系模式不变，但其中的元组是原关系的一个子集。例如，要从“学生表”中找出姓张的学生，所进行的查询操作就属于选择运算。

2）投影

从关系模式中指定若干个属性组成新的关系称为投影，它是从列的角度进行的运算。经过投影运算可以得到一个新的关系，其关系模式所包含的属性个数往往比原关系少，或者属性的排列顺序不同。例如，从“学生表”中查询学生姓名及出生日期所进行的查询操作就属于投影运算。

3）连接

连接是关系的横向结合，连接运算将两个关系模式拼接成一个更宽的关系模式，生成的新关系中包含满足连接条件的元组。连接过程通过连接条件来控制，连接条件中将出现两个表中的公共属性名，或者具有相同语义、可比的属性，其运算结果是满足条件的所有记录。

选择和投影的操作对象是一个表，其操作相当于对一个二维表进行切割，而连接运算需要两个表作为操作对象。如果需要连接两个以上的表，应当两两进行连接。

总之，在对关系数据库的查询中，利用关系的选择、投影和连接运算可以方便地分解和构造新的关系。

任务三　数据库系统结构

从数据库管理系统的角度看，数据库系统通常采用三级模式结构，这是数据库系统内部的体系结构。从数据库最终用户的角度看，数据库系统的结构可分为集中式结构、分布式结构、客户/服务器结构，这是数据库系统外部的体系结构。本节主要介绍当前大部分数据库系统采用的三级模式结构。

一、数据库系统的三级模式结构

数据库系统的三级模式结构指数据库系统由外模式、模式和内模式三级构成，如图 1.2 所示。

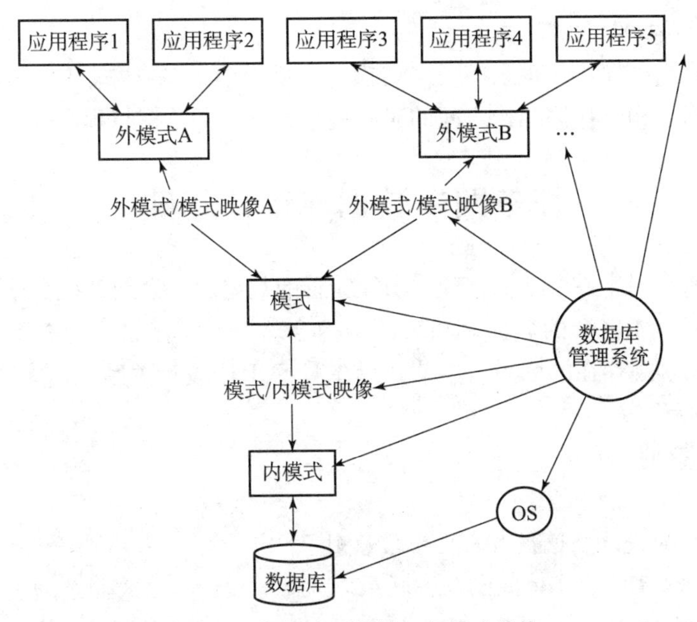

图 1.2　数据库系统的三级模式结构

1. 模式

模式也称概念模式或逻辑模式，是数据库中全体数据的逻辑结构和特征的描述，是所有用户的公共数据视图，是数据库数据在逻辑级的视图。定义模式时不仅要定义数据的逻辑结构，而且要定义数据之间的联系，以及与数据有关的安全性、完整性要求。一个数据库只有一个模式。

2. 外模式

外模式也称子模式或用户模式，是数据库用户能够看见和使用的局部数据的逻辑结构和特征的描述，是数据库用户的数据视图，是与某一应用有关的数据的逻辑表示。外模式通常是模式的子集，一个数据库可以有多个外模式。外模式是保证数据库安全的有力措施。

3. 内模式

内模式也称存储模式或物理模式，一个数据库只有一个内模式，它是数据物理结构和存储方式的描述，是数据在数据库内部的表示方式。

二、数据库系统的二级映像

数据库管理系统为了能够在内部实现数据库三个抽象层次的联系和转换，在这三级模式之间提供了两层映像，即外模式/模式映像和模式/内模式映像，以保证数据库系统中的数据具有较高的逻辑独立性和物理独立性。

1. 外模式/模式映像

外模式描述的是数据的局部逻辑结构，模式描述的是数据库数据的全局逻辑结构。同一个模式可以有任意多个外模式，对于每一个外模式，数据库系统都有一个外模式/模式映像，它定义了该外模式与模式之间的对应关系。外模式/模式映像保证了数据与程序的逻辑独立性。

2. 模式/内模式映像

数据库中只有一个模式，也只有一个内模式，所以模式/内模式映像是唯一的，它定义了数据库全局逻辑结构与存储结构之间的对应关系，保证了数据与程序的物理独立性。

任务四　数据库设计基础

为了高效迅速地创建一个结构合理、功能完善的数据库，必须掌握数据库设计的一些基本步骤和设计过程。MySQL 的数据库和表的结构合理，不仅存储了所需要的实体信息，而且反映了实体之间客观存在的联系。本节介绍在 MySQL 中设计关系数据库的方法。

一、设计原则

1. 关系数据库的设计应遵循多表少字段原则

一个表描述一个实体或实体间的一种联系。为避免设计一个大而杂的表，可以将一个大表根据实际需要分解成若干个小表，然后独立保存起来。通过将不同的信息分散在不同的表中，可以使数据的组织工作和维护工作更简单，同时保证建立的应用程序具有较高的性能。

例如，在学籍管理系统中，可以把学号、姓名、性别、出生日期、专业等学生信息建立一个表，把课程编号、课程名、课程类别、学分、学时和课程简介等课程信息建立一个表，把学生的成绩等再建立一个表。

2. 避免在表之间出现重复字段

表除了保证表中有反映与其他表之间存在联系的外部关键字外，应尽量避免在表之间出现重复字段，以减小数据的冗余，防止在插入、删除和更新时造成数据的不一致。

例如，在“课程表”中有课程编号和课程名等字段，在选课表中只需要设置课程编号字段，而没有必要再设置课程名字段。

3. 表中的字段应是原始数据和基本数据元素

表中的数据不应包括通过计算得到的二次数据或多项数据的组合。

例如，在学生表中已设置出生日期字段，就不应设置年龄字段。因为当需要查询年龄时，可以通过简单的计算得出准确的年龄。

4. 表与表之间的联系应通过相同的主关键字建立

例如，学生表与成绩表可以通过学号建立联系。

二、设计步骤

在设计时打好坚实的基础，设计出结构合理的数据库，会节省日后整理数据库所花的时间，并使用户更快地得到精确的结果。下面是设计数据库的基本步骤。

1. 需求分析

收集和分析各项应用对信息和处理两方面的需求，有助于确定需要数据库保存的信息，这是设计数据库的基础和前提。

2. 确定需要的表

根据需求分析，确定各个独立的表及相应的结构。确定数据库中的表是数据库设计过程中技巧性最强的一步。因为根据想从数据库中得到的结果（包括要打印的报表、要数据库回答的问题）不一定能得到设计表结构的线索，它们只能说明需要从数据库得到的东西，并没有说明如何把这些信息分门别类地加入表中。

3. 确定联系

根据实际需要，确定各实体间的联系。仔细分析各实体表，确定一个表中的数据和其他表中的数据的真正关联。例如，在学生表和选课表之间，一个学生可以选多门不同的课程，一门课程可以被多个学生所选，所以它们之间是多对多的关系。多对多的关系通过一个中间表转变为两个一对多的关系，以便于数据的处理。必要时，可在表中加入字段或创建一个新表来明确关系。正确地建立表间的关联，能形象、直观地反映现实世界中各实体间的真正关系。

4. 设计求精

这是设计一个好的数据库的关键和保障。对设计进一步分析，查找其中的错误；创建表，在表中加入几个示例数据记录，检验能否从表中得到想要的结果，必要时可调整设计。在最初的设计中，不要担心发生错误或遗漏东西，这只是一个初步方案，可在以后对设计方案进一步完善。下面是需要检查的几个方面。

（1）是否遗忘了字段？是否有需要的信息没包括进去？如果是，它们是否属于已创建的表？如果不包含在已创建的表中，则需要另外创建一个表。

（2）是否为每个表选择了合适的主关键字？在使用主关键字查找具体记录时，它是否很容易记忆和输入？要确保主关键字段的值不会出现重复。

（3）是否在某个表中重复输入了同样的信息？如果是，需要将该表分成两个一对多的关系。是否有字段很多、记录项却很少的表，而且许多记录中的字段值为空？如果是，就要考虑重新设计该表，减少字段，增加记录。

任务五　需求分析

明确应用环境对系统的要求是设计一个性能良好的数据库系统首要的和基本的任务，因此，应该把对用户需求的收集和分析作为数据库设计的第一步。

一、需求分析的任务

需求分析的任务就是解决“做什么”的问题，是确定系统必须完成哪些工作，也就是对目标系统提出完整的、准确的、清晰的、具体的要求。在这个阶段结束时交出的文档中应该包括详细的数据流图（DFD）、数据字典（DD）和一组简明的算法描述。

需求分析阶段的任务包括：

（1）确定对系统的综合需求；

（2）分析系统的数据需求，它由系统的信息流归纳抽象出数据元素组成、数据的逻辑关系、数据字典格式和数据模型，并以输入/处理/输出（IPO）的结构方式表示，它是需求分析的一个重要任务；

（3）导出系统的逻辑模型，在理解当前系统“怎样做”的基础上，抽取其“做什么”的本质；

（4）修正系统开发计划；

（5）开发原型系统。

二、需求分析的方法

需求分析方法实质上是对数据库系统中的用户从业务角度进行系统而全面的调查，保证调查工作的客观性和正确性。

1. 需求分析的步骤

（1）调查组织机构情况：包括了解组织的部门组成情况、各部门的职能等，为分析信息流程做准备。

（2）调查各部门的业务活动情况：包括了解各个部门输入和使用的数据，加工和处理数据的方式，输出信息的内容，输出的部门和输出结果的格式。

（3）协助用户明确对新系统的各种要求：包括信息要求、处理要求、完全性与完整性要求。

（4）确定新系统的边界：确定由计算机完成或将来准备让计算机完成的功能，以及由人工完成的功能。由计算机完成的功能是新系统应该实现的功能。

2. 常用的调查方法

常用的调查方法有跟班作业、开调查会、请专人介绍、询问、设计调查表请用户填写、查阅记录。

（1）跟班作业：通过亲身参加业务工作来了解业务活动的情况，可以比较准确地理解用户的需求，但比较耗费时间。

（2）开调查会：通过与用户座谈来了解业务活动情况及用户需求。座谈时，参加者之间可以相互启发。

（3）请专人介绍。

（4）询问：对某些调查中的问题，可以找专人询问。

（5）设计调查表请用户填写：如果调查表设计得合理，这种方法是很有效，也很易于被用户接受。

（6）查阅记录：查阅与原系统有关的数据记录，包括原始单据、账簿、报表等。

通过调查了解了用户需求后，还需要进一步分析和表达用户的需求。

分析和表达用户需求的方法主要包括自顶向下和自底向上两类。其中，自顶向下的结构化分析方法（Structured Analysis，SA）从最上层的系统组织机构入手，采用逐层分解的方式分析系统，并且用数据流图和数据字典描述层。

三、数据字典

数据字典（Data Dictionary，DD）是各类数据描述的集合，包括数据项、数据结构、数据流、数据存储和处理过程 5 个部分。其中，数据项是数据的最小组成单位，若干个数据项可以组成一个数据结构，数据字典通过对数据项和数据结构的定义来描述数据流及数据存储的逻辑内容。

1. 数据项

数据项是不可再分的数据单位。对数据项的描述通常包括以下内容：

{数据项名，数据项含义说明，别名，数据类型，长度，
取值范围，取值含义，与其他数据项的逻辑关系}

其中，取值范围和与其他数据项的逻辑关系（例如，该数据项等于其他几个数据项的和，该数据项值等于另一数据项的值等）定义了数据的完整性约束条件，是设计数据检验功能的依据。

2. 数据结构

数据结构反映了数据之间的组合关系。一个数据结构可以由若干个数据项组成，也可以由若干个数据结构组成，或由若干个数据项和数据结构混合组成。对数据结构的描述通常包括以下内容：

{数据结构名，含义说明，组成：{数据项或数据结构}}

3. 数据流

数据流是数据结构在系统内传输的路径。对数据流的描述通常包括以下内容：

{数据流名，说明，数据流来源，数据流去向，组成：{数据结构}，平均流量，高峰期流量}

其中，数据流来源说明数据流来自哪个过程，数据流去向说明数据流将到哪个过程去，

平均流量指单位时间（每天、每周、每月等）内的传输次数，高峰期流量指在高峰时期的数据流量。

4. 数据存储

数据存储是数据结构停留或保存的地方，也是数据流的来源和去向之一，可以是手工文档或手工凭单，也可以是计算机文档。对数据存储的描述通常包括以下内容：

{数据存储名，说明，编号，输入的数据流，输出的数据流，
组成：{数据结构}，数据量，存取频度，存取方式}

其中，存取频度指每小时、每天或每周存取的次数及每次存取数据数量等信息，存取方式包括批处理/联机处理、检索/更新、顺序检索/随机检索等，输入的数据流指出其来源，输出的数据流指出其去向。

5. 处理过程

处理过程的具体处理逻辑一般用判定表或判定书来描述。数据字典中只需要描述处理过程的说明性信息，通常包括以下内容：

{处理过程名，说明，输入：{数据流}，输出：{数据流}，处理：{简要说明}}

其中，简要说明主要说明该处理过程的功能及处理要求，指出该处理过程用来做什么(而不是怎么做)，处理要求包括处理频度要求，如单位时间里处理多少事务、多少数据量、响应时间要求等。这些处理要求是后面物理设计的输入及性能评价的标准。

可见，数据字典是关于数据库中数据的描述，即元数据，而不是数据本身。

数据字典是在需求分析阶段建立，在数据库设计过程中不断修改、充实、完善的。下面给出部分数据流图和数据字典作为示例。

例如，学生选课的数据流图如图 1.3 所示，其数据字典中数据项和数据流的描述如下。

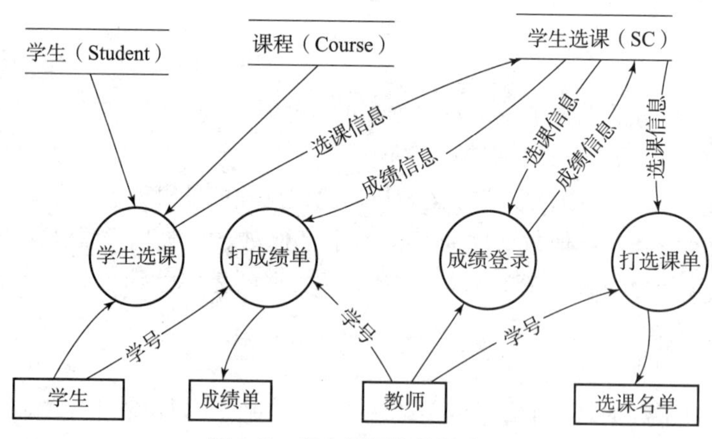

图 1.3　学生选课的数据流图

数据项名：学号。

说明：标识每个学生身份。

类型：字符型。

长度：9。

别名：学生编号。

取值范围：000000000 ~ 999999999。

取值含义：第1、2、3、4位为入学年份，第5、6位为各系部编号，第7、8、9位为顺序编号。

数据流名：选课信息。

说明：学生所选课程信息。

数据流来源："学生选课"处理。

数据流去向："学生选课"存储。

数据结构：学生。

说明：学籍管理系统的主体数据结构，定义了一个学生的有关信息。

组成：学号，姓名，性别，出生日期，政治面貌。

数据存储：学生选课。

说明：记录学生所选课的成绩。

流入的数据流：选课信息，成绩信息。

流出的数据流：选课信息，成绩信息。

组成：学号，课程号，成绩。

数据量：3 200 000 条记录。

存取方式：随机存取。

处理过程：学生选课。

说明：学生从可选修的课程中选出课程。

输入数据流：学生，课程。

输出数据流：选课信息。

处理：学生每学期都可以从公布的选修课程中选修自己愿意选修的课程。

任务六　数据库的实施

数据库的实施主要是根据逻辑结构设计和物理结构设计的结果，在计算机系统上建立实际的数据库结构，导入数据并进行程序的调试，相当于软件工程中的代码编写和程序调试阶段。

用具体的DBMS提供的数据定义语言（DDL）把数据库的逻辑结构设计和物理结构设计的结果转化为程序语句，然后经DBMS编译处理和运行后，建立实际的数据库。DBMS系统除了提供传统的命令行方式外，还提供了数据库结构的图形化定义方式，极大地提高了工作的效率。

一、数据的载入和应用程序的调试

1. 数据载入

数据库结构建立好后，就可以向数据库中装载数据了。组织数据入库是数据库实施阶段最主要的工作。对于数据量不大的小型系统，可以用人工方法完成数据的入库，其步骤如下。

（1）筛选数据。需要装入数据库中的数据通常分散在各个部门的数据文件或原始凭证中，所以首先必须把需要入库的数据筛选出来。

（2）转换数据格式。筛选出来的需要入库的数据，其格式往往不符合数据库要求，还需要进行转换。这种转换有时可能很复杂。

（3）输入数据。将转换好的数据输入计算机中。

（4）校验数据。检查输入的数据是否有误。

对于中大型系统，由于数据量极大，用人工方式组织数据人库将会耗费大量的人力物力，而且很难保证数据的正确性。因此应该设计一个数据输入子系统，由计算机辅助数据的入库工作。

2. 应用程序的调试

数据库应用程序的设计应该与数据设计并行进行。在数据库实施阶段，当数据库结构建立后，开始编制与调试数据库的应用程序，也就是说，编制和调试应用程序是与组织数据入库同步进行的。调试应用程序时数据入库尚未完成，可先使用模拟数据。

二、数据库的试运行

应用程序调试完成，并且已有一小部分数据入库后，就可以开始数据库的试运行。数据库试运行也称为联合调试，其主要工作包括：

（1）功能测试，即实际运行应用程序，执行对数据库的各种操作，测试应用程序的各种功能；

（2）性能测试，即测量系统的性能指标，分析是否符合设计目标。

项目实践　教务管理系统的数据库设计

（1）根据教务管理系统数据库需求分析，规划出学生信息实体集、课程信息实体集和选课信息实体集，绘出各个实体集具体的E-R图，如图1.4所示。

（2）把完成设计概念结构的基本E-R图转换为与数据模型相符合的逻辑结构。

①学生信息实体集E-R图向关系模型转换的结果为：

学生信息表（学号，姓名，性别，出生日期，民族，政治面貌）。

②课程信息实体集E-R图向关系模型转换的结果为：

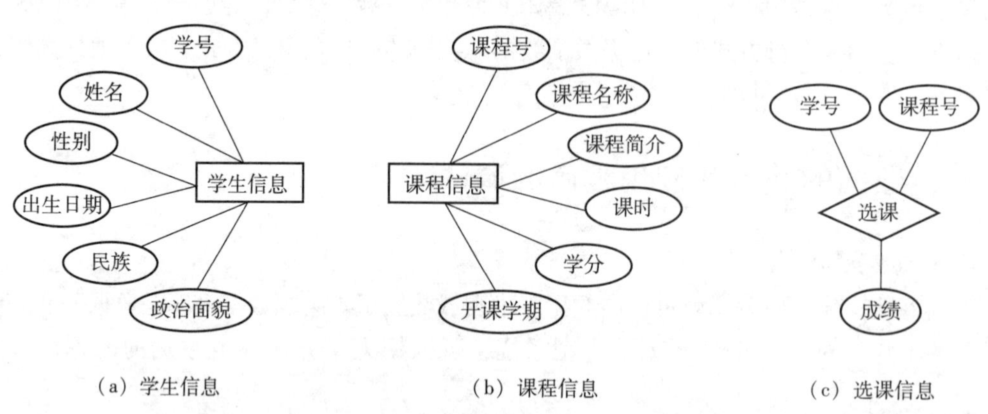

图1.4　教务管理系统各实体集E-R图

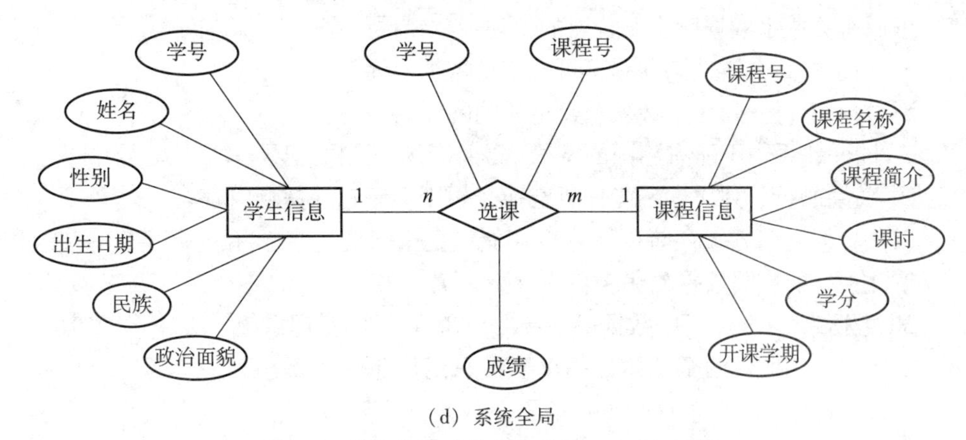

（d）系统全局

图1.4 教务管理系统各实体集E-R图（续）

课程信息表（课程号，课程名称，课程简介，课时，学分，开课学期）。

③选课信息实体集E-R图向关系模型转换的结果为：

选课信息表（学号，课程号，成绩）。

小　　结

本章主要进行了数据库系统概述，介绍了数据库系统相关的基本概念、数据模型的基本概念、数据库系统结构、实体间联系及种类、关系数据库的基本概念和关系运算，以及数据库设计、需求分析和数据库实施等基本概念。

习　　题

1. 选择题

（1）数据库系统的构成为数据库、计算机系统、用户和（　　）。

A. 操作系统　　B. 文件系统　　C. 数据集合　　D. 数据库管理系统

（2）用二维表形式表示的数据模型是（　　）。

A. 层次模型　　B. 关系模型　　C. 网状模型　　D. 网络模型

（3）关系数据库管理系统的三种基本关系运算不包括（　　）。

A. 比较　　B. 选择　　C. 连接　　D. 投影

（4）从数据库的整体结构看，数据库系统采用的数据模型有（　　）。

A. 网状模型、链状模型和层次模型　　B. 层次模型、网状模型和环状模型

C. 层次模型、网状模型和关系模型　　D. 链状模型、关系模型和层次模型

（5）数据库（DB）、数据库系统（DBS）和数据库管理系统（DBMS）之间的关系是（　　）。

A. DBMS包括DB和DBS　　B. DBS包括DB和DBMS

C. DB包括DBS和DBMS　　D. DB、DBS和DBMS是平等关系

（6）在关系理论中，把二维表表头中的栏目称为（　　）。

A. 数据项　　B. 元组　　C. 结构名　　D. 属性名

(7) 下面有关关系数据库主要特点的叙述中，错误的是（　　）。

A. 关系中每个属性必须是不可分割的数据单元

B. 关系中每一列元素必须是类型相同的元素

C. 同一关系中不能有相同的字段，也不能有相同的记录

D. 关系的行、列次序不能任意交换，否则会影响其信息内容

(8) 以一定的组织方式存储在计算机存储设备上，能为多个用户所共享的与应用程序彼此独立的相关数据的集合称为（　　）。

A. 数据库　　B. 数据库系统　　C. 数据库管理系统　　D. 数据结构

(9) 设有部门和职员两个实体，每个职员只能属于一个部门，一个部门可以有多名职员，则部门与职员实体之间的联系类型是（　　）。

A. $m:n$　　B. $1:m$　　C. $m:k$　　D. $1:1$

(10) 在关系模型中，“关系中不允许出现相同的元组”的约束是通过（　　）实现的。

A. 候选键　　B. 主键　　C. 外键　　D. 超键

2. 填空题

(1) 关系数据库中每个关系的形式是（　　）。

(2) 数据库技术研究在（　　）环境下如何合理组织数据、有效管理数据和高效处理数据。

(3) 在实体间的联系中，学校和校长两个实体型之间存在（　　）联系，而老师和同学两个实体型之间存在（　　）联系。

(4) 在关系数据模型中，二维表的列称为（　　），二维表的行称为（　　）。

(5) 数据模型不仅表示反映事物本身的数据，而且表示事物之间的（　　）。

(6) 从表中取出满足条件元组的操作称（　　）。

(7) 把两个关系中相同属性值的元组连接到一起形成新的二维表的操作称为（　　）。

(8) 从表中抽取属性值满足条件的列的操作称（　　）。

(9) 为了把多对多的联系分解成两个一对多联系所建立的纽带表中应包含（　　）。

(10) 用二维表数据表示实体及实体之间联系的数据的数据模型称为（　　）。

3. 综合题

(1) 数据库管理技术的发展经历了哪几个阶段？

(2) 数据库中数据模型有哪几类？它们的主要特征是什么？

(3) 什么是关系数据库？其特点是什么？

(4) 数据库设计的基本步骤是什么？

(5) 用E-R图举例说明学生管理系统中实体型之间具有一对一、一对多和多对多等不同的联系。

(6) 一位作者可以编写多本书，一本书也可由多位作者合写。设作者的属性有作者号、姓名、单位、电话，书的属性有书号、书名、出版社、出版日期。试画出其E-R图，并将这个E-R图转换为关系模式。

(7) 某单位要编写一个人事管理系统，已知该单位有若干部门，每个部门有若干员工。试绘制出E-R图，并把E-R图转换为关系模式，指出每个实体的属性、主键（用

横线标识）和外键（用波浪线标识）。

（8）学校有一车队，车队有几个分队，车队中有车辆和司机。车队与司机之间存在聘用关系，每个车队可以聘用多名司机，但每个司机只能在一个车队工作。司机有车辆使用权，每个司机可以使用多辆车辆，每辆车可被多个司机使用。要求：

①画出 E-R 图并在图上注明属性、联系类型；

②将 E-R 图转换为关系模式，并说明主键（用横线标识）和外键（用波浪线标识）。

项目二

MySQL 概述

学习要点

了解 MySQL 的功能和特点，熟练掌握 MySQL 的安装与配置，掌握 MySQL 的管理工具，为掌握数据库表及数据库的其他对象服务打下基础。

任务一　MySQL 的功能及特点

MySQL 是世界上最流行的开源数据库，无论是一个快速成长的 Web 应用企业，还是独立软件开发商和大型企业，它都能经济有效地帮助其实现高性能、可扩展数据库的应用。

一、MySQL 的版本

MySQL 设计了多个不同的版本，不同的版本在性能、应用开发等方面有一些差别，用户可以根据实际情况进行选择。

1. MySQL 企业版

MySQL 企业版提供了最全面的高级功能、管理工具和技术支持，实现了高水平的可扩展性、安全性、可靠性和无故障运行时间，可在开发、部署和管理关键业务型 MySQL 应用的过程中降低风险，削减成本，并减少复杂性。

2. MySQL 集群版

随着互联网不断地深入人们的日常生活，社交网络之间的信息共享、各种移动智能终端连接高速无线设备以及新兴的 M2M（机器对机器）数据交互带来了数据量和用户数的爆炸式增长。

凭借无可比拟的扩展能力、高可用性、正常运行时间和灵活性，MySQL 集群版使用户能够应对下一代 Web、云及通信服务的数据库挑战。

3. MySQL 标准版

MySQL 的标准版提供了高性能和可扩展的在线事务处理（OLTP）应用，易用性好，保证了 MySQL 行业应用的性能和可靠性。

MySQL 的标准版包含 InnoDB，是一个完全集成事务安全的、支持事务处理的数据库。此外，MySQL 复制可以提供高性能和可扩展的应用程序。

当用户需要额外的功能时，标准版很容易升级到企业版或集群版。

4. MySQL 经典版

MySQL 经典版是开发密集型应用程序的理想选择，它使用 MyISAM 存储引擎，是一个高性能、零管理的数据库。

当用户需要额外的功能时，经典也很容易升级到企业版或集群版。

5. MySQL 社区版

MySQL 社区版是世界上最流行的开源数据库，可以免费下载，它可以在 GPL（通用公共许可）协议下，由一个巨大的、活跃的开源开发者社区支持。社区版不提供官方技术支持。

二、MySQL 的特性

1. MySQL 企业版的特性

（1）MySQL 企业级备份可为数据库提供联机“热”备份，从而降低数据丢失的风险。它支持完全、增量和部分备份，以及时间点恢复和备份压缩。

（2）MySQL 企业级的高可用性有助于确保数据库基础架构的可用性。MySQL 提供了一些经过认证和广受支持的解决方案，包括 MySQL 复制、Oracle Solaris 集群和适用于 MySQL 的 Windows 故障转移集群。

（3）MySQL 企业级可扩展性帮助客户满足不断增长的用户，查询数据负载对性能及可扩展性的要求。MySQL 线程池提供了一个高效的线程处理模型，以降低客户端连接和语句执行线程的管理开销。

（4）MySQL 企业级安全性提供了一些随时可用的外部身份验证模块，可将 MySQL 轻松集成到现有的安全基础架构中，包括 LDAP 和 Windows Active Directory，使用可插入身份验证模块（PAM）或 Windows OS 原生服务对 MySQL 用户进行身份验证。

（5）MySQL 企业级审计帮助企业快速无缝地在新应用和现有应用中添加基于策略的审计合规性，动态启用用户级活动日志，实施基于活动的策略，管理审计日志文件，以及将 MySQL 审计集成到 Oracle 和第三方解决方案中。

（6）MySQL 企业级监视和 MySQL 查询分析器可以持续监视数据库，并且提醒用户注意可能会对系统产生影响的潜在问题，像一个“虚拟 DBA 助手”在为用户提供关于如何消除安全漏洞、改进复制和优化性能的最佳实践建议，从而显著提高开发人员、DBA 和系统管理员的工作效率。

（7）Oracle Enterprise Manager for MySQL 让用户能够实时全面地了解 MySQL 数据库的性能、可用性和配置信息。

（8）MySQL Fabric 提供了一个用于管理 MySQL 服务器群的框架，它通过在 MySQL 复制的基础上添加自动故障检测和故障切换来提供高可用性，通过表分片实现读取和写入的横向扩展，确保查询和事务始终路由至正确的 MySQL 服务器。

（9）为数据库架构师、开发人员和 DBA 打造统一的可视化工具 MySQL Workbench，提供数据建模工具、SQL 开发工具、数据库迁移工具和全面的管理工具（包括服务器配置、用户管理等）。

2. MySQL 集群版的特性

（1）扩展能力。MySQL 集群版自动将表分片（或分区）到不同结点上，使数据库可以在低成本的商用硬件上横向扩展，同时保持对应用程序完全透明。

（2）高可用性。MySQL 集群版凭借其分布式、无共享架构，可提供 99.999% 的可用性，确保了较强的故障恢复能力和在不停机的情况下执行预定维护的能力。

（3）NoSQL。MySQL 集群版让用户可以在解决方案中整合关系数据库技术和 NoSQL 技术中的最佳部分，从而降低成本、风险和复杂性。

（4）实时性能。MySQL 集群版提供实时的响应时间和吞吐量，能满足最苛刻的 Web、电信及企业应用程序的需求。

（5）多站点集群。跨地域复制使多个集群可以分布在不同的地点，从而提高了灾难恢复能力和全球 Web 服务的扩展能力。

（6）联机扩展和模式升级。为支持持续运营，MySQL 集群版允许向正在运行的数据库模式中联机添加节点和更新内容，从而支持快速变化和高度动态的负载。

（7）自动安装程序。MySQL 集群版从安装到运行只需几分钟的时间，它以图形的方式配置和供应生产级集群，并针对用户的负载和环境自动调整优化。

（8）MySQL Cluster Manager。MySQL 集群版可自动完成常见的管理任务，从而简化运营商级版本数据库的创建和管理。

3. MySQL 标准版的特性

（1）使用户的 MySQL 数据库降低总体拥有成本；

（2）性能可靠、易用，是世界上最流行的开源数据库；

（3）MySQL 的工作台提供了一个集成开发、设计和管理的环境，提高了开发人员和数据库管理员的工作效率。

4. MySQL 经典版的特性

（1）使用户的 MySQL 数据库降低总体拥有成本；

（2）从下载到安装只需 15 分钟，易于使用；

（3）易于管理，数据库管理员能够管理更多的服务器；

（4）支持 20 多个平台和操作系统，包括 Linux、UNIX、Mac 和 Windows，在开发和部署上具有更大的灵活性。

5. MySQL 社区版的特性

（1）可插拔存储引擎架构；

（2）多存储引擎，包括 InnoDB、MyISAM、NDB（MySQL 集群）、Memory、Merge、Archive和 CSV；

（3）复制可提高应用程序的性能和可扩展性；

（4）表分区可提高大型数据库应用程序的性能和管理；

（5）存储过程可提高开发效率；

（6）触发器在数据库级执行复杂的业务规则；

（7）视图确保敏感信息的安全；
（8）性能模式监控用户/应用层资源的消耗；
（9）信息模式提供易于访问的元数据；
（10）MySQL Connectors（包括 ODBC、JDBC、NET 等）多种语言来构建应用程序；
（11）MySQL Workbench 进行可视化建模、数据库开发与管理。

任务二　Windows 系统中安装和配置 MySQL

一、安装 MySQL

视频 1　在 Windows 系统中安装和配置 MySQL

从“http://dev.mysql.com/downloads/”上下载免费的 MySQL 社区版软件，得到安装包“mysql - installer - community - 5.7.12.0.msi”。MySQL 安装步骤如下。

（1）双击安装包文件，打开 MySQL 安装的许可协议窗口，可选“I accept the license terms”复选框，接受许可协议，如图 2.1 所示。

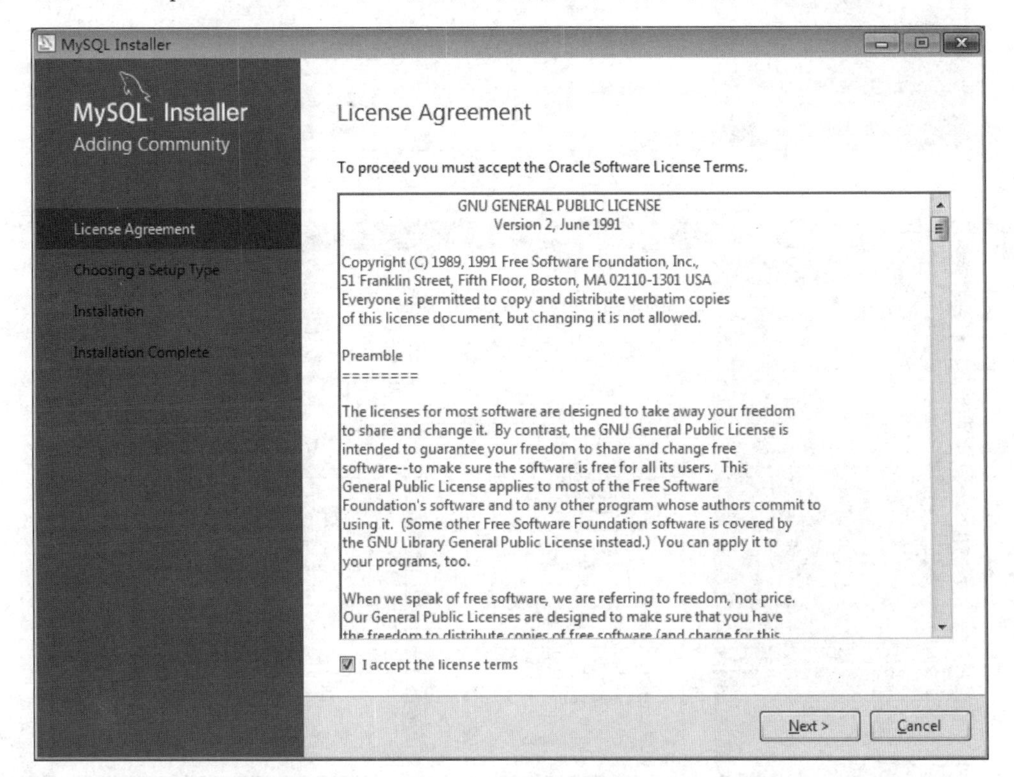

图 2.1　许可协议窗口

（2）单击“Next”按钮，打开选择安装类型窗口。安装类型有 Developer Default（默认安装）、Server only（仅作为服务器）、Client only（仅作为客户端）、Full（完全安装）和 Custom（自定义安装）。选中“Custom”单选按钮，如图 2.2 所示。

（3）单击“Next”按钮，打开选择产品及功能窗口。单击 MySQL Servers 结点，选择对应的功能项，Applications（应用）、MySQL Connectors（连接器）和 Documentation（文档资料）功能为可选，如图 2.3 所示。

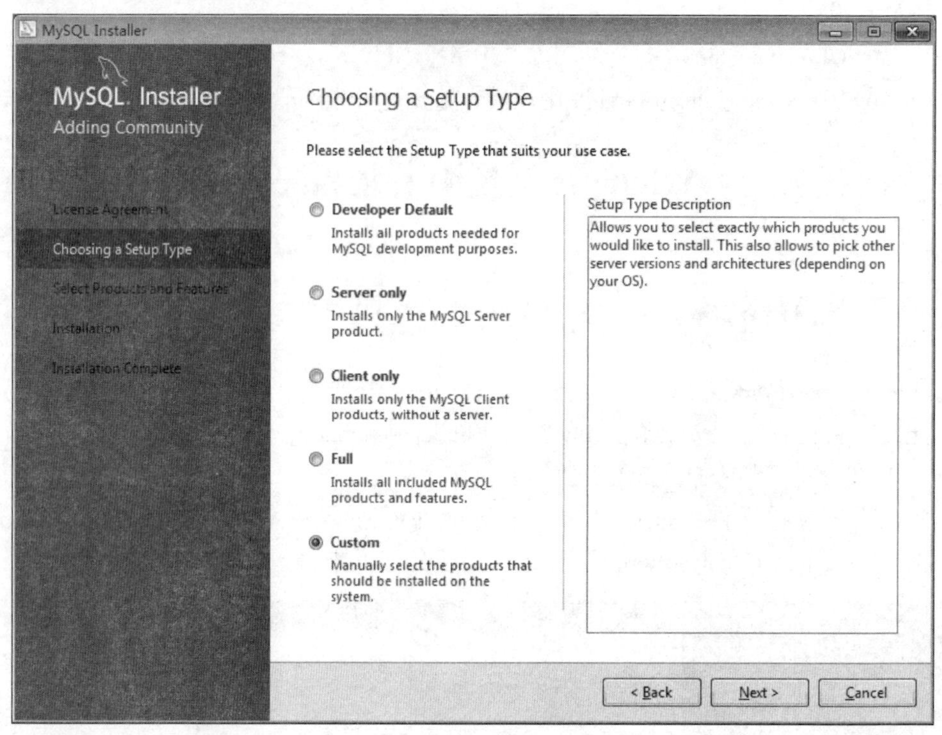

图 2.2　选择安装类型窗口

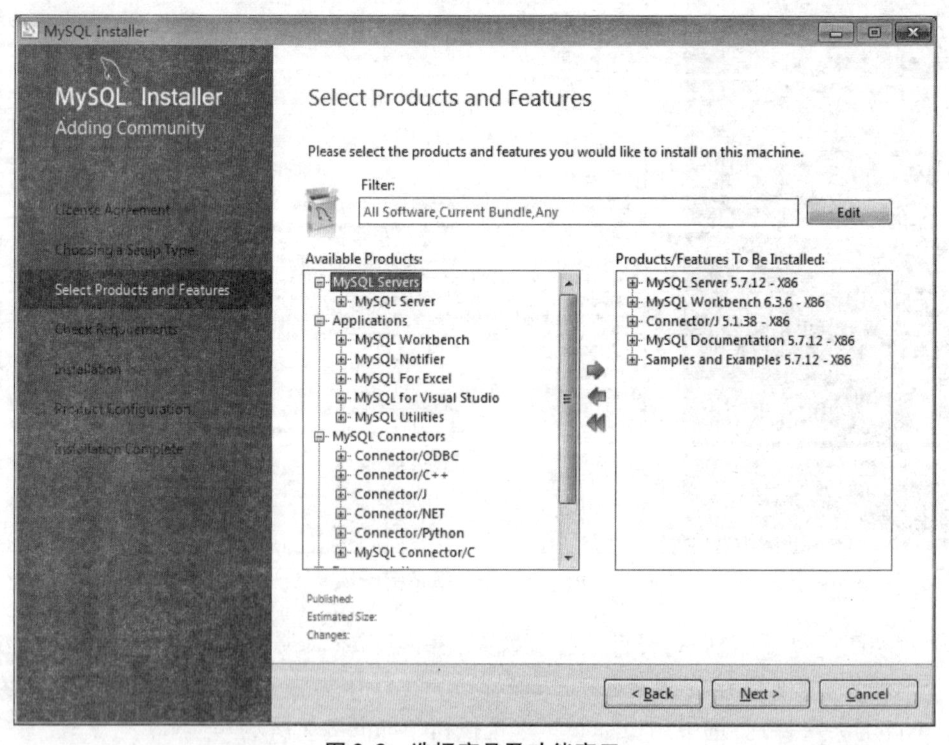

图 2.3　选择产品及功能窗口

（4）单击“Next”按钮，打开安装窗口，如图 2.4 所示。单击“Execute”按钮，开始安装程序。安装完成后，弹出如图 2.5 所示的安装完成窗口。

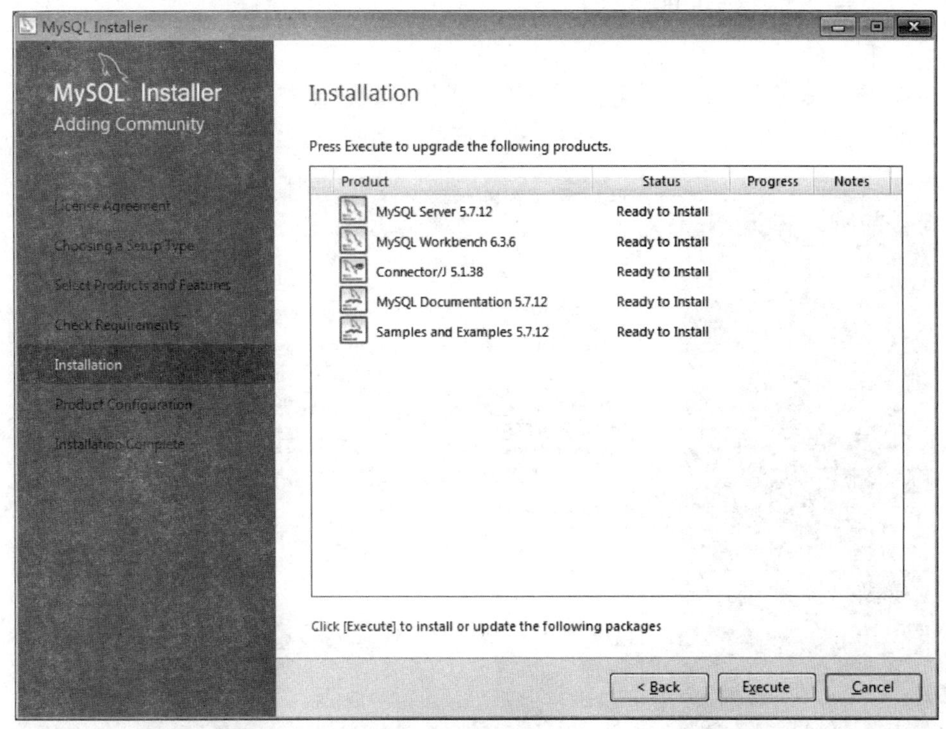

图 2.4 安装窗口

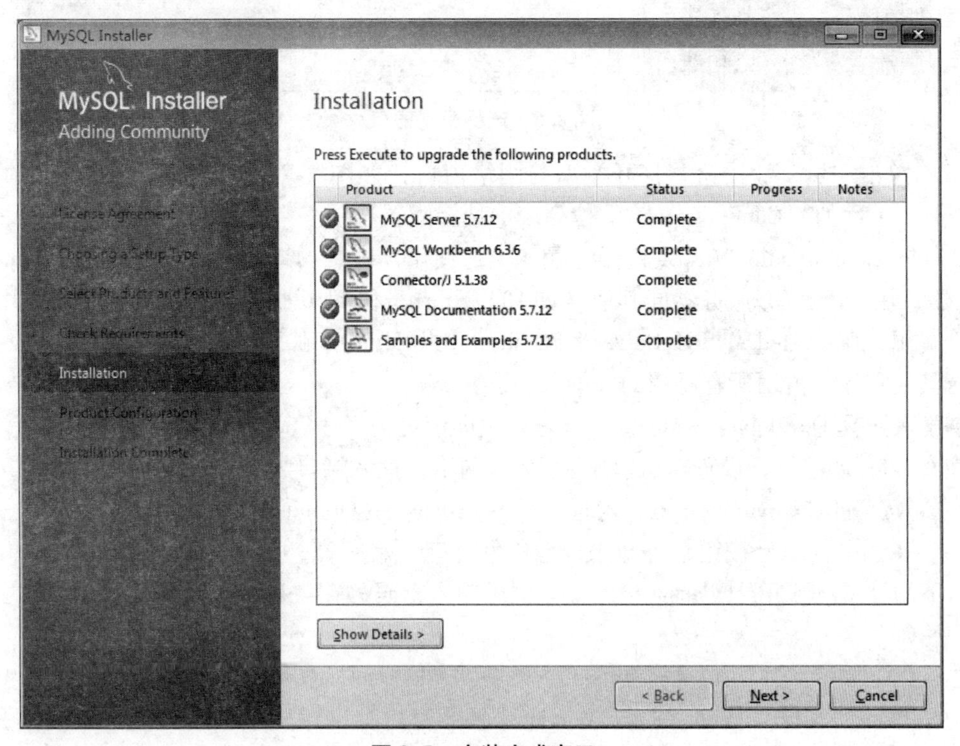

图 2.5 安装完成窗口

MySQL 安装完成后配置服务器了。

二、配置 MySQL 服务器

配置 MySQL 服务器可以设置服务器选项，操作步骤如下。

（1）单击图 2.5 中的“Next”按钮，打开产品配置窗口，如图 2.6 所示。

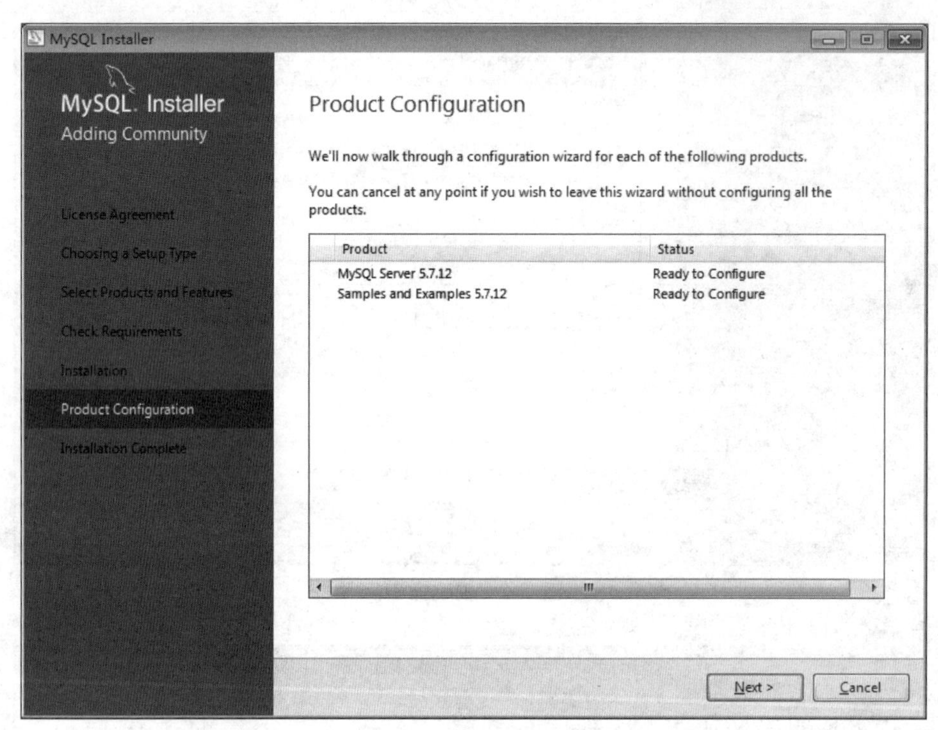

图 2.6　产品配置窗口

（2）单击“Next”按钮，打开类型与网络窗口，如图 2.7 所示。在“Server Configuration Type”下面的“Config Type”下拉列表中选择配置选项。

Development Machine（开发机器）用于个人使用，占用的系统资源最少；Server Machine（服务器）用于 MySQL 服务器同其他（如 FTP、Email 和 Web 服务器）一起运行，占用较多的系统资源；Dedicated MySQL Server Machine（专用 MySQL 服务器）只用于 MySQL 服务器，不运行其他程序，占用所有可用的系统资源。

初学者选择 Development Machine 学习研究即可。

在 Connectivity 下，设置默认启用 TCP/IP 网络，默认端口为 3306。

在 Advanced Configuration 下，勾选“Show Advanced Options”复选框。

（3）单击“Next”按钮，打开账号与角色窗口，如图 2.8 所示，在“Root Account Password”下的“MySQL Root Password”文本框中输入密码，在“Repeat Password”文本框中再次输入密码。

也可以在“MySQL User Accounts”下单击“Add User”按钮，添加新的用户。

（4）单击“Next”按钮，打开 Windows 服务窗口，采用默认设置配置 Windows 服务，如图 2.9 所示。

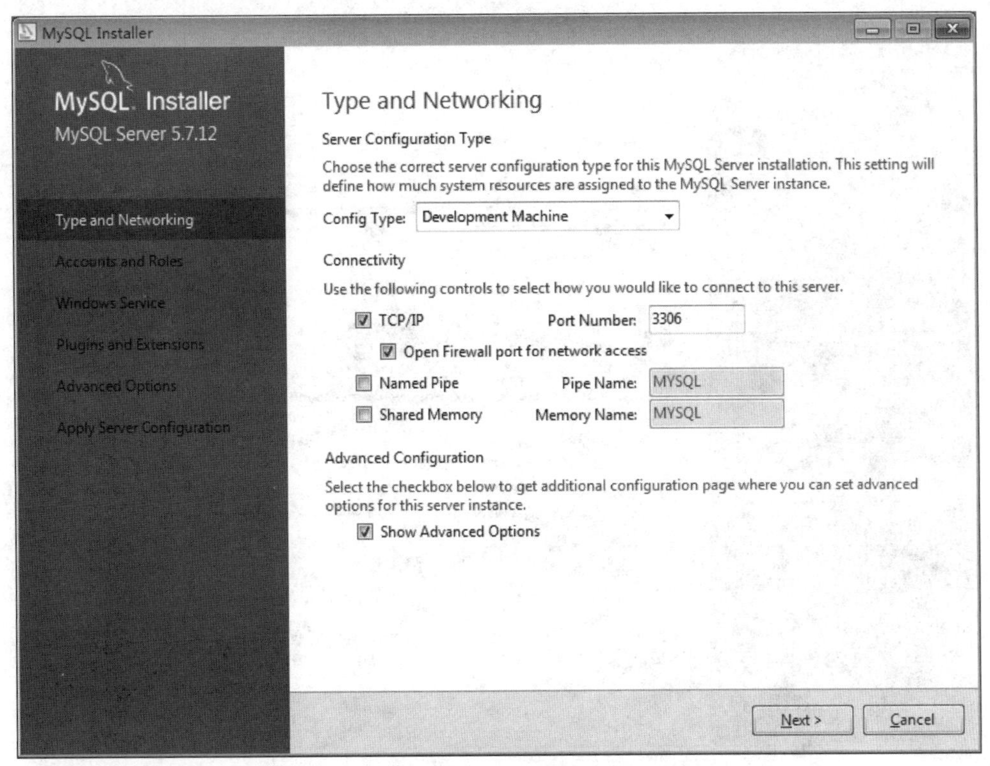

图 2.7　类型与网络窗口

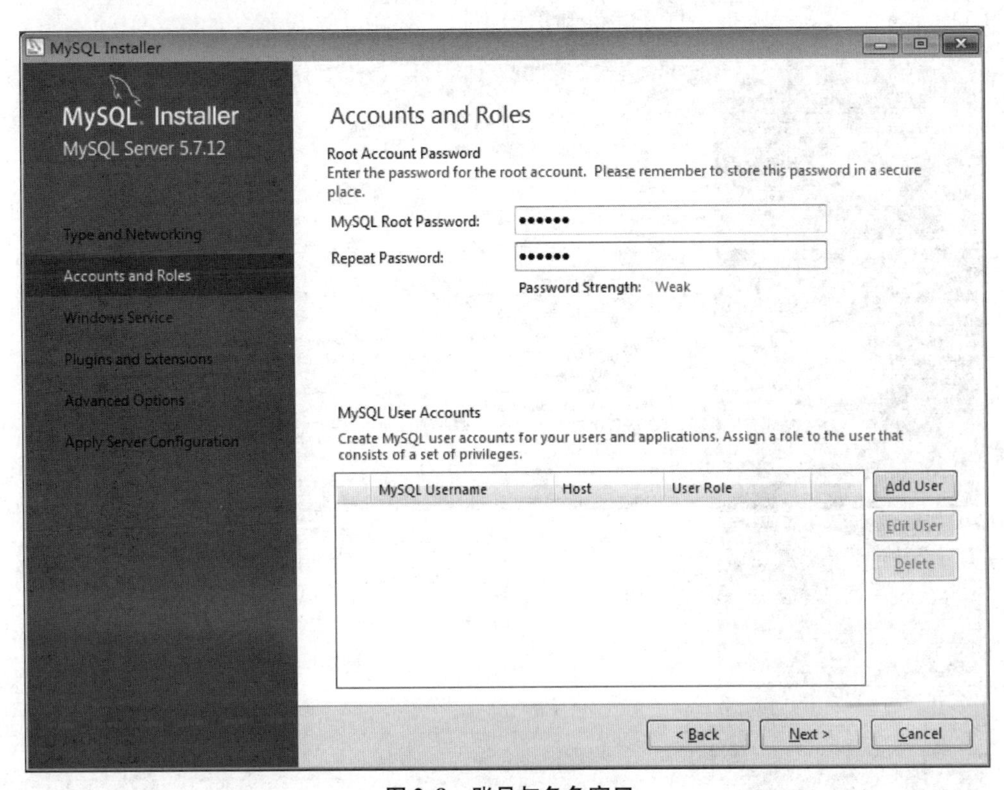

图 2.8　账号与角色窗口

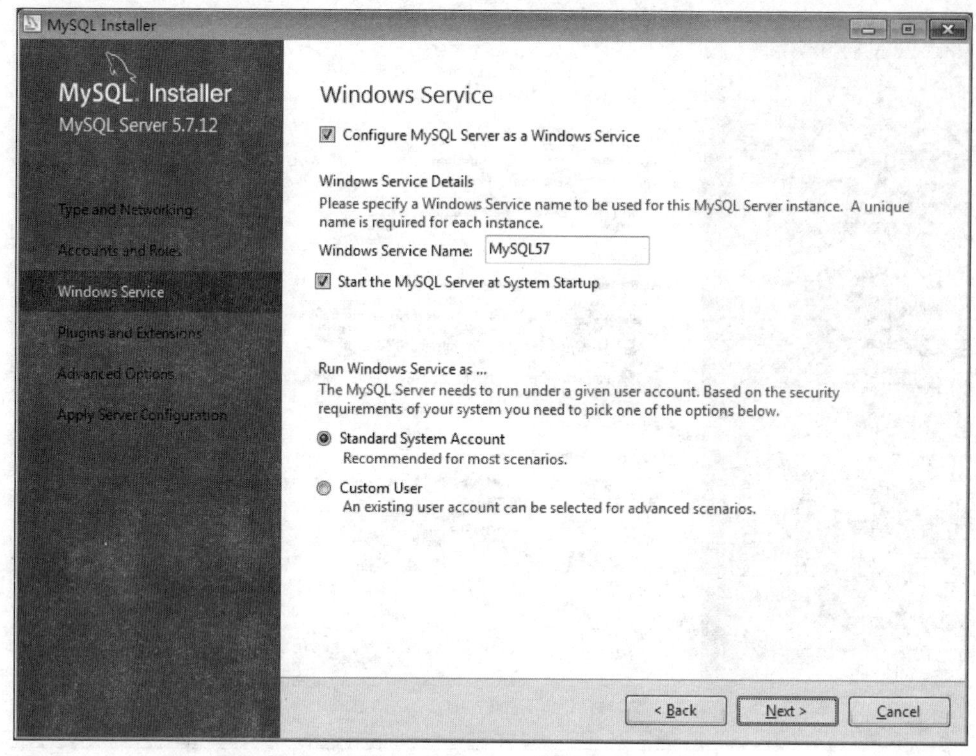

图 2.9　Windows 服务窗口

（5）单击“Next”按钮，打开插件和扩展窗口，采用默认设置，如图 2.10 所示。

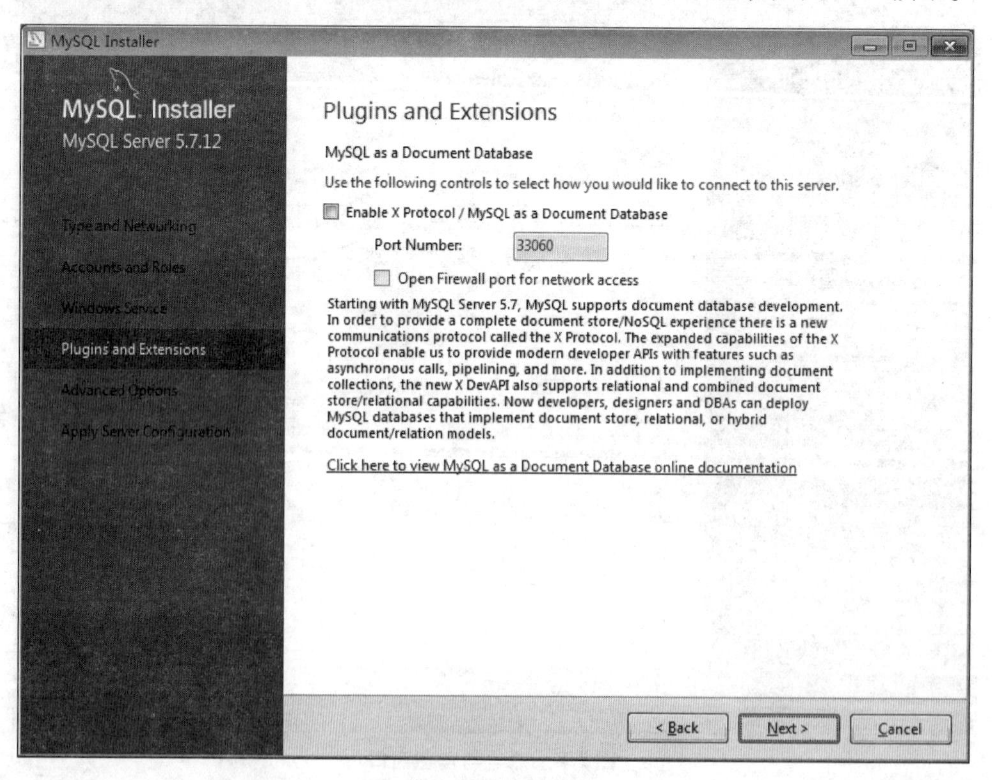

图 2.10　插件和扩展窗口

（6）单击“Next”按钮，打开高级选项窗口，同样采用默认设置，如图 2. 11 所示。

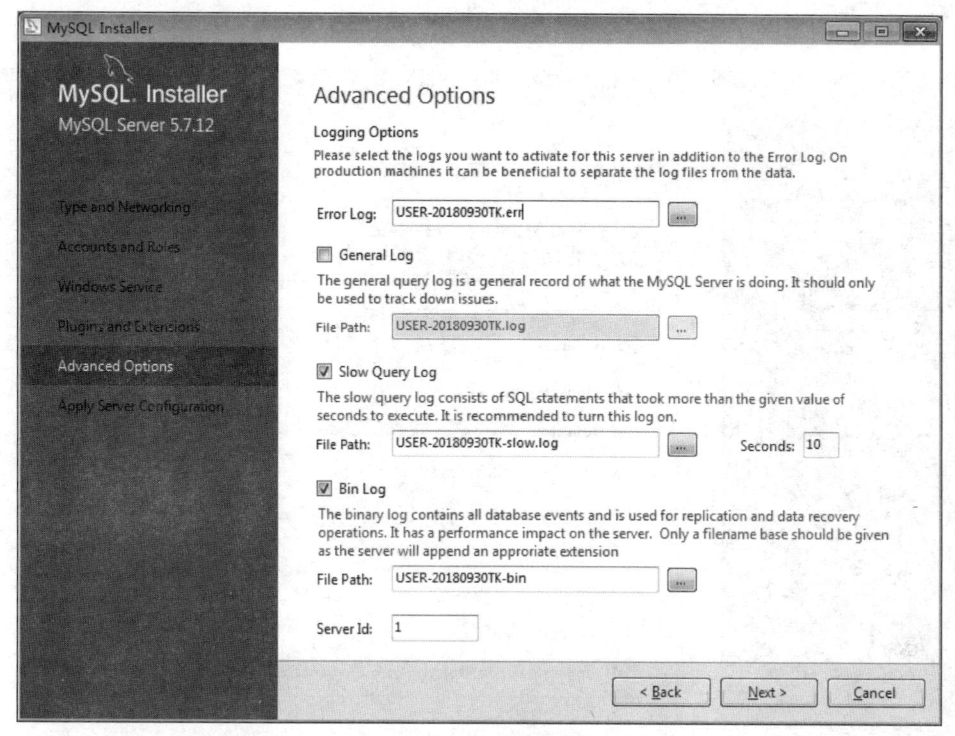

图 2. 11　高级选项窗口

（7）单击“Next”按钮，打开应用服务配置窗口，如图 2. 12 所示。

MySQL Installer
MySQL. Installer
MySQL Server 5.7.12
Type and Networking
Accounts and Roles
Windows Service
Plugins and Extensions
Advanced Options
Apply Server Configuration
Apply Server Configuration
Press [Execute] to apply the changes
Configuration Steps　Log
Stopping Server [if necessary]
Writing configuration file
Updating firewall
Adjusting Windows service [if necessary]
Initializing Database [if necessary]
Starting Server
Applying security settings
Creating user accounts
Updating Start Menu Link
Updating Firewall for MySQL Document Data Feature Set
< Back　Execute　Cancel

图 2. 12　应用服务配置窗口

(8) 单击“Execute”按钮，开始配置过程。配置完成后，弹出配置完成窗口，如图2.13所示。

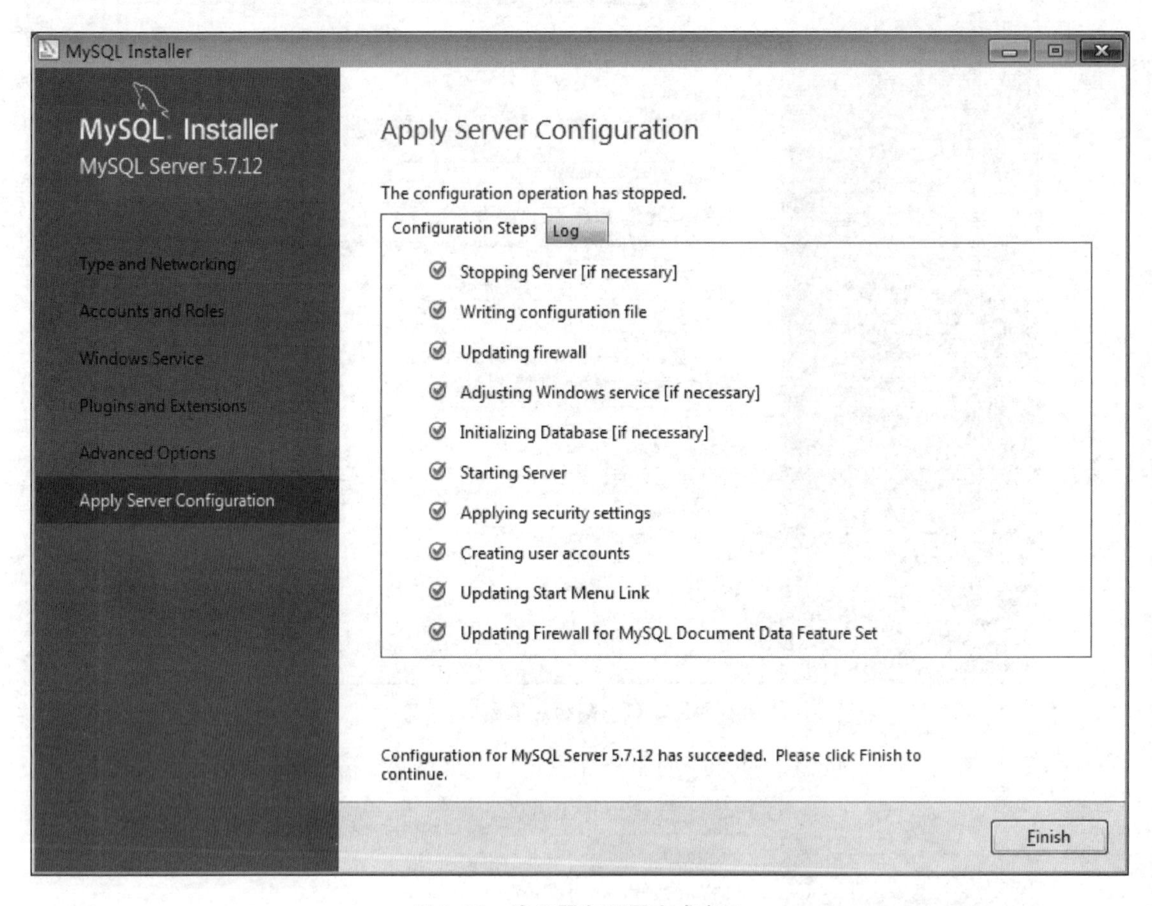

图2.13　应用服务配置完成窗口

三、连接服务器

连接服务器的操作步骤如下。

(1) 单击图2.13中的“Finish”按钮，再次打开产品配置窗口；

(2) 单击“Next”按钮，打开连接到服务器窗口，如图2.14所示，在“User”文本框中输入“root”，在“Password”文本框中输入密码，单击“Check”按钮，显示连接成功；

(3) 单击“Next”按钮，打开应用服务配置窗口，单击“Execute”按钮，开始配置过程，配置完成后，单击“Finish”按钮，打开产品配置窗口；

(4) 单击“Next”按钮，打开安装完成窗口，如图2.15所示，单击“Finish”按钮，完成全部安装配置。

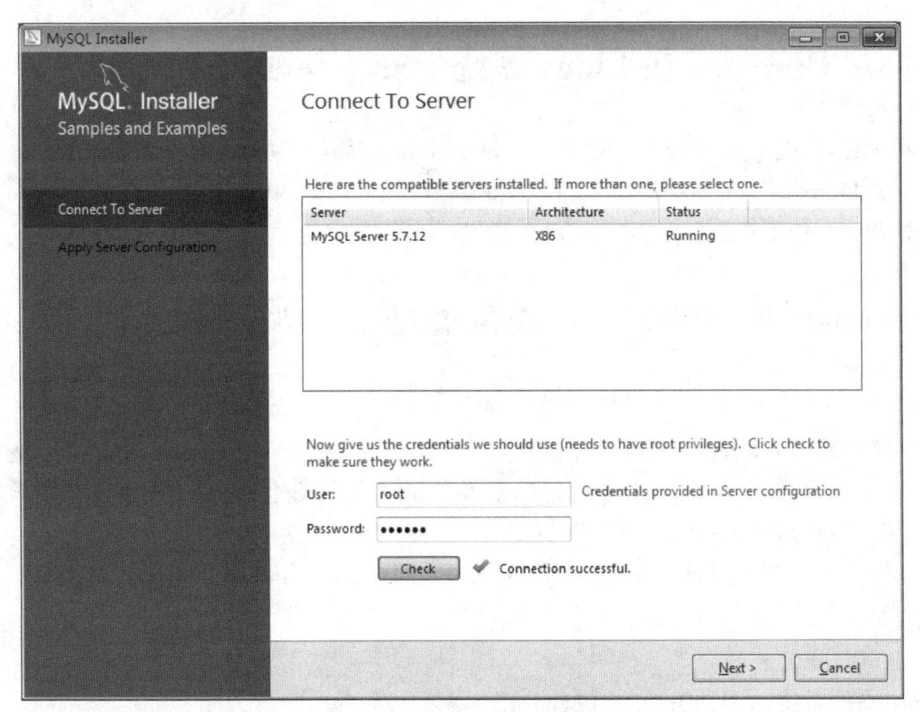

图 2.14　连接到服务器窗口

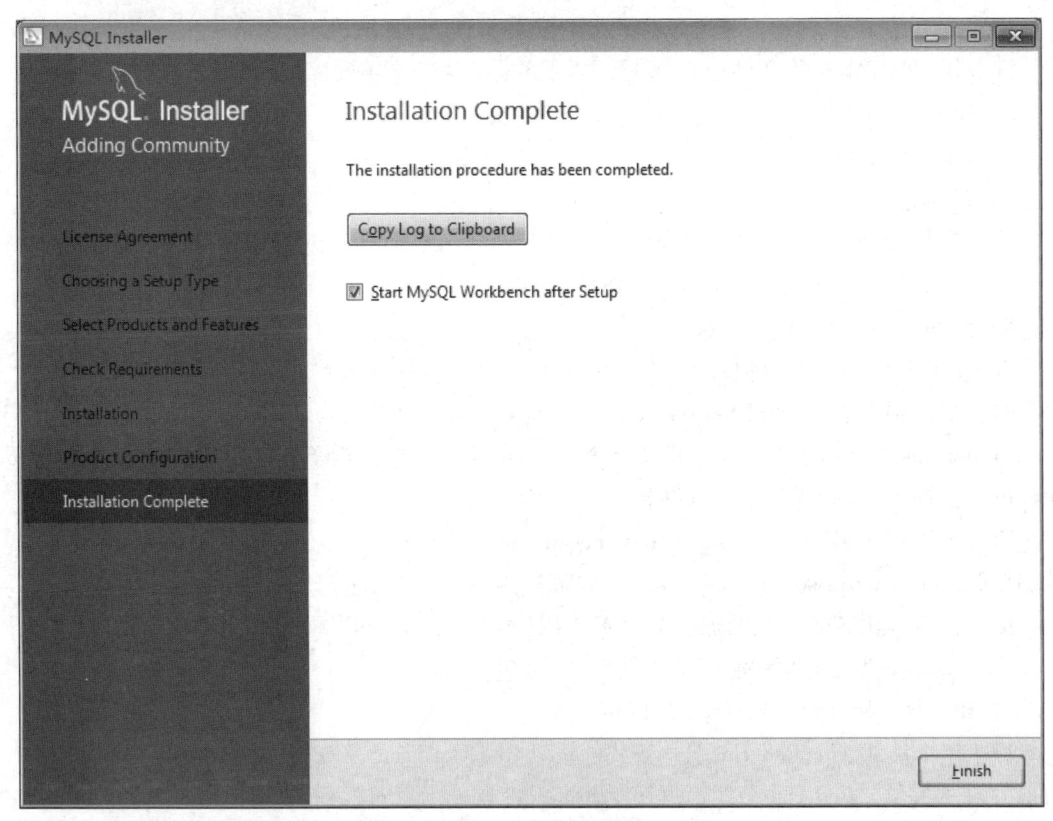

图 2.15　安装完成窗口

任务三　在 Linux 系统中安装与配置 MySQL

Linux 操作系统有众多的发行版本，不同的平台上需要安装不同的 MySQL 版本。MySQL 主要支持的 Linux 版本有 SUSE Linux Enterprise Server 和 Red Hat&Oracle Enterprise Linux。

本节主要介绍 Linux 平台下 MySQL 的安装过程。

一、Linux 操作系统下的 MySQL 版本介绍

Linux 操作系统是自由软件和开放源代码发展中最著名的产品，在诞生以后，经过全世界各地计算机爱好者的共同努力，现已成为今天世界上使用最多的一种 UNIX 类操作系统，目前，Linux 操作系统已经开发超过 300 个发行版本，比较流行的版本有 Ubuntu、Debian GNU/Linux、Fedora、openSUSE 和 Red Hat。

MySQL 主要支持的 Linux 版本为 SUSE 和 Red Hat，读者可以针对个人的喜好，选择使用不同的安装包，不同平台的安装过程基本相同。

1. MySQL 安装包的分类

Linux 操作系统的 MySQL 安装包分为以下 3 类。

1）RPM

RPM 软件包是一种运行在 Linux 平台的安装文件，通过安装命令可以很方便地安装与卸载，MySQL 的 RPM 安装文件包有两个，即服务器端和客户端，需要分别下载和安装。

2）Generic Binaries

经过编译生成的二进制文件软件包。

3）源码包

源码包是 MySQL 数据库的源代码，用户需要自己编译成二进制文件之后才能安装。

2. SUSE Linux Enterprise Server 和 Red Hat&Oracle Enterprise Linux 软件

1）SUSE Linux Enterprise Server

SUSE 于 1992 年年末创办，采用了很多 Red Hat Linux 的特质，2004 年 1 月被 Novell 公司收购，目前最新版本为 SUSE Linux 11.4。官方提供 SUSE Linux Enterprise Server 9 到 SUSE Linux Enterprise Server 11 的 MySQL 安装包，不同的处理器架构下，MySQL 的版本也不相同，读者可以根据自己的 CPU 类型选择相应的 RPM 安装包。

读者可以在下载页面“http://dev.mysql.com/downloads/mysql/5.6.html#downloads”选择 SUSE Linux enterprise Server 平台，下载服务器端和客户端的 RPM 包。

提示：MySQL Server 代表服务器端的 RPM 包，Client Utilities 代表客户端的 RPM 包。

官方同时提供二进制和源码的 MySQL 安装包。

2）Red Hat & Oracle Enterprise Linux

2004 年 4 月 30 日，Red Hat 公司正式停止对 Red Hat Linux 9.0 版本的支持，标志着 Red Hat Linux 的正式完结。Red Hat 公司不再开发桌面版的 Linux 发行包，而集中力量开发服务器版，即 Red Hat Enterprise Linux 版。目前，Red Hat Enterprise Linux 6 为最新的版本，官方网站能够下载到从 Red Hat Enterprise Linux 3 到 Red Hat Enterprise Linux 6 的 5.6 版的 MySQL 安装包。

根据不同的处理器架构，Linux 下的 MySQL 安装包的版本也不同，在这里选择 Red Hat Enterprise Linux 6。

读者可以在下载页面 http://dev.mysql.com/downloads/mysql/5.6.html#downloads，选择 Oracle&Red Hat Linux 6 平台，下载服务器端和客户端的 RPM 包。

二、安装和配置 MySQL 的 RPM 包

MySQL 推荐使用 RPM 包进行 Linux 平台下的安装，从官方下载的 RPM 包能够在所有支持 RPM 包的 Linux 系统下安装使用。

RPM 包安装之后，MySQL 服务器目录包括的子目录见表 2.1。

表 2.1 Linux 平台下 MySQL 的安装目录

文件夹	文件夹内容	文件夹	文件夹内容
/usr/bin	客户端和脚本	/usr/include/mysql	头文件
/usr/sbin	mysqld 服务器	/usr/lib/mysql	库
/var/lib/mysql	日志文件和数据库	/usr/share/mysql	错误消息、字符集、示例配置文件等
/usr/share/info	信息格式的手册		
/usr/share/man	UNIX 帮助页		

对于标准安装，只需要安装 MySQL 服务器端和 MySQL 客户端的 RPM 包即可，具体的操作步骤如下。

step 01 进入下载页面 http://dev.mysql.com/downloads/mysql/5.6.html#downloads，下载 RPM 包。Development Releases 是开发中的版本，没有经过严格的测试。下载发行的稳定版 Generally Available，选择对应操作系统的版本下载。在平台下拉列表中选择“Oracle&Red Hat Linux 6”。

step 02 从 RPM 列表中选择要下载安装的包，单击“Download”按钮，开始下载安装文件。

step 03 下载完成后，解压下载的 tar 包，命令如下。

```
[root@ localhost share]#tar -xvf MySQL-5.6.11-1.rhel5.i386.tar
```

运行结果如下。

```
MySQL-client-5.6.11-1.rhel5.i386.rpm
MySQL-devel-5.6.11-1.rhel5.i386.rpm
MySQL-embedded-5.6.11-1.rhel5.i386.rpm
MySQL-server-5.6.11-1.rhel5.i386.rpm
MySQL-shared-5.6.11-1.rhel5.i386.rpm
MySQL-test 5.6.11-1.rhel5.i386.rpm
```

tar 是 Linux/UNIX 系统上的一个打包工具，通过“tar -help”命令可以查看 tar 使用帮助。可以看到，解压出来的文件有 6 个：

（1）MySQL - client - 5. 6. 11 - 1. rhel5. i386. rpm 是客户端的安装包；

（2）MySQL - server - 5. 6. 11 - 1. rhel5. i386. rpm 是服务端的安装包；

（3）MySQL - devel - 5. 6. 11 - 1. rhel5. i386. rpm 是包含开发用的库文件的安装包；

（4）MySQL - shared - 5. 6. 11 - 1. rhel5. i386. rpm 是包含 MySQL 的共享库文件的安装包；

（5）MySQL - test - 5. 6. 11 - 1. rhel5. i386. rpm 是测试的安装包；

（6）MySQL - embedded - 5. 6. 11 - 1. rhel5. i386. rpm 是嵌入式 MySQL 的安装包。

一般情况下，只需要安装 client 和 server 两个包，如果需要进行 C/C++ MySQL 相关开发，需要安装 MySQL - devel - 5. 6. 11 - 1. rhel5. i386. rpm 包。

step 04 切换到 root 用户，命令如下。

```
[root@ localhost share] $ su - root
```

注意：此处也可以直接输入“su -”，符号“ - ”是告诉系统在切换到 root 用户的时候，要初始化 root 的环境变量，然后按照提示输入 root 用户的密码，完成切换 root 用户的操作。

step 05 安装 MySQL Server 5. 6，命令如下。

```
[root@ localhost share]# rpm - ivh MySQL - server - 5.6.11 - 1.rhel5.i386.rpm
```

运行结果如下。

```
Preparing...###########################################[100% ]
1:MySQL - server###########################################[100% ]
PLEASE REMEMBER TO SET A PASSWORD FOR THE MySQL root USER!
To doso,start the server,then issue the following commands:

/usr/bin/mysqladmin - u root password'new - password'
/usr/bin/mysqladmin - u root - h localhost.localdomain password 'new - password'

Alternatively you can run:
/usr/bin/mysql_secure_installation

which will also give you the option of removing the test
databases and anonymous user created bydefault.This is
strongly recommended for production servers.

See the manual for more instructions.
Please report any problems with the/usr/bin/mysqlbug script!
```

看到这些，说明 MySQL Server 命令安装成功了。按照提示，执行“/ usr/ bin/ mysqladmin - u root password‘new - password’”可以更改 root 用户密码；执行“/ usr/ bin/ mysql_secure_installation”可以删除测试数据库和匿名用户；执行“/ usr/ bin/ mysqlbug script”可以报告 bug。

注意：安装之前要查看机器上是否装有旧版的 MySQL，如果有，最好先把旧版 MySQL

卸载，否则可能产生冲突。查看旧版本 MySQL 的命令如下。

```
[root@ localhost share]# rpm - qa |grep - i mysql
```

如果装有旧版本，系统会显示机器上安装的旧版 MySQL 的信息，例如，显示“mysql - 5.0.77 - 4.e15_4.2”。卸载 MySQL 5.0.77 - 4.e15_4.2，输入命令如下。

```
[root@ localhost share]# rpm - ev mysql - version - 4.e15_4.2
```

step 06 启动服务，输入命令如下。

```
[root@ localhost share]# service mysql restart
```

运行结果如下。

```
MySQL server PID file could not be found! [失败]
Starting MySQL...[确定]
```

服务开始启动。

注意：从 MySQL 5.0 开始，MySQL 的服务名改为 MySQL，而不是 4.0 的 MySQLD。

MySQL 服务的操作命令如下。

```
servicemysql start |stop |restart |status
```

上面各参数的意义如下。

start 为启动服务，stop 为停止服务，restart 为重启服务，status 为查看服务状态。

step 07 安装客户端，输入命令如下。

```
[root@ localhost share]# rpm - ivh MySQL - client - 5.6.11 - 1.rhel5.
i386.rpm
```

运行结果如下。

```
Preparing...############################################[100% ]
1:MySQL - client ############################################[100% ]
```

step 08 安装成功之后，使用命令行登录。

```
[root@ localhost share]# mysql - uroot - hlocalhost
Welcome to the MySQLmonitor.Commands end with;or \g.
Your MySQL connection id is 1
Server version:5.6.11 MySQL Community Server(GPL)

Copyright(c)2000,2010,Oracle and/or itsaffiliates.All rights re-
served.
Oracle is a registered trademark of Oracle Corporation and/or its
affiliates.Other names may be trademarks of their respective
owners.

Type 'help;'or'\h'for help.Type'\c'to clear the current input state-
ment.
```

如果看到上面的信息，说明登录成功，可以对 MySQL 数据库进行操作。

step 09 更改 root 密码，命令如下。

```
[root@ localhost share]#/usr/bin/mysqladmin -u root password '
123456'
```

执行完该命令，root 的密码被改为 123456（用户也可以自己设置其他密码）。

step 10 添加新的用户，命令如下。

```
[root@ localhost share]#mysql -u root -p123456 -hlocalhost
```

运行结果如下。

```
mysql >GRANT ALL PRIVILEGES ON *.* TO monty@ localhost
IDENTIFIEDBY'something'WITH GRANT OPTION;
```

三、安装和配置 MySQL 的源码包

进入下载页面 http://dev.mysql.com/downloads/mysql/#downloads，在 select 左侧的下拉列表中选择“Source Code”选项。

源码安装需要一些开发工具，分别如下。

（1）CMake（cross platform make）：构建程序必需的跨平台构建工具，官方网址为 http://www.cmake.org/。

（2）一个好的 Make 工具：MySQL 官方推荐使用 GNU Make 3.75，GNU Make 的下载地址为 http://www.gnu.org/software/make/。

（3）ANSIC++编译器：GCC 4.2.1 及以上版本。

（4）Perl：运行 test 版本所必需的。

（5）RPM 包管理器，rpmbuild 工具。

编译安装，输入命令如下。

```
[root@ localhost tmp]# rpmbuild -rebuild -clean MySQL -5.6.11 -
linux2.6.src.rpm
```

编译完成后会形成一个 RPM 包，按照 RPM 包的安装方法进行安装即可。作为初级用户，不建议使用源码包进行安装。

任务四 MySQL 管理工具

MySQL 官方提供了 4 个非常好用的图形化管理工具和一个 MySQL 命令行工具。图形化管理工具有 MySQL Workbench、MySQL Administrator、MySQL Query Browser 和 MySQL Migration Toolkit，它们可以方便数据库管理和数据查询，提高数据库管理、备份、迁移、查询，以及管理数据库实例效率，即使没有丰富的 SQL 语言基础的用户也可以应用自如。

一、MySQL Workbench 管理工具

MySQL Workbench 提供了数据建模工具、SQL 开发工具和全面的管理工具（包括服务器配置、用户管理、备份等）。MySQL Workbench 可在 Windows、Linux 和 Mac OS 上使用，具有设计、开发、管理和数据库迁移的功能。

1. 设计

DBA、开发人员或数据架构师可以利用 MySQL Workbench 以可视化方式设计、建模、生成和管理数据库，它具有数据建模工具创建复杂 E-R 模型所需的一切功能，支持正向和反向工程，还提供了一些关键特性执行需要大量时间和工作的变更管理和文档任务。

2. 开发

MySQL Workbench 提供了一些可视化工具创建、执行和优化 SQL 查询。SQL Editor 具有语法高亮显示、自动填充、SQL 代码段重用和 SQL 执行历史记录等功能。开发人员可以通过 Database Connections Panel 轻松管理标准数据库连接，包括 MySQL Fabric。使用 Object Browser 可以即时访问数据库模式和对象。

3. 管理

MySQL Workbench 提供了一个可视化控制台，可以轻松管理 MySQL 环境，直观地了解数据库运行状况。开发人员和 DBA 可以使用这些可视化工具配置服务器、管理用户、执行备份和恢复、检查审计数据，以及查看数据库运行状况。

MySQL Workbench 提供了一套工具来提高 MySQL 应用的性能。DBA 可以使用性能仪表盘快速查看关键性能指标，通过性能报告轻松识别和访问 I/O 热点、占用资源较多的 SQL 语句等。此外，开发人员还可以通过改进后简单易用的可视化解释计划一键查找需要优化的查询。

4. 数据库迁移

MySQL Workbench 为 Microsoft SQL Server、Microsoft Access、Sybase ASE、PostgreSQL 及其他 RDBMS 表、对象和数据迁移至 MySQL 提供了一个全面、简单易用的解决方案，开发人员和 DBA 可以轻松、快速地转换现有应用，使其运行在 Windows 及其他平台的 MySQL 上。此外，它还支持从 MySQL 早期版本迁移至最新版本。

二、MySQL Administrator 管理器工具

MySQL Administrator 用于管理数据库，监视和管理 MySQL 实例数据库、用户的权限和数据，还可以用于配置、控制、开启和关闭 MySQL 服务。

三、MySQL Query Browser 数据查询工具

MySQL Query Browser 是一个图形化的数据查询工具，可以输入编辑和调试执行 SQL 语句，还可以管理数据库，查询数据库中的数据。

四、MySQL Migration Toolkit 数据库迁移工具

MySQL Migration Toolkit 是 MySQL 提供的数据迁移工具（适用于 MySQL 5.0 以上版本），支持 Oracle、Microsoft SQL Server、Microsoft Access、Sybase、MaxDB 到 MySQL 之间的转换。

项目实践　MySQL 的简单应用

（1）使用 MySQL Workbench 管理工具打开建立的数据模型，并导出 SQL 语句，操作步骤如下。

①在菜单栏中选择“开始”/“所有程序”/“MySQL”/“MySQL Workbench 6.3 CE”命令，打开 MySQL Workbench 窗口，如图 2.16 所示。

图 2.16　MySQL Workbench 窗口

②在菜单栏中选择“File”/“Open Model”命令，打开数据库 Test 中的“Test. mwb”文件，找到 EER 图表，如图 2.17 所示。

③在菜单栏中选择“File”/“Export”/“Forward Engineer SQL CREATE Script”命令，打开正向工程生成 SQL 脚本文件窗口，设置相关的属性，单击“Next”按钮，直到单击“Finish”按钮，完成 SQL 脚本文件的生成和保存，如图 2.18 所示。

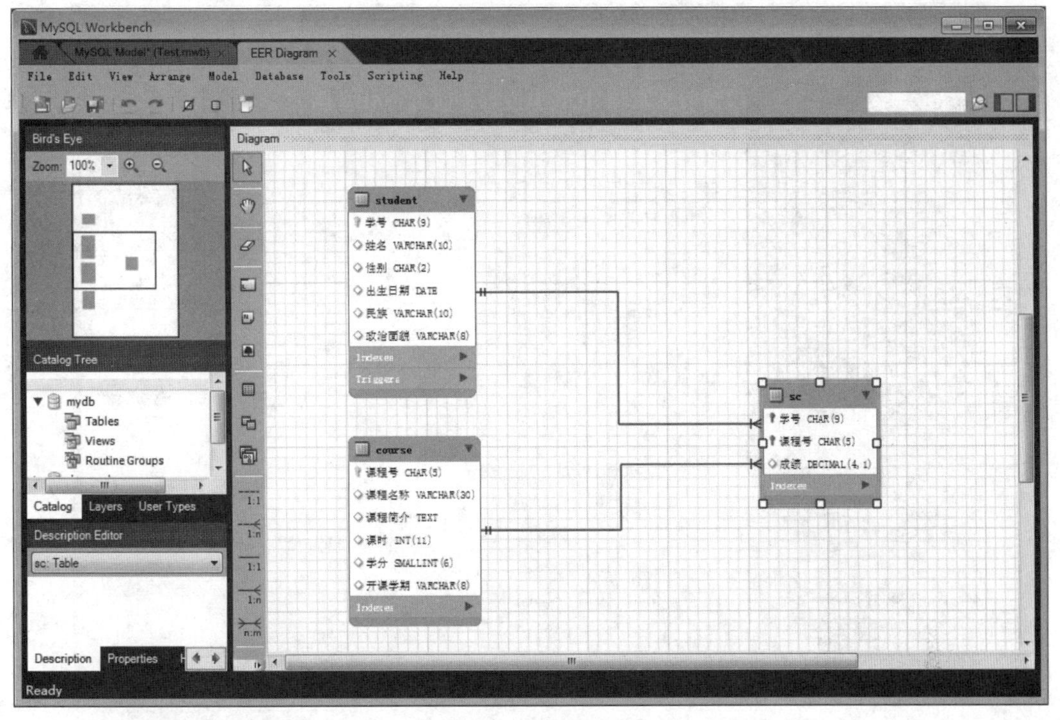

图 2.17 EER 图表

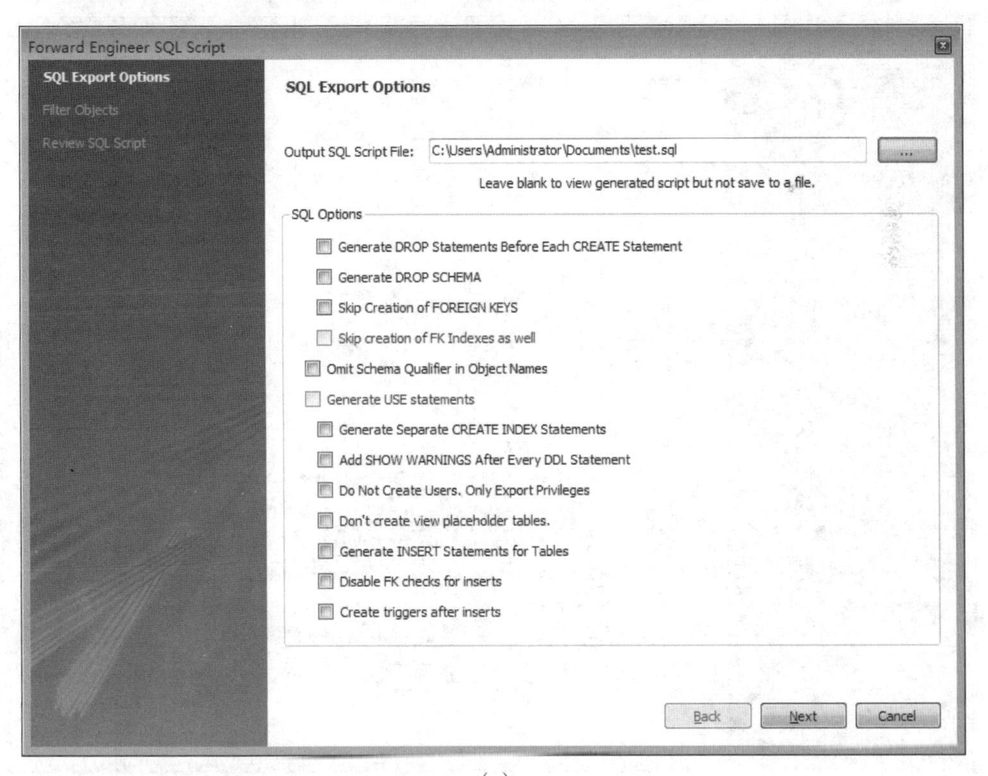

(a)

图 2.18 正向工程生成 SQL 脚本文件窗口

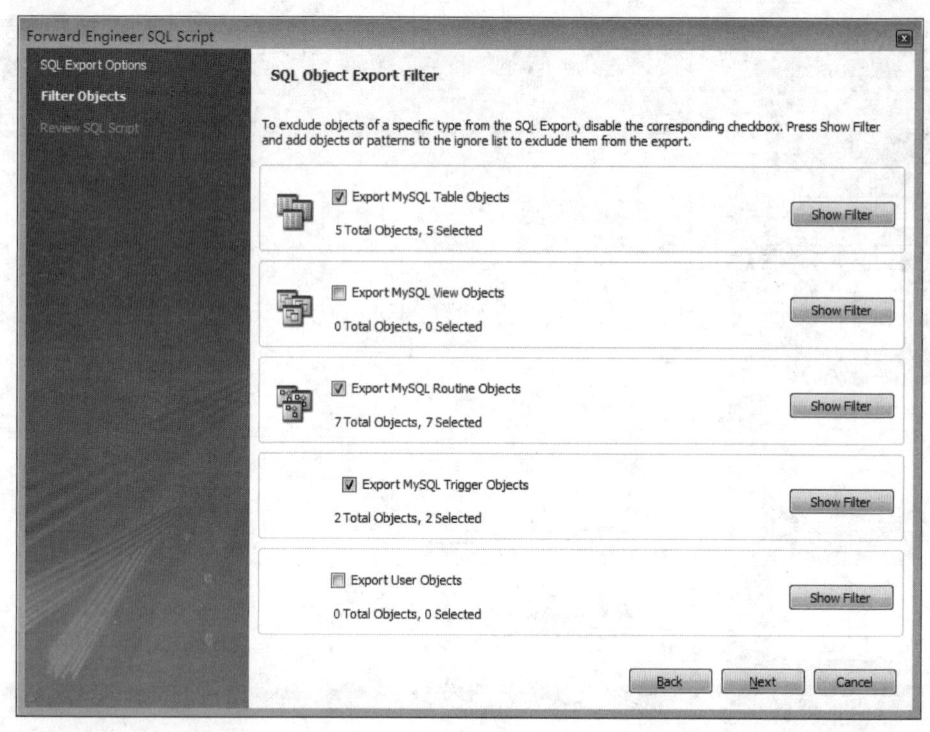

(b)

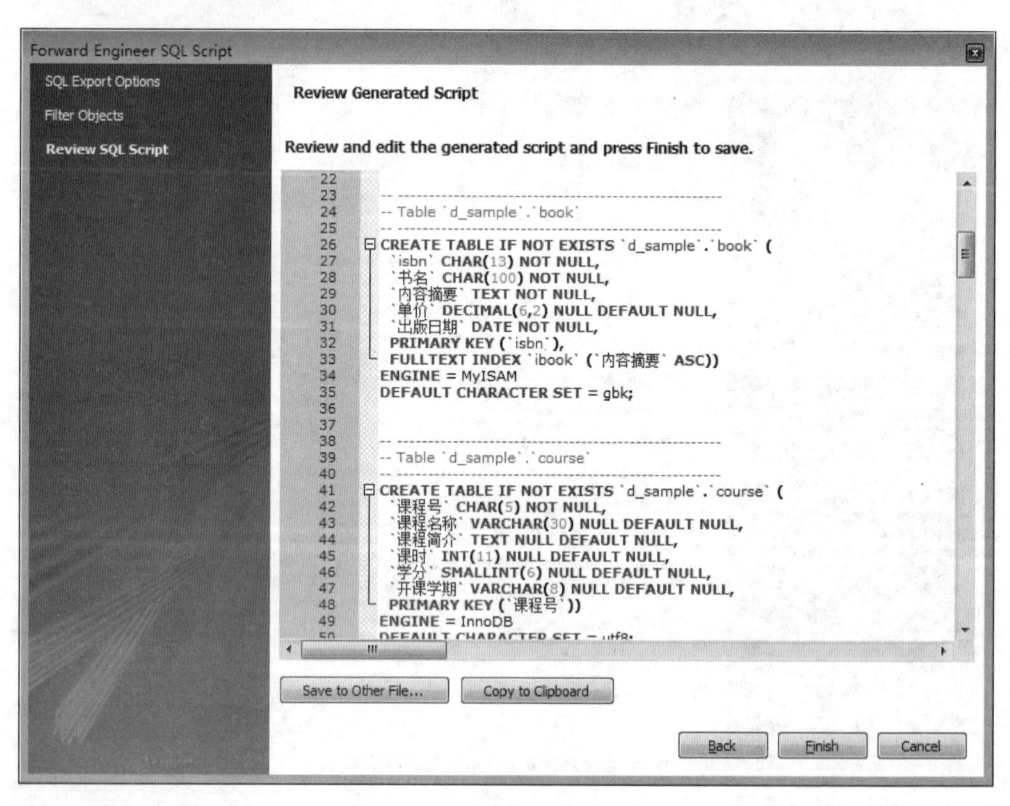

(c)

图 2.18　正向工程生成 SQL 脚本文件窗口（续）

（2）利用 MySQL Administrator 管理器工具备份数据库，操作步骤如下。

①在菜单栏中选择“开始”/“所有程序”/“MySQL”/“MySQL Administrator”命令，打开 MySQL Administrator 窗口，如图 2.19 所示。

图 2.19　MySQL Administrator 窗口

②在“Password”文本框中输入密码，单击“OK”按钮，打开 MySQL Administrator - Connection 窗口。选中窗口左侧的 Backup 项，单击“New Project”按钮；选中数据库 sakila，单击“ > ”按钮；选中备份的数据库，在“Project Name”文本框中输入备份文件名，如图 2.20 所示。

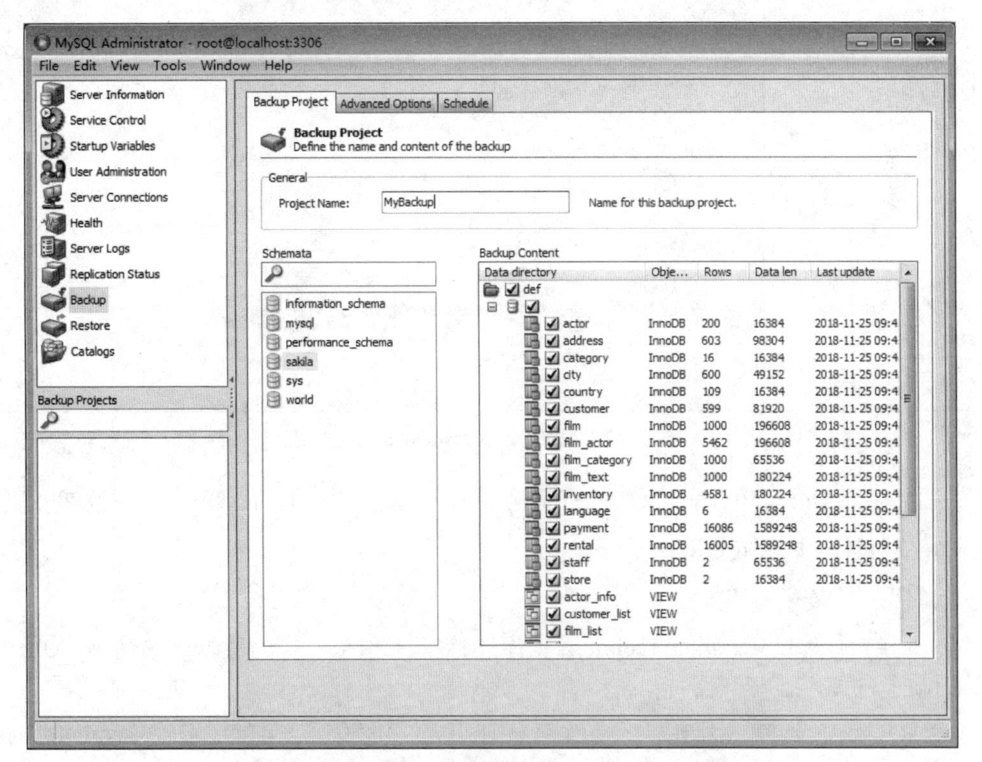

图 2.20　MySQL Administrator - Connection 窗口

③单击“Execute Backup Now”按钮，弹出“另存为”对话框，单击“保存”按钮进行备份，完成备份后弹出“Backup finished”对话框，如图2.21所示，单击“OK”按钮结束备份。

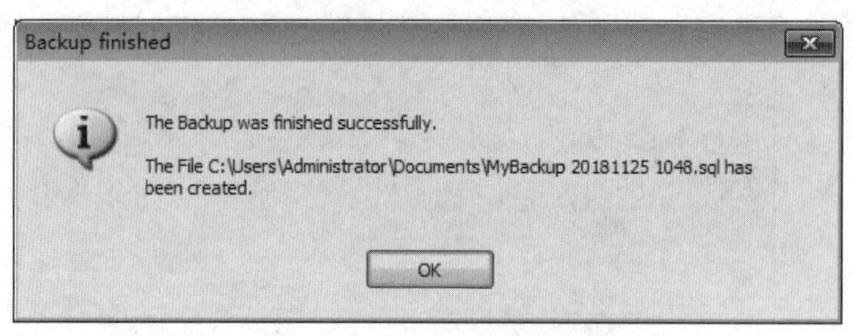

图2.21 Backup finished对话框

(3) 使用MySQL Query Browser数据查询工具编写脚本，在查询浏览器中运行调试，查询MySQL的版本信息，操作步骤如下。

①在MySQL Administrator窗口的菜单栏中，选择“Tools”/“MySQL Query Browser”命令，如图2.22所示。

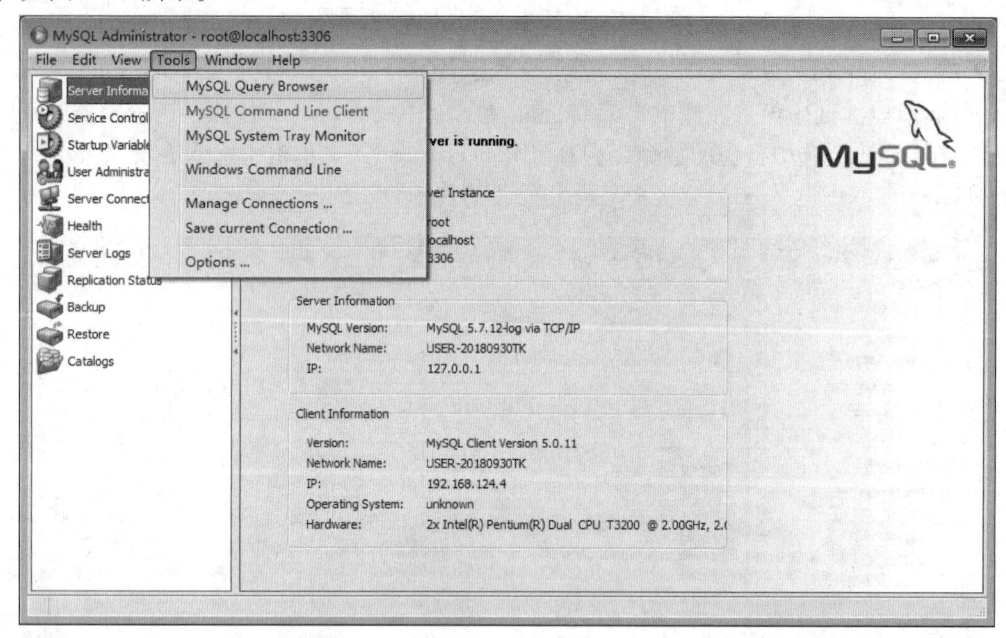

图2.22 MySQL Administrator窗口

②在MySQL Query Browser窗口的查询区中输入以下SQL语句，单击按钮，查询结果将显示在结果区中，如图2.23所示。

```
select @@version;
```

(4) 利用MySQL Migration Toolkit数据库迁移工具将Access的数据迁移到MySQL，操作步骤如下。

①在菜单栏中选择“开始”/“所有程序”/“MySQL”/“MySQL Migration Toolkit”命令，启动MySQL Migration Toolkit工具。单击“Next”按钮，选择“Direct Migration”项。

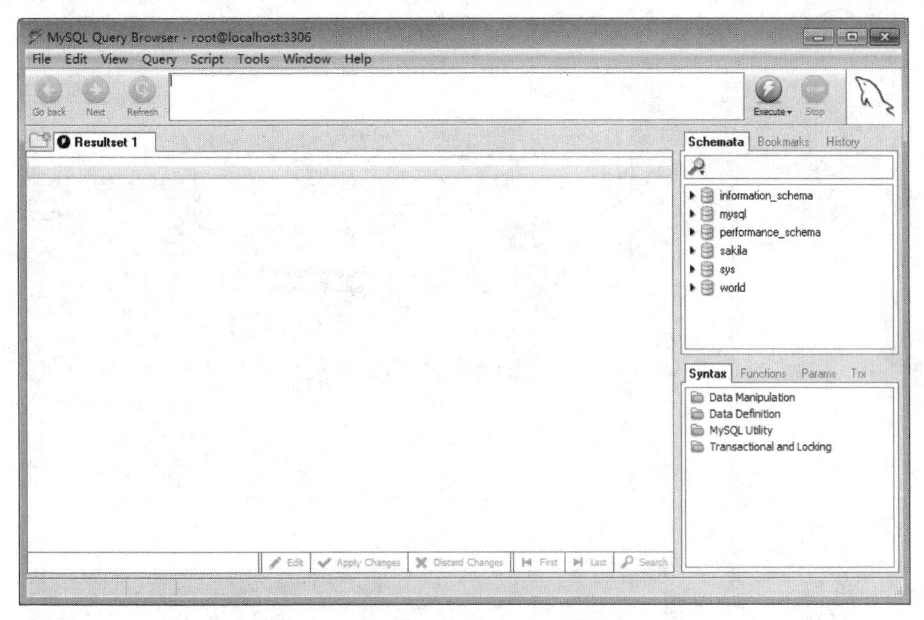

图 2.23 MySQL Query Browser 窗口

②单击“Next”按钮，在 Source Database 窗口中输入要转换的源数据库的参数，在“Database System”列表框中选择“MS Access”，在“Database File”中选择图书管理系统文件，如图 2.24 所示。

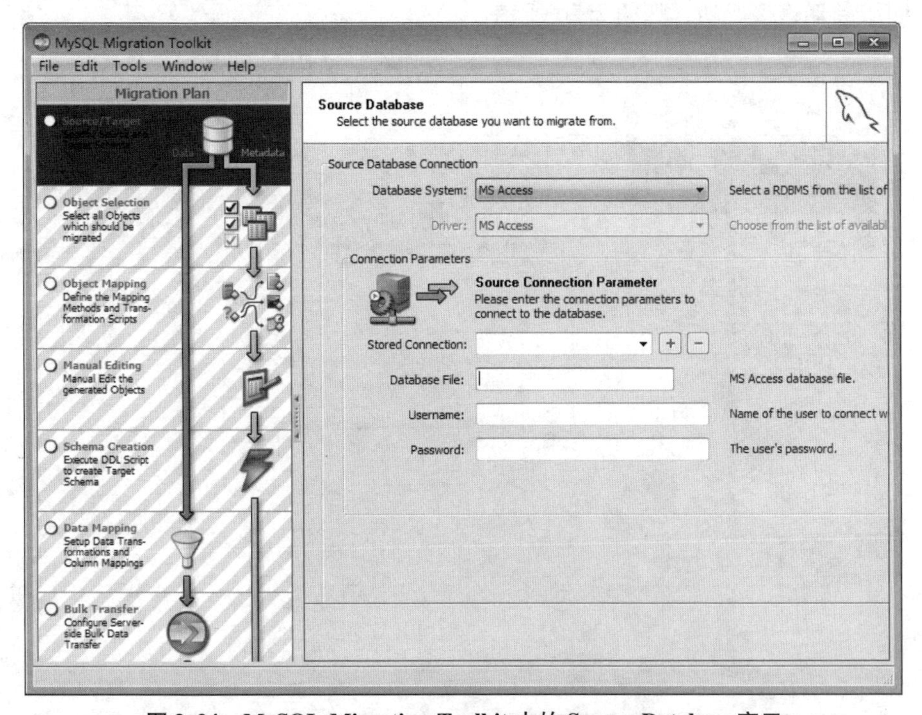

图 2.24 MySQL Migration Toolkit 中的 Source Database 窗口

③单击“Next”按钮，在 Target Database 窗口中输入要转换的目标数据库的参数，在“Database System”列表框中选择“MySQL Server”，输入主机名称、端口号、用户名和用户密码，如图 2.25 所示。

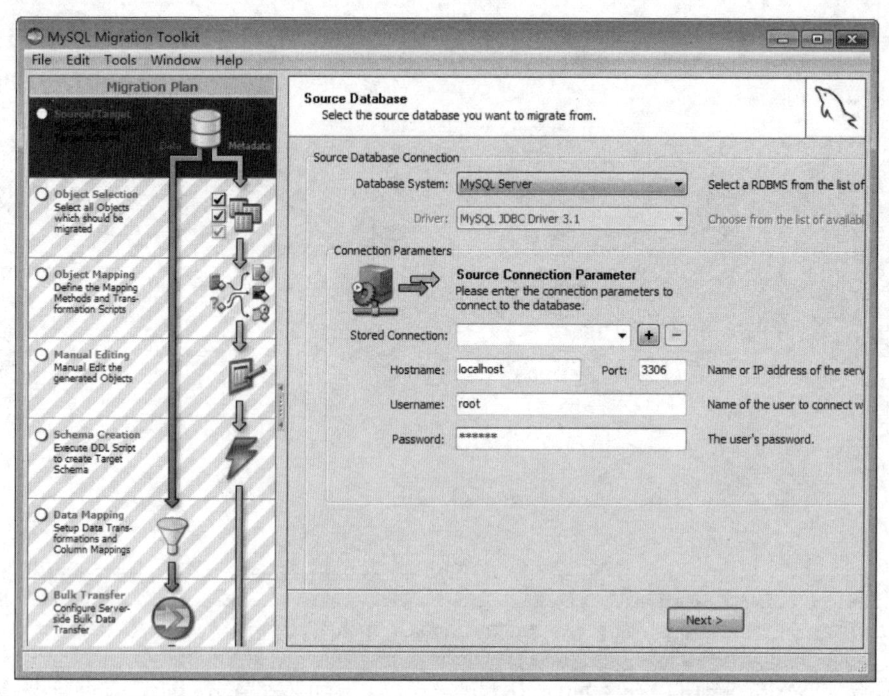

图 2.25　MySQL Migration Toolkit 中的 Target Database 窗口

④单击“Next”按钮，在 Connecting to Servers 窗口中，显示“Execution com successfully”，说明服务器连接成功，如图 2.26 所示。

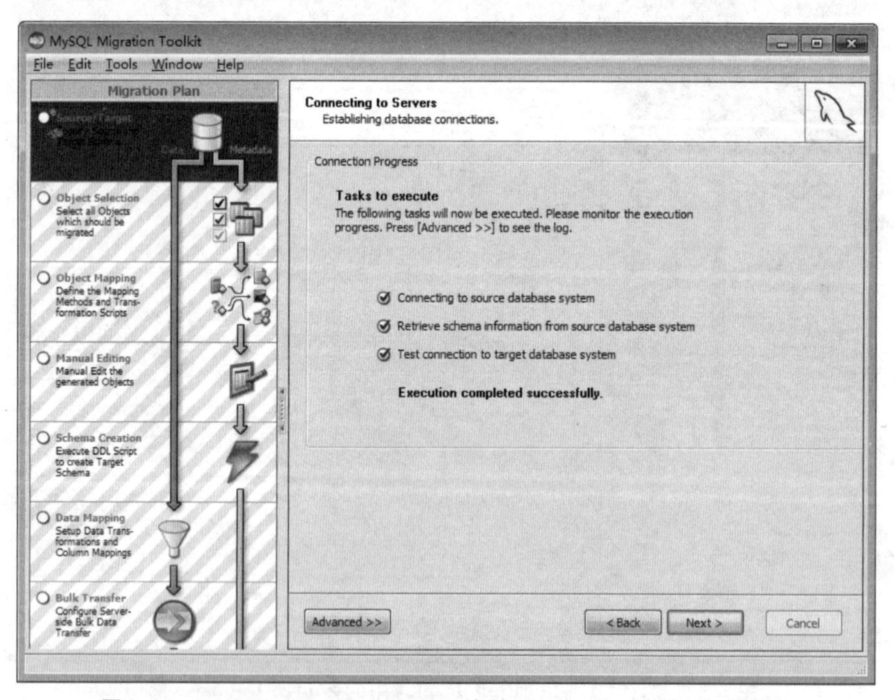

图 2.26　MySQL Migration Toolkit 中的 Connecting to Servers 窗口

⑤单击“Next”按钮，在 Source Schemabe Selection 窗口中选择要迁移的数据库，如图 2.27 所示。

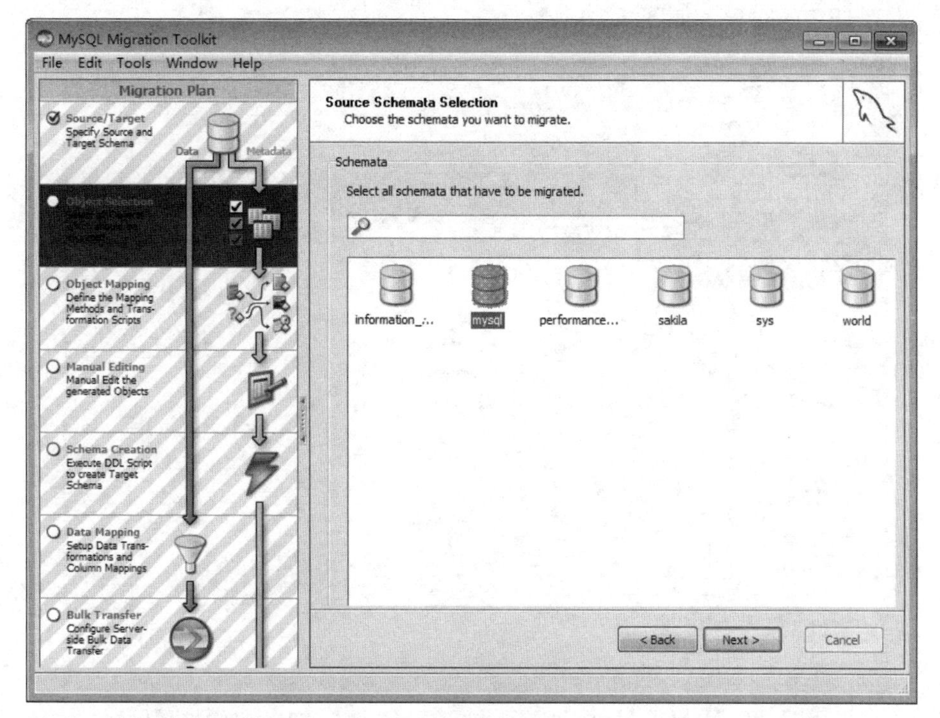

图 2.27　MySQL Migration Toolkit 中的 Source Schemata Selection 窗口

⑥单击“Next”按钮，在 Reverse Engineering 窗口中显示“Execution completed successfully”，说明数据转换成功，如图 2.28 所示。

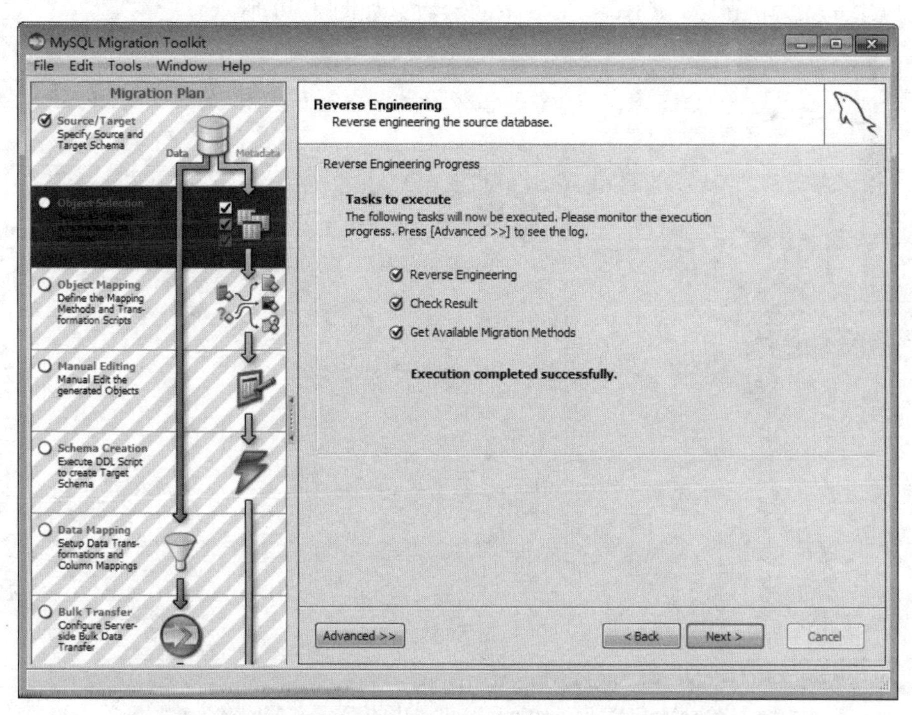

图 2.28　MySQL Migration Toolkit 中的 Reverse Engineering 窗口

⑦单击“Next”按钮，在 Object Type Selection 窗口中勾选“Objects of type Table”自选

框，选择需要迁移的对象，如图 2. 29 所示。

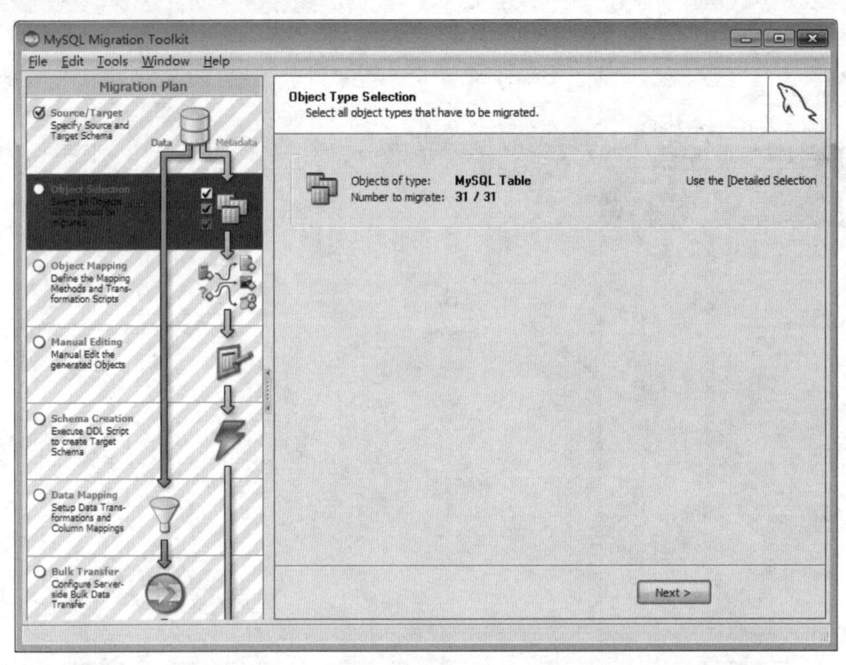

图 2. 29　MySQL Migration Toolkit 中的 Object Type Selection 窗口

⑧单击“Next”按钮，在 Object Mapping 窗口中的“Migration of type Schema”下，单击“Set Parameter”按钮，勾选“User defined”项，设置“charset = GBK，collation = GBK_ci”。用同样的方法设置 Migration of type Table 下的参数，如图 2. 30 所示。

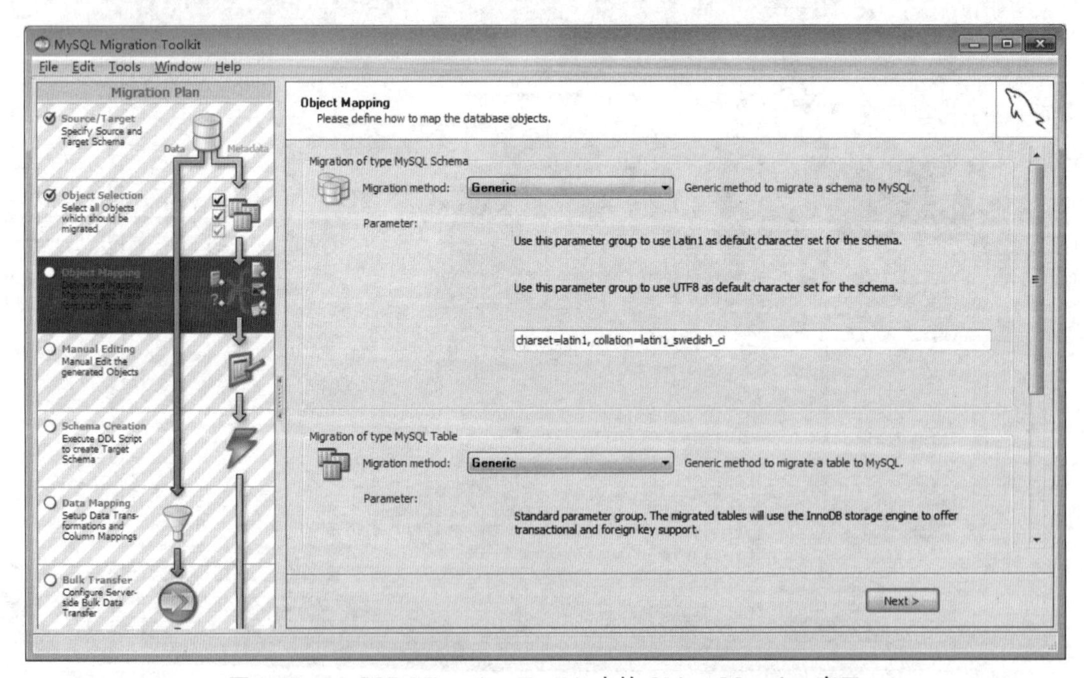

图 2. 30　MySQL Migration Toolkit 中的 Object Mapping 窗口

⑨单击“Next”按钮，在 Migration 窗口中显示“Execution completed successfully”；单击

“Next”按钮，在 Manual Editing 窗口的 Migrated Objects 下列出了有问题的映射对象及其创建的脚本。该工具无法确认语法是否正确。

⑩单击“Next”按钮，在 Object Creation Options 窗口中勾选“Create Object Online”和“Create Script File for Create Statements”复选框。

⑪单击“Next”按钮，在 Creating Objects 窗口中显示“Execution completed successfully”，则表示对象创建成功。

⑫单击“Next”按钮，在 Creation Results 窗口中显示“No creation problem found”，表示以上操作没有问题。

⑬单击“Next”按钮，在 Data Mapping Options 窗口中勾选“Transfer Data Online”和“Create Script File for Insert Statements”复选框，单击“Next”按钮，在 Bulk Data Transfer 窗口中显示“Execution completed successfully”。

⑭单击“Next”按钮，数据传输完成后，在 Summary 窗口中显示迁移过程是否有问题，如图 2.31 所示。单击“Finish”按钮，完成数据迁移。

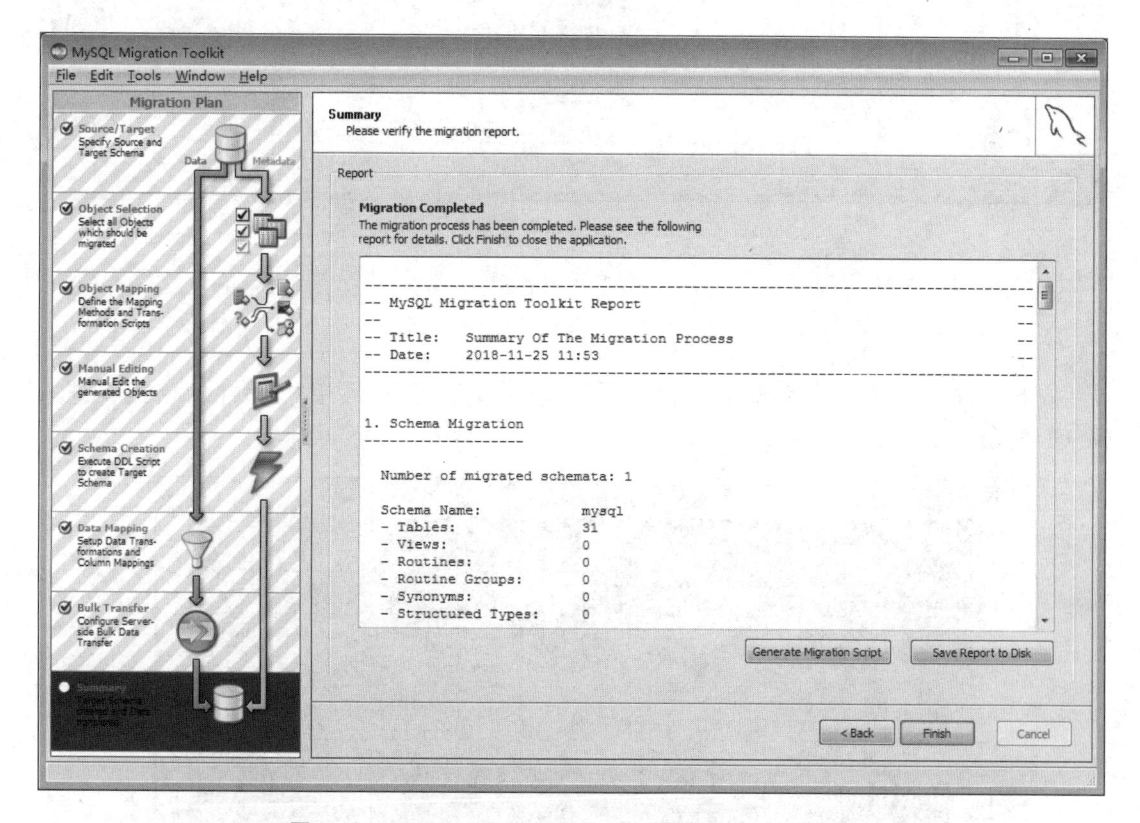

图 2.31 MySQL Migration Toolkit 中的 Summary 窗口

(5) 用 MySQL 命令行工具查询服务器连接所用端口信息，操作步骤如下。

①MySQL 安装配置完成后，打开计算机管理窗口，确保 MySQL 已启动服务，如图 2.32 所示。

②启动 Windows 命令行，输入如下内容：

```
cd C:\Program Files\MySQL\MySQL Server 5.7\bin
```

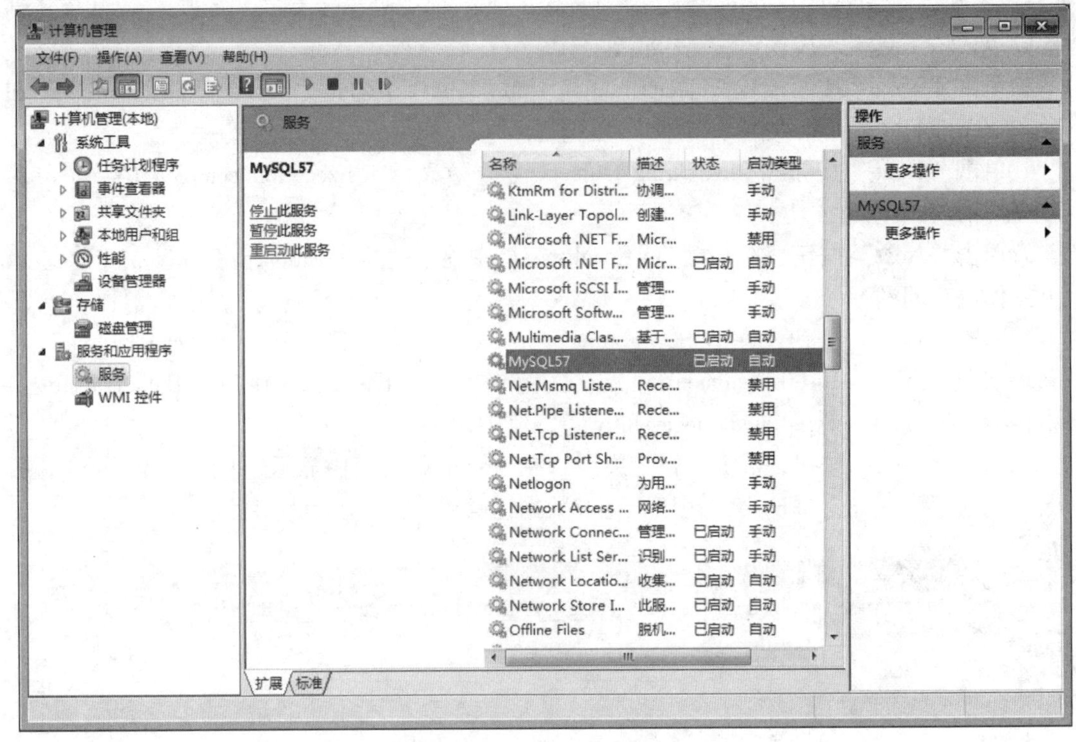

图 2.32　计算机管理窗口

③在 MySQL 可执行程序目录下，输入如下内容：

```
mysql -u root -p
```

按下“Enter”键后，在显示的“Enter password:”后输入用户设置的密码，进入 MySQL 的命令行模式，如图 2.33 所示。

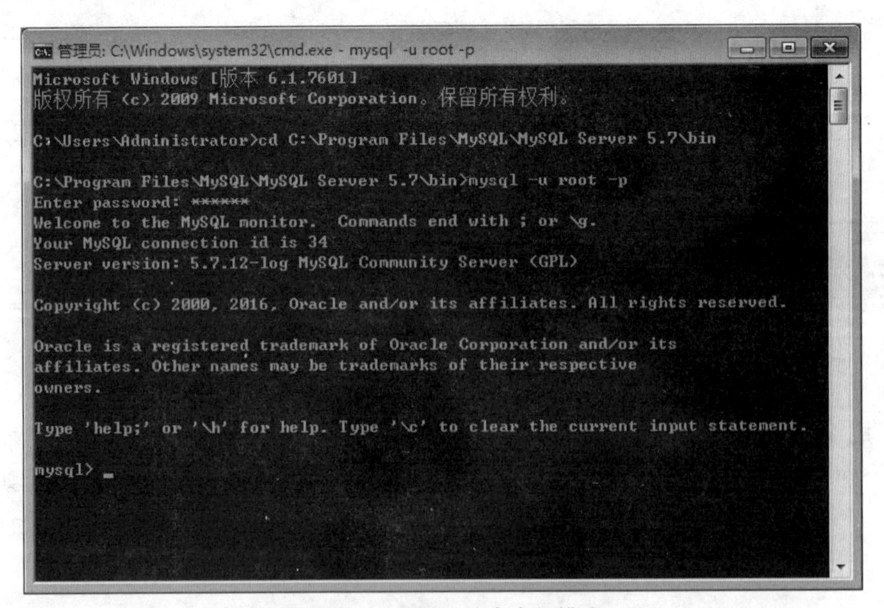

图 2.33　MySQL 的命令行模式

④输入如下 SQL 语句，查询服务器连接所用端口信息，如图 2.34 所示。

```
select @@port;
```

说明：在 MySQL 中，每一条 SQL 语句都以“;”作为结束标志。

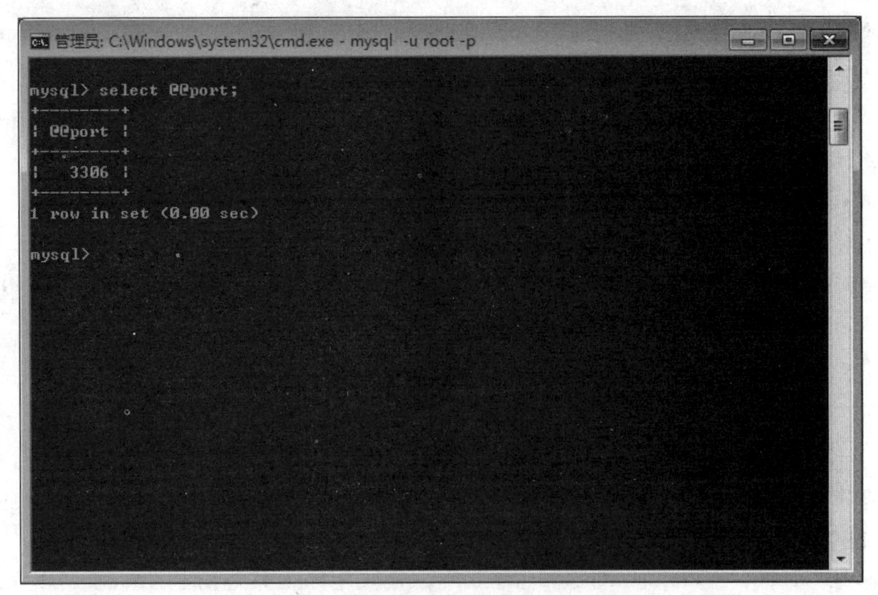

图 2.34 查询服务器连接所用端口信息

小 结

MySQL 实现了最高水平的可扩展性、安全性、灵活性、可靠性和无故障运行时间，可在开发、部署和管理关键业务型 MySQL 应用的过程中降低风险、削减成本，降低复杂性。本章简要介绍了 MySQL 的特性，详细描述了 MySQL 的安装、配置和连接方法，介绍了 MySQL 管理工具的功能及使用方法。

习 题

1. 选择题

（1）MySQL 是一个（　　）的数据库管理系统。

A. 网状型　B. 层次型　C. 关系型　D. 以上都不是

（2）如果希望完全安装 MySQL，则应选择（　　）。

A. Client only　B. Server only　C. Full　D. Developer Default

（3）配置 MySQL 服务器时，（　　）占用最少的系统资源。

A. Development Machine　B. Server Machine

C. Dedicated MySQL Server Machine　D. 以上都是

（4）下列（　　）不是 MySQL 的安装版本。

A. 社区版　B. 企业版　C. 标准版　D. 开发版

（5）MySQL 官方提供的图形化管理工具不包括（　　）。

A. MySQL Workbench　　B. MySQL Administrator

C. MySQL 命令行　　D. MySQL Migration Toolkit

2. 填空题

（1）MySQL 企业版具有（　　）、（　　）、（　　）、（　　）、（　　）和（　　）等特性。

（2）MySQL Cluster 让用户可以在解决方案中整合关系数据库技术和 NoSQL 技术中的最佳部分，从而降低（　　）、（　　）和（　　）。

（3）MySQL 经典版支持 20 多个平台和操作系统，主要包括（　　）、（　　）和（　　）。

（4）MySQL 社区版支持的存储引擎有（　　）、（　　）、NDB（MySQL 集群）、Memory、Merge、Archive 和 CSV。

（5）MySQL Workbench 提供了数据建模工具、SQL 开发工具和全面的管理工具，具有________、________、________和________等功能。

3. 实践题

（1）安装 MySQL 标准版，使用 MySQL Workbench 管理工具打开数据模型 sakila，并导出 SQL 语句。

（2）安装 MySQL Administrator 管理器工具，并使用该工具备份和还原数据库。

项目三

创建与管理数据库

●学习要点

通过在 MySQL 数据库管理系统支持下创建和维护教务管理系统数据库，理解 MySQL 数据库的构成和数据库对象，了解 MySQL 系统数据库和实例数据库，掌握 MySQL 数据库的创建方法，掌握 MySQL 数据库创建、修改、删除的操作方法，熟悉每种数据备份与数据恢复的使用。

任务一　MySQL 数据库简介

数据库是数据库对象的容器，不仅可以存储数据，还能够使数据存储和检索以安全可靠的方式进行，并以操作系统文件的形式存储在磁盘上。数据库对象是存储、管理和使用数据的不同结构形式。

一、数据库的构成

MySQL 数据库主要分为系统数据库、示例数据库和用户数据库。

1. 系统数据库

系统数据库是指随安装程序一起安装，用于协助 MySQL 系统共同完成管理操作的数据库，它们是 MySQL 运行的基础。系统数据库中记录了一些必需的信息，用户不能直接进行修改，也不能在系统数据库表上定义触发器。

1）sys 数据库

sys 数据库包含了一系列的存储过程、自定义函数以及视图，可以帮助用户快速了解系统的元数据信息。sys 系统数据库还结合了 information_schema 和 performance schema 的相关数据，让用户更加容易地检索元数据。

2）information_schema 数据库

information_schema 数据库类似“数据字典”，提供了访问数据库元数据的方式。元数据是关于数据的数据，如数据库名、数据表名、列的数据类型及访问权限等。

3）performance_schema 数据库

performance_schema 数据库主要用于收集数据库服务器性能参数。MySQL 用户不能创建存储引擎为 performance_schema 的表。

performance_schema 具有以下功能：

（1）提供进程等待的详细信息，包括锁、互斥变量、文件信息；

（2）保存历史事件的汇总信息，为提高 MySQL 服务器性能做出详细的判断；

（3）易于增加或删除监控事件点，并可随意改变 MySQL 服务器的监控周期，如 CYCLE、MICROSECOND。

4）mysql 数据库

mysql 数据库是 MySQL 的核心数据库，它记录了用户及其访问权限等 MySQL 所需的控制和管理信息。如果该数据库被损坏，MySQL 将无法正常工作。

2. 示例数据库

示例数据库是系统为了让用户学习和理解 MySQL 而设计的。sakila 和 world 示例数据库是完整的示例，具有更接近实际的数据容量、复杂的结构和部件，可以用来展示 MySQL 的功能。

3. 用户数据库

用户数据库是用户根据数据库设计创建的数据库，如教务管理系统数据库（D_eams）、图书管理系统数据库（D_lms）等。

二、数据库文件

数据库管理的核心任务包括创建、操作和支持数据库。在 MySQL 中，每个数据库都对应存放在一个与数据库同名的文件夹中。MySQL 数据库文件有“.FRM”“.MYD”和“.MYI”三种，其中“.FRM”是描述表结构的文件，“.MYD”是表的数据文件，“.MYI”是表数据文件中的索引文件，它们都存放在与数据库同名的文件夹中。数据库的默认存放位置是“C:\ProgramData\MySQL\MySQL Server 5.7\Data\”。通过配置向导或手工配置修改数据库的默认存放位置，具体操作方法请参考项目三任务二。

三、数据库对象

MySQL 数据库中的数据在逻辑上被组织成一系列数据库对象，包括表、视图、约束、索引、存储过程、触发器、用户定义函数、用户和角色。

1. 表

表是 MySQL 中最基本、最重要的对象，是关系模型中实体的表示方式，用于组织和存储具有行列结构的数据对象。行是组织数据的单位，列是用于描述数据的属性，每一行都表示一条完整的信息记录，而每一列表示记录中相同的元素属性值。由于数据库中的其他对象都依赖于表，因此表也称基本表。

2. 视图

视图是一种常用的数据库对象，它为用户提供了一种查看数据库中数据的方式，其内容由查询需求定义。视图是一个虚表，与表非常相似，也是由字段与记录组成的。与表不同的是，视图本身并不存储实际数据，它是基于表存在的。

3. 索引

索引是为提高数据检索的性能而建立的，利用它可以快速地确定指定的信息。索引包含由表或视图中的一列或多列生成的键，这些键存储在一个结构（B 树）中，使 MySQL 可以快速有效地查找与键值关联的行。

4. 存储过程和触发器

存储过程和触发器是两个特殊的数据库对象。在 MySQL 中，存储过程的存在独立于表，而触发器则与表紧密结合。用户既可以使用存储过程来完善应用程序，使应用程序的运行更加有效率；也可以使用触发器来实现复杂的业务规则，更加有效地实施数据完整性。

5. 用户和角色

用户是对数据库有存取权限的使用者，角色是指一组数据库用户的集合。数据库中的用户可以根据需要添加，用户如果被加入到某一角色，则将具有该角色的所有权限。

四、数据库对象的标识符

数据库对象的标识符指数据库中由用户定义的、可唯一标识数据库对象的有意义的字符序列。标识符必须遵守以下规则：

（1）可以包含来自当前字符集的数字、字母、字符“_”和“$”；

（2）可以以一个标识符中合法的任何字符开头，也可以以一个数字开头，但是不能全部由数字组成；

（3）标识符最长可为 64 个字符，而别名最长可为 256 个字符；

（4）数据库名和表名在 UNIX 操作系统上区分大小写，而在 Windows 操作系统上忽略大小写；

（5）不能使用 MySQL 关键字作为数据库名和表名；

（6）不允许包含特殊字符，如“.”“/”或“\”。

如果使用的标识符是一个关键字或包含特殊字符，必须使用反引号“'”加以界定。

例如：

```
create table'select'
('char-colum'char(8),
'my/score'int
);
```

视频 2　管理数据库

任务二　管理数据库

现在主流的数据库管理系统既可以使用图形用户界面管理数据库，也可以使用 SQL 语句管理数据库。MySQL 主要使用两种方法创建数据库：一是使用图形化管理工具 MySQL Workbench 创建数据库，此方法简单、直观，以图形化方式完成数据库的创建和数据库属性的设置；二是使用 SQL 语句创建数据库，此方法可以保存创建数据库的脚本，在其他计算机上运行，以创建相同的数据库。

一、创建数据库

创建用户数据库的 SQL 语句是 CREATE DATABASE 语句，其语法格式如下。

```
CREATE{DATABASE|SCHEMA}[IF NOT EXISTS]<数据库文件名>
[选项];
```

说明：

（1）语句中“[]”内为可选项；

（2）IF NOT EXISTS 在创建数据库前加上一个判断，只有该数据库不存在时才执行 CREATE DATABASE 操作；

（3）选项用于描述字符集和校对规则等选项。

设置字符集或校对规则的语法格式如下。

```
[DEFAULT]CHARACTER SET[ = ]字符集
|[DEFAULT]COLLATE[ = ]校对规则名
```

例 3.1 创建名为 D_sample 的数据库。

SQL 语句如下。

```
create database D_sample;
```

在 MySQL 命令行工具中输入以上 SQL 语句，执行结果如图 3.1 所示。

例 3.2 为避免因重复创建时系统显示错误信息，使用 IF NOT EXISTS 选项创建名为 D_sample的数据库。

SQL 语句如下。

```
create database if not exists D_sample;
```

在 MySQL 命令行工具中输入以上 SQL 语句，执行结果如图 3.2 所示。

```
mysql> create database D_sample;
Query OK, 1 row affected (0.01 sec)
```

图 3.1 创建数据库 D_sample

```
mysql> create database if not exists D_sample;
Query OK, 1 row affected, 1 warning (0.00 sec)
```

图 3.2 使用 IF NOT EXISTS 选项创建数据库

二、查看已有的数据库

对于已有的数据库，可以使用 MySQL Workbench 和 SQL 语句进行查看。使用 SHOW DATABASES 语句显示服务器中所有可以使用的数据库的信息，其格式如下。

```
SHOW DATABASES;
```

例 3.3 查看所有可以使用数据库的信息。

SQL 语句如下。

show databases;

显示信息如图 3.3 所示。

```
mysql> show databases;
+--------------------+
| Database           |
+--------------------+
| information_schema |
| d_sample           |
| mysql              |
| performance_schema |
| sys                |
+--------------------+
5 rows in set (0.00 sec)
```

图 3.3 查看已有数据库的信息

三、打开数据库

当用户登录 MySQL 服务器连接 MySQL 后，需要连接 MySQL 服务器中的一个数据库，才能对该数据库进行操作。使用该数据库中的数据。用户一般需要指定连接 MySQL 服务器中的哪个数据库，或者从一个数据库切换至另一个数据库。利用 USE 语句打开或切换至指定的数据库的语法格式如下。

USE <数据库文件名>;

例 3.4 打开数据库 D_sample。

SQL 语句如下。

```
use D_sample;
```

在 MySQL 命令行工具中输入以上 SQL 语句，执行结果如图 3.4 所示。

```
mysql> use D_sample;
Database changed
```

图 3.4 打开数据库 D_sample

四、修改数据库

修改数据库主要是修改数据库参数，使用 ALTER DATABASE 语句来实现修改数据库。其语法格式如下。

ALTER{DATABASE |SCHEMA}[数据库文件名]
[选项];

说明:

(1) 数据库文件名为可选项，当不选择数据库文件名时，则修改当前数据库；

(2) 修改数据库的选项和创建数据库的选项相同。

例 3.5 修改数据库 D_sample 的默认字符集和校对规则。

SQL 语句如下。

```
alter database D_sample
default character set = gbk
default collate = gbk_chinese_ci;
```

执行结果如图 3.5 所示。

```
mysql> alter database D_sample
    -> default character set=gbk
    -> default collate=gbk_chinese_ci;
Query OK, 1 row affected (0.00 sec)
```

图 3.5 修改数据库 D_sample

五、删除数据库

使用 DROP DATABASE 语句删除已经创建的数据库来释放被占用的磁盘空间和系统资

源，其语法格式如下。

```
DROP DATABASE[ IF EXISTS] <数据库文件名>;
```

例 3.6 删除数据库 D_sample。

SQL 语句如下。

```
drop database D_sample;
```

```
mysql> drop database D_sample;
Query OK, 0 rows affected (0.01 sec)
```

图 3.6 删除数据库 D_sample

执行结果如图 3.6 所示。

使用 DROP DATABASE 命令时，还可以使用 IF EXISTS 子句，以避免删除不存在的数据库时出现 MySQL 提示信息。

六、使用 MySQL Workbench 管理数据库

创建和管理数据库除了使用 SQL 语句方式，还可以使用 MySQL Workbench 图形化管理工具创建和管理数据库，MySQL Workbench 方式使用图形化的界面来提示操作，是最简单也是最直接的方法，非常适合初学者。

1. 使用 MySQL Workbench 创建数据库

创建数据库 D_samplel 的具体操作步骤如下。

（1）在菜单栏中执行“开始”→“所有程序”→“MySQL”→“MySQL Workbench 6.3CE”命令，启动 MySQL Workbench；

（2）在菜单栏“Database”中选择“Connect to Database”项，打开“Connect to Database”窗口，如图 3.7 所示。输入密码，单击“OK”按钮完成数据库连接；

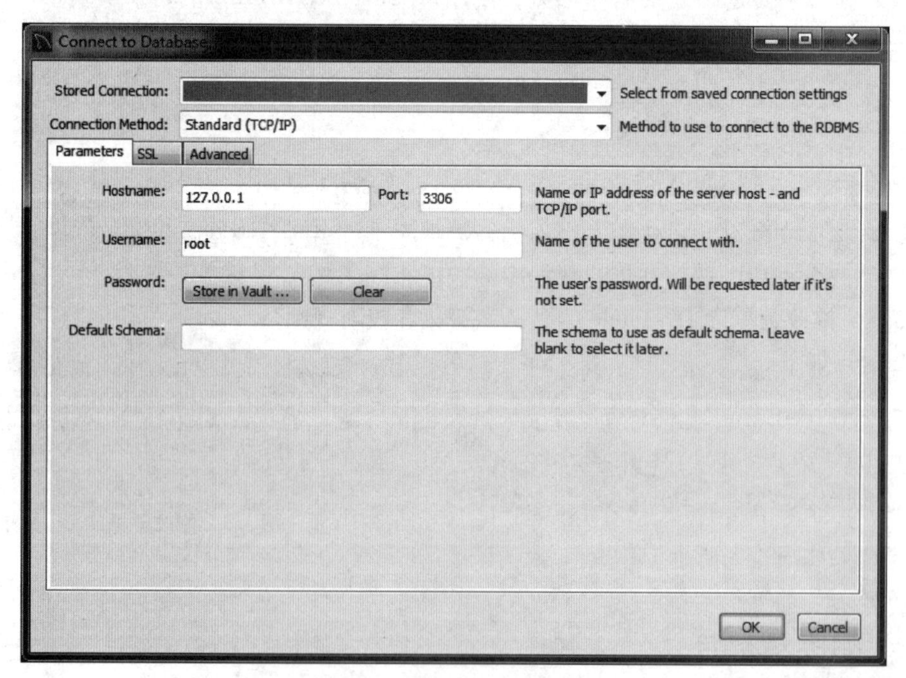

图 3.7 连接数据库窗口

（3）在打开的窗口中，单击工具栏上的 图标，在“Name”文本框中输入数据库名称

“D_sample1”，如图 3.8 所示；

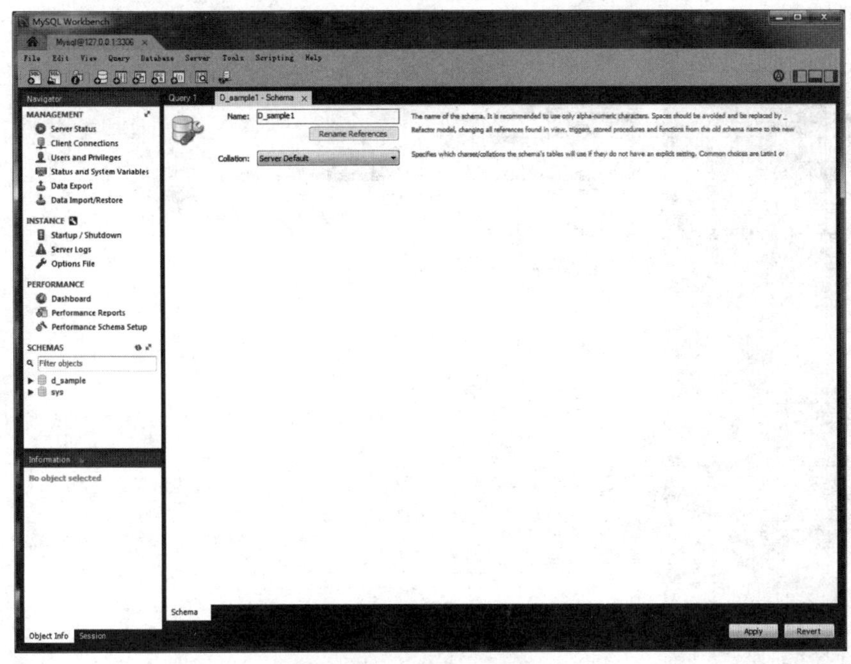

图 3.8　创建数据库窗口

（4）单击“Apply”按钮，在打开的“Apply SQL Script to Database”窗口中显示创建数据库的 SQL 脚本，如图 3.9 所示；

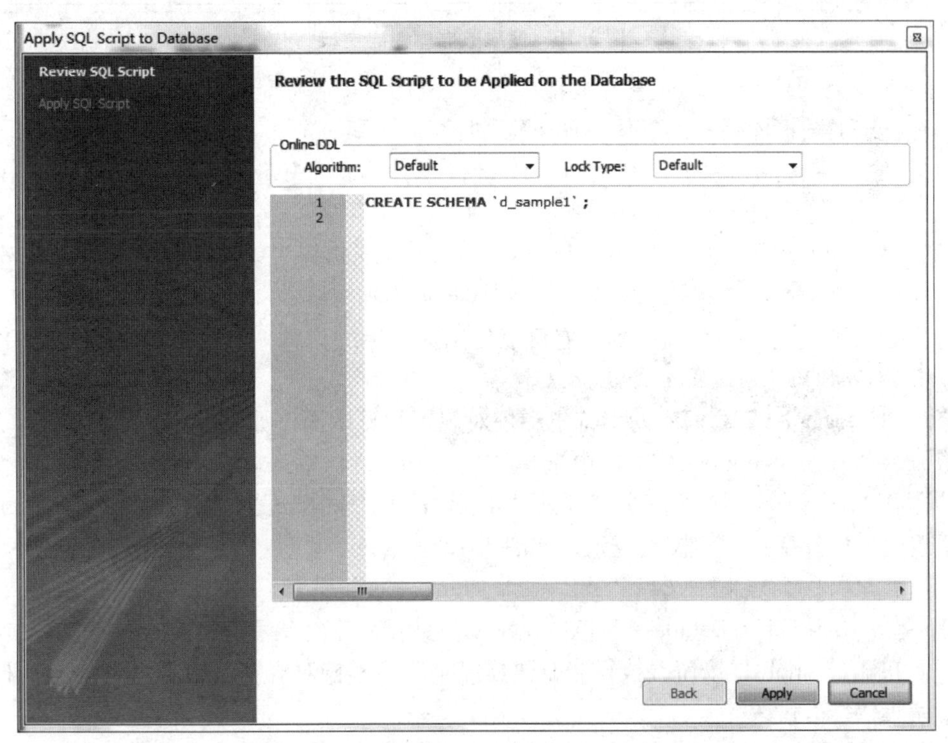

图 3.9　Apply SQL Script to Database 窗口

(5) 单击“Apply”按钮，执行创建数据库的脚本，如图3.10所示。单击Finish按钮，完成创建数据库。

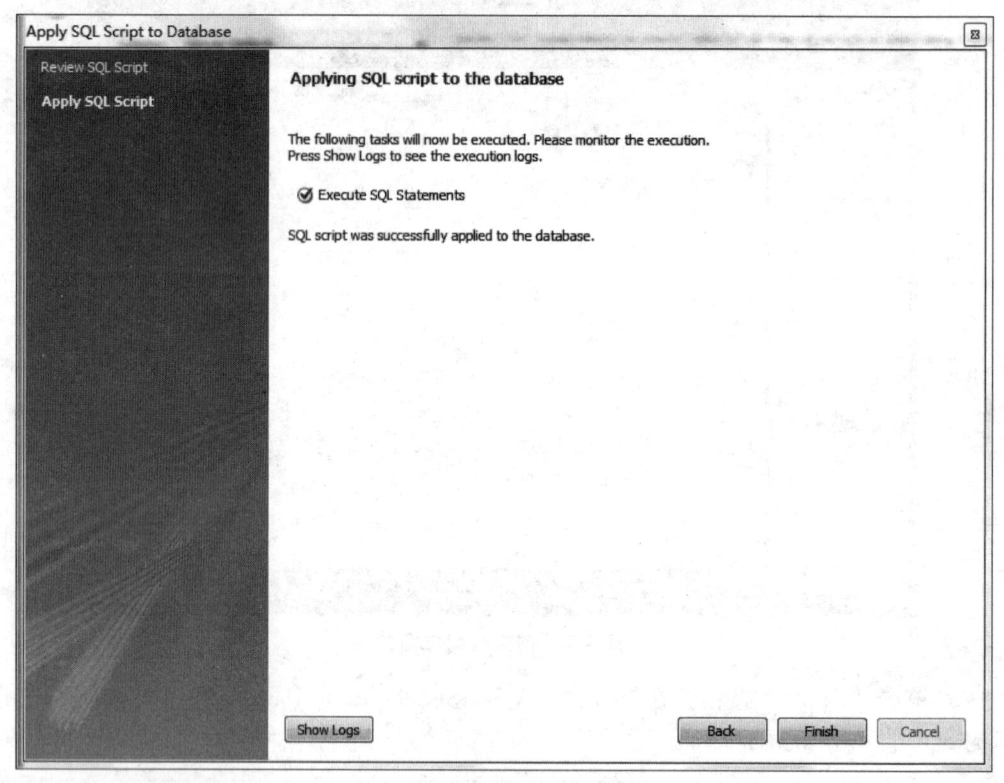

图3.10　完成数据库创建窗口

2. 使用MySQL Workbench查看数据库

查看已有的数据库信息的具体操作步骤如下。

(1) 在菜单栏中执行“开始”/“所有程序”/“MySQL”/“MySQL Workbench 6.3CE”命令，启动MySQL Workbench；

(2) 在菜单栏“Database”中选择“Connect to Database”项，打开“Connect to Database”窗口，输入密码，单击“OK”按钮完成数据库连接；

(3) 在打开的窗口中可以看到所有可以使用数据库的信息，如图3.11所示。

3. 使用MySQL Workbench修改数据库

修改“D_samplel”数据库的字符集和校对规则的具体操作如下。

(1) 在MySQL Workbench窗口中选择“D_samplel”，单击鼠标右键，在弹出的快捷菜单中选择“Alter Schema”项，在打开的“d_samplel - Schema”选项卡中单击“Collation”列表框按钮，展开字符集和校对规则，如图3.12所示；

(2) 在展开的列表框中选择“gbk - gbk_chinese_ci”选项，单击“Apply”按钮，在打开的Apply SQL Script to Database窗口中显示修改数据库字符集和校对规则的SQL脚本；

(3) 单击“Apply”按钮，执行修改数据库字符集和校对规则的脚本，再单击“Finish”按钮，完成数据库修改。

4. 使用MySQL Workbench删除数据库

删除“D_samplel”数据库的具体操作步骤如下。

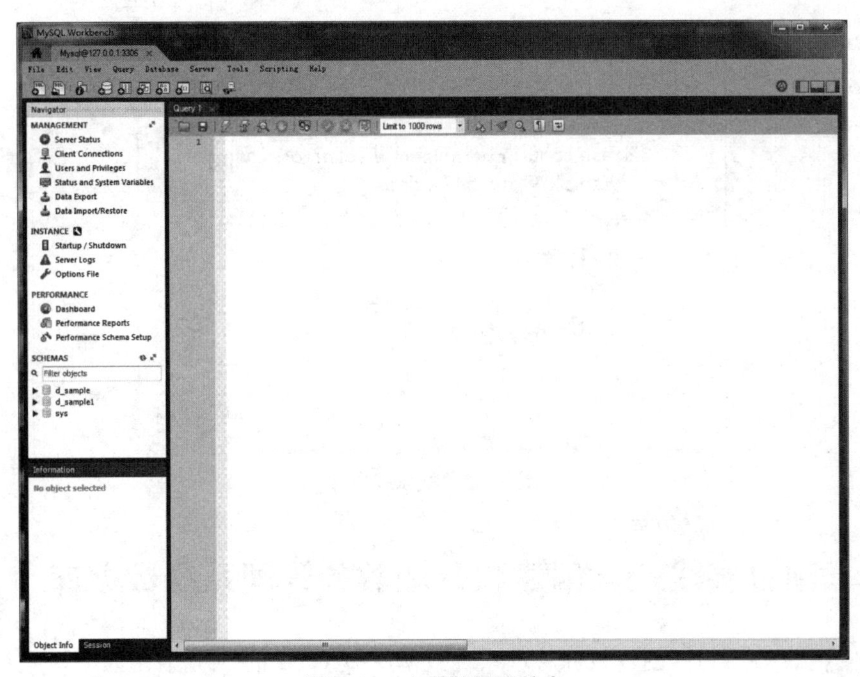

图 3.11　查看数据库信息

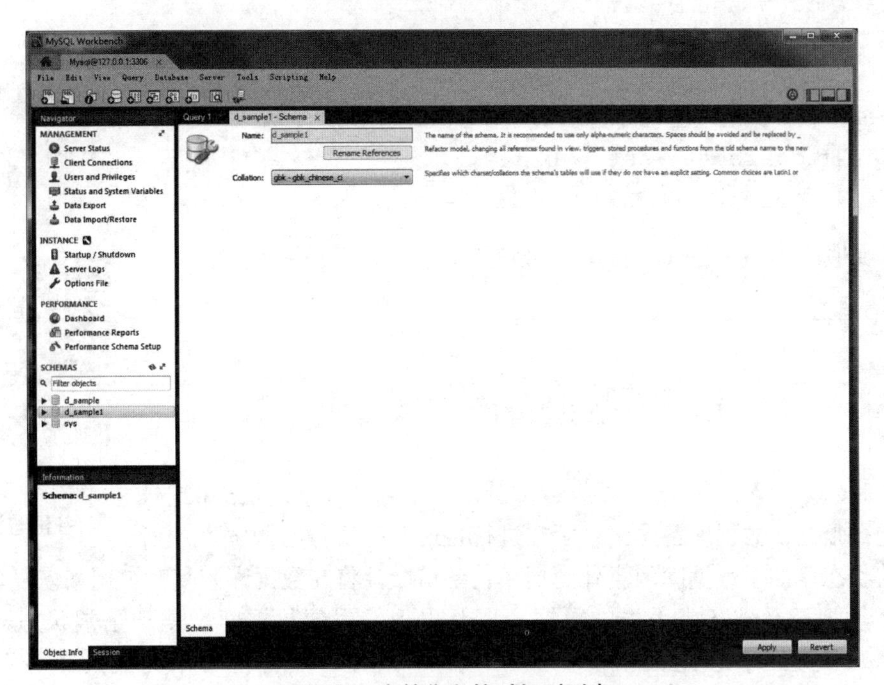

图 3.12　字符集和校对规则列表

（1）在 MySQL Workbench 窗口中选择“D_samplel”，单击鼠标右键，在弹出的快捷菜单中选择“Drop Schema”项，打开对话框，如图 3.13 所示。

（2）在对话框中，单击“Drop Now”按钮，删除数据库。

必须将当前数据库指定为其他数据库，不能删除当前打开的数据库。

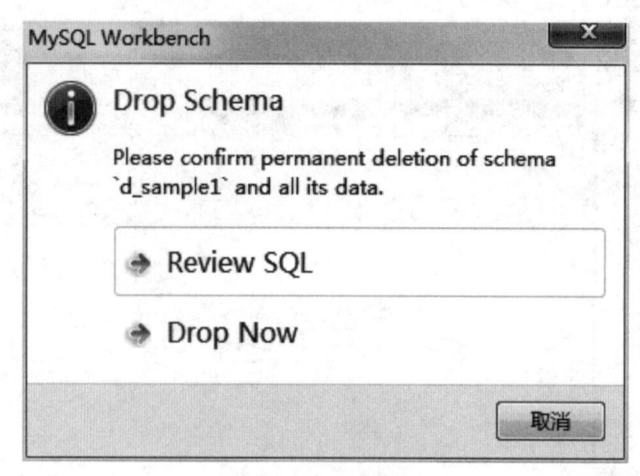

图 3.13 删除数据库

项目实践一 创建和管理教务管理系统数据库

（1）使用 SQL 语句，创建教务管理系统数据库 D_eams 的 SQL 语句如下。

```
create database D_eams;
```

（2）修改数据库 D_eams 的默认字符集和校对规则的 SQL 语句如下。

```
alter database D_eams
default character set = gb2312
default collate = gb2312_chinese_ci;
```

（3）删除数据库 D_eams 的 SQL 语句如下。

```
drop database D_eams;
```

任务三 数据备份与恢复

视频 3 数据库备份与恢复

备份和恢复是 MySQL 的重要组成部分。备份对 MySQL 数据库或日志文件进行复制，数据库备份记录了在进行备份某一操作时数据库中所有数据的状态。如果数据库因意外而损坏，备份文件将在数据库恢复时被用来恢复数据库。

恢复是把遭受破坏或丢失的数据，以及出现错误的数据库恢复到正常状态，这一状态是由备份决定的，但是为了维护数据库的一致性，在备份中未完成的事务并不进行恢复。

备份和恢复的工作主要由数据库管理员完成。对数据库进行备份和恢复是数据库管理员日常比较重要、比较频繁的工作。

如果在备份或恢复过程中发生中断，则可以重新从中断点开始执行备份或恢复，这在备份大型数据库时非常有价值。

一、数据备份

1. 备份的重要性

用户利用数据库管理和操作数据，数据存放在计算机上，即使是最可靠的硬件和软件也会出现系统故障或产生故障。所以，应该在意外发生之前做好充分的准备工作，以便在意外发生之后采取相应的措施快速恢复数据库，最大限度地减少丢失的数据量。

可能造成数据损失的因素有很多种，大致可分为存储介质故障、用户的错误操作、服务器的彻底崩溃和自然灾害等几类。

备份是一种十分耗费时间和资源的操作，不能频繁操作，应该根据数据库使用情况确定一个适当的备份周期。

2. 备份类型

MySQL 提供完整备份、增量备份和差异备份三种数据库备份类型。

1）完整备份

完整备份指备份整个数据库，包括表、视图、存储过程等数据库对象以及日志，由于其他备份类型都依赖于完整备份，因此，它是所有备份策略要求完成的第一种备份类型。完整备份具有操作简单的优点，但由于备份完整内容，因此通常需要花费较多的时间，同时也会占用较多的空间。如果数据库规模较小，则可以使用此备份方式。

在对数据库进行完整备份时，所有未完成的事务或者发生在备份过程中的事务都不会被备份。如果使用数据库备份类型，则从开始备份到开始恢复这段时间内发生的任何针对数据库的修改都无法恢复。所以使用完整备份类型需要满足一定的要求和条件。

2）增量备份

增量备份是指数据库从上一次完整备份或者最近一次的增量备份以来改变的内容的备份。

3）差异备份

差异备份是指对从最近一次完整数据库备份以后发生改变的数据进行备份。差异备份仅捕获自该次完整备份后发生更改的数据。与完整备份相比，差异备份具有备份速度快、占用空间少的优点。数据量大且频繁修改的数据库，可以选择差异备份进行数据备份。

3. 备份数据

1）使用 MySQLDUMP 命令备份数据

（1）备份数据库或表。使用 MySQLDUMP 命令备份数据库或表的命令格式如下。

```
MySQLDUMP -u <用户名> -h <主机名> -p <密码> <数据库名>[表名[表名…]] >
<备份文件的名>.sql
```

例 3.7 使用 MySQLDUMP 命令备份数据库 D_sample 中的所有表，其命令如下。

```
mysqldump -u root -h localhost -p D_sample > d:\database_bak\D_sam-
ple_bak.sql
```

输入密码后，MySQL 可以对数据库进行备份，在“D:\database_bak”文件夹下查看备份的文件，使用文本编辑器打开文件查看文件内容。

例 3.8 使用 mysqldump 命令备份数据库 D_sample 中的表 student、表 course 和表 sc。

```
mysqldump -u root -h localhost -p D_sample student course sc > d:\database_bak\D_sample_table_bak.sql
```

（2）备份多个数据库。使用 MySQLDUMP 命令备份多个数据库，其命令格式如下。

```
MySQLDUMP -u <用户名> -h <主机名> -p <密码> --databases <数据库名> [<数据库名>…] > <备份文件的名>.sql
```

例 3.9 使用 MySQLDUMP 命令备份数据库 D_sample 和 D_test。

```
mysqldump -u root -h localhost -p --databases D_sample D_test > d:\database_bak\db_bak.sql
```

在“D:\database_bak”文件夹下查看“db_bak.sql”文件，该文件中存储了数据库“D_sample”和“D_test”的所有信息。

（3）备份所有数据库。使用 MySQLDUMP 命令备份所有数据库的命令格式如下。

```
MySQLDUMP -u <用户名> -h <主机名> -p <密码> --all-databases > <备份文件的名>.sql
```

例 3.10 使用 MySQLDUMP 命令备份所有数据库。

```
mysqldump -u root -h localhost -p --all-databases > d:\database_bak\all_bak.sql
```

2）使用 SQL 语句备份数据

使用 SELECT INTO OUTFILE 语句将数据库中表的数据备份为文本文件，其语法格式如下。

```
SELECT * FROM <表名>[WHERE 条件]INTO OUTFILE'目标文件'[选项];
```

说明：

选项的格式为

```
[FIELDS
[TERMINATED BY'字符串']——设置字符串为字段之间的分隔符,可以为单个或多个字符,默认值是"\t";
[[OPTIONALLY] ENCLOSED BY '字符']——设置字符标注 CHAR、VARCHAR 和 TEXT 等字符型字段,默认情况下不使用任何符号;
[ESCAPED BY '字符']——设置转义字符,只能为单个字符,默认值为"\"
]
[LINES TERMINATED BY '字符串']——设置每行数据结尾的字符,可以为单个或多个字符,默认值为"\n"
```

FIELDS 和 LINES 两个子句都可选的，如果两个子句都被指定了，则 FIELDS 必须位于 LINES 的前面。

例 3.11 使用 SELECT INTO OLTTFILE 语句备份数据库 D_sample 中表 student 的数据。要求字段值之间用“、”隔开，字符型数据用双引号括起来，每行以“;”为结束标志。

SQL 语句如下。

```
use D_sample;
select * from student into outfile 'd:/database_bak/table_bak.txt'
fields terminated by '、'
optionally enclosed by '"'
lines terminated by '。';
```

在文件夹 D:\database_bak 下查看备份文件 table_bak. txt，使用文本编辑器打开文件查看文件内容，如图 3. 14 所示。

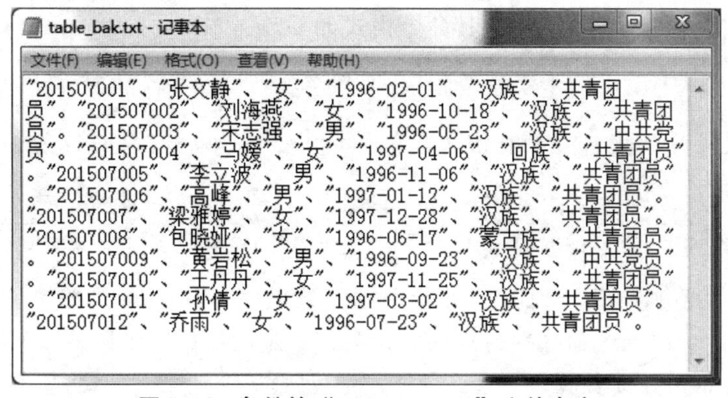

图 3. 14 备份的"table_bak. txt"文件内容

3）使用日志备份数据

（1）做完整备份。将数据备份到 MySQLDUMP 命令所在目录的文件 fullbackup. sql 中，SQL 语句如下。

```
mysqldump -h localhost -u root -p --single-transaction --flush-logs --master-data=2 --all-databases >fullbackup.sql
```

在文件 fullbackup. sql 中可以看到以下两行信息：

```
--Position to start replication or point-in-time recovery from
--CHANGE MASTER TO MASTER_LOG_FILE='PROF-PC-bin.000043',MASTER_LOG_POS=154;
```

第二行的信息是指备份后所有的更改将会保存到二进制文件 PROF - PC - bin. 000043 中。

（2）做增量备份。完整备份整个服务器的数据库后，刷新日志文件，SQL 语句如下。

```
mysqladmin -h localhost -u root -p flush-logs
```

这时会产生一个新的二进制日志文件 PROF - PC - bin. 000044。文件 PROF - PC - bin. 000043 则保存之前到现在的所有更改，只需要把这个文件备份到安全的文件夹即可。如果之后再做增量备份，则执行同样的命令，保存文件 PROF - PC - bin. 000044 即可。

二、数据恢复

备份数据恢复是把遭受破坏的数据、丢失数据或出现错误的数据恢复到原来的状态。数据备份后，一旦系统发生崩溃或者执行了错误操作，就可以将数据备份重新加载到系统中，从备份文件中恢复数据。

1. 使用 MySQL 命令恢复数据

使用 MySQLDUMP 命令备份后形成的 . sql 文件，可以使用 MySQL 命令导入到数据库中。备份的 . sql 文件中包含 CREATE 语句和 INSERT 语句，也可能包含 DROP 语句。MySQL 的命令可以直接执行文件中的这些语句，其命令格式如下。

```
MySQL -u <用户名> -p[数据库名] >文件名.sql
```

例 3.12 使用 MySQL 命令将备份文件 D_sample_bak. sql 恢复到数据库中。

SQL 语句如下。

```
mysql -u root -p D_sample >d: \database_bak \D_sample_bak.sql
```

执行命令前，必须先在 MySQL 服务器中创建数据库 D_sample，如果该数据库不存在，在数据恢复过程中会出错。命令执行成功后，会在指定的数据库中恢复以前的数据。

2. 使用 SQL 语句恢复数据

1）使用 LOAD DATA INFILE 语句恢复数据

对于使用 SELECT INTO OUTFILE 语句备份的表数据文件，用 LOAD DATA INFILE 语句恢复数据，其语法格式如下。

```
LOAD DATA INFILE '文件名.txt' INTO TABLE <表名>[选项][IGNORE 行数
LINES];
```

说明：

①文件名“. txt”是由 SELECT INTO OUTFILE 语句备份产生的；

②表名在数据库中必须存在，表结构必须与恢复文件的数据行一致；

③选项和 SELECT INTO OUTFILE 语句中的选项相同；

④IGNORE 行数 LINES 用于忽略文件的前几行。

例 3.13 使用 LOAD DATA INFILE 语句把文件 d：/ database_bak/ table_bak. txt 中的数据恢复到数据库 D_sample 的表 student 中。

SQL 语句如下。

```
use D_sample;
load datainfile 'd:/database_bak/table_bak.txt'into table student
fields terminated by '、'
optionally enclosed by '"'
lines terminated by '。';
```

2）使用 SOURCE 语句恢复数据

如果已经登录 MySQL 服务器，还可以使用 SOURCE 语句恢复 . sql 文件，其语法格式如下。

```
SOURCE 文件名 .sql;
```

例 3.14 使用 SOURCE 语句将备份文件 D_ sample_bak. sql 恢复到数据库 D_sample 中。SQL 语句如下。

```
use D_sample;
source d:/database_bak/D_sample_bak.sql;
```

3. 使用日志恢复数据

（1）恢复文件 fullbackup. sql 的完整备份，SQL 语句如下。

```
mysql -u root -p < fullbackup.sql
```

（2）恢复 PROF - PC - bin. 000043 和 PROF - PC - bin. 000044 的增量备份，SQL 语句如下。

```
mysql binlog PROF-PC-bin.000043 PROF-PC-bin.000044 |mysql -u root -p
```

此时已经恢复了所有备份数据。

项目实践二　备份教务管理系统数据库

（1）使用 MySQLDUMP 命令备份教务管理系统数据库 D_eams 中的所有表，SQL 语句如下。

```
mysqldump -u root -h localhost -p D_eams > d:\database_bak\D_eams_bak.sql
```

（2）使用 MySQLDUMP 命令备份数据库 D_eams 中的表 T_student、表 T_course 和表 T_sc，SQL 语句如下。

```
mysqldump -u root -h localhost -p D_eams T_student T_course T_sc > d:\database_bak\D_eams_table_bak.sql
```

（3）使用 MySQLDUMP 命令备份所有数据库，SQL 语句如下。

```
mysqldump -u root -h localhost -p --all-databases > d:\database_bak\alldb.sql
```

（4）使用 SELECT INTO OUTFILE 语句备份数据库 D_eams 中表 T_student 的数据，要求字段值之间用“,”隔开，字符型数据使用双引号括标注，每行以“!”为结束标志。SQL 语句如下。

```
use D_eams;
select * from T_student into outfile 'd:/database_bak/tb_bak.txt'
fields terminated by ','
optionally enclosed by '"'
```

```
lines terminated by '!';
```

小　　结

本章介绍了 MySQL 数据的库基础知识，数据库的创建、打开、查看、修改和删除等基本操作，这些基本操作是进行数据库管理与开发的基础。通过学习，要求熟练掌握使用 MySQL Workbench 进行数据库的创建、修改和删除操作的技能，理解使用 SQL 语句创建、修改和删除数据库的操作方法，以及数据库备份与恢复的基本概念，掌握数据库备份与恢复的方法。

习　　题

1. 选择题

（1）下列选项中属于修改数据库的语句是（　　）。

A. CREATE DATABASE　　B. ALTER DATABASE

C. DROP DATABASE　　D. 以上都不是

（2）（　　）数据库主要用于收集数据库服务器性能参数。

A. sys　　B. performance_schema

C. information_schema　　D. mysql

（3）下列不属于 MySQL 系统数据库的是（　　）。

A. sys　　B. mysql　　C. pubs_schema　　D. information_schema

（4）MySQL 数据库表数据文件的扩展名为（　　）。

A. .sql　　B. .myd　　C. .mdb　　D. .db

（5）MySQL 数据库描述表结构的文件的扩展名为（　　）。

A. .frm　　B. .myd　　C. .myi　　D. .myt

2. 填空题

（1）MySQL 的系统数据库为（　　　）、（　　　）、（　　　）和（　　　）。

（2）MySQL 的数据库对象有（　　　）、（　　　）、（　　　）、（　　　）和（　　　）等。

（3）创建数据库除了可以使用图形界面操作外，还可以使用（　　　）命令创建数据库。

（4）在 MySQL 数据库中，利用（　　　）语句打开或切换至指定的数据库。

（5）（　　　）是表、视图、存储过程、触发器等数据库对象的集合，是数据库管理系统的核心内容。

3. 实践题

使用 MySQL Workbench 创建教务管理系统 D_eams，并修改数据库，最后删除数据库。

项目四

创建与管理数据表

学习要点

数据表用于存储数据库中的所有数据，是数据库中最重要的对象，数据表的设计与实现将直接影响数据库能否被合理高效地使用。

本章主要介绍数据表的基本概念、数据表的设计与规划、MySQL 数据类型、数据表的创建与维护，以及表中数据的管理。其中，添加、数据和删除数据是数据表中最常用也是最重要的操作。

任务一　表概述

数据库用来保存数据，在 MySQL 数据库管理系统中，物理的数据存储在表中。表的操作包括设计表和操作表中记录，其中，设计表规划怎样合理、规范地存储数据；表中记录操作包括向表中添加数据、修改已有数据、删除不需要的数据和查询用户需要的数据等。

一、表的概念

在 MySQL 数据库中，表是一个重要的数据库对象，是组成数据库的基本元素，用于存储实体集和实体间联系的数据。一个表就是一个关系，表实质上就是行列的集合，每一行代表一条记录，每一列代表记录的一个字段。

教务管理系统数据库中的学生信息表包括学号、姓名、性别、出生日期、民族、政治面貌和专业等信息，每一行显示各项的具体数据值，如图 4.1 所示。

在 MySQL 数据库中，表通常具有以下几个特点。

1）表通常代表一个实体

表是将关系模型转换为实体的一种表示方式，该实体具有唯一的名称。

2）表由行和列组成

每一行代表一条完整的记录，例如，第一行记录显示了学号为 201507001 的学生的完整信息。同时，每一行也代表了该表中的一个实例。列称为字段或域，每一列代表了具有相同属性的列值，例如，学号表示每个学生的学生编号，姓名则表示每个学生的姓名。

学号	姓名	性别	出生日期	民族	政治面貌
201507004	马媛	女	1997-04-06	回族	共青团员
201507006	高峰	男	1997-01-12	汉族	共青团员
201507007	梁雅婷	女	1997-12-28	汉族	共青团员
201507009	黄岩松	男	1997-09-23	汉族	中共党员
201507010	王丹丹	女	1997-11-25	汉族	共青团员
201507011	孙倩	女	1997-03-02	汉族	共青团员
201507001	张文静	女	1995-02-01	汉族	共青团员
201507002	刘海燕	女	1996-10-18	汉族	共青团员
201507008	包晓娅	女	1996-06-17	蒙古族	共青团员
201507012	乔雨	女	1996-07-23	汉族	共青团员

图 4.1　学生信息数据表

3）行值在同一个表中具有唯一性

在同一个表中不允许具有两行或两行以上的相同行值，这是由表中的主键约束所决定的。同时，在实际应用过程中，同一个表中两个相同的行值也无意义。

4）字段名在同一个表中具有唯一性

在同一个表中不允许有两个或两个以上的字段名相同。但是，在不同的两个表中可以具有相同的字段名，这两个相同的字段名之间不存在任何影响。

5）行和列具有无序性

在同一个表中，行的顺序可以任意排列，通常按照数据插入的先后顺序存储。在使用过程中，经常对表中的行按照索引进行排序，或者在检索时使用排序语句。列的顺序也可以任意排列，但对于同一个数据表，最多可以定义 1 024 列。

二、表的类型

MySQL 数据库支持多个存储引擎作为对不同表的类型的处理器。MySQL 存储引擎包括处理事务安全表的引擎和处理非事务安全表的引擎。因为在关系数据库中数据的存储是以表的形式存储的，所以存储引擎也可以称为表的类型，即存储和操作此表的类型。数据表类型包括 MyISAM、InnoDB、BDB、MEMORY 和 MERGE 等，每种类型的表都有其自身的作用和特点。

1. MyISAM

MyISAM 管理非事务表，以提供高速存储、检索和全文搜索能力。MyISAM 在所有 MySQL 配置里被支持，是默认的存储引擎。

2. InnoDB

InnoDB 提供事务安全表，用于事务处理应用程序，支持 BDB 的几乎所有特性和 ACID 事务，支持行级锁定。

3. BDB

BDB 同 InnoDB 一样提供事务安全表，是事务型数据库的另一种选择，支持 COMMIT 和 ROLLBACK 等其他事务特性。

4. MEMORY

MEMORY 存储引擎提供“内存中”表，拥有较高的插入、更新和查询效率，但是会占用和数据量成正比的内存空间，其内容会在 MySQL 重新启动时丢失。

5. MERGE

MERGE 存储引擎允许集合将处理相同的 MyISAM 表作为一个单独的表。

同 MyISAM 一样，MEMORY 和 MERGE 存储引擎处理非事务表，被默认包含在 MySQL 数据库中。

6. ARCHIVE

ARCHIVE 存储引擎被用来无索引地、非常小地覆盖存储的大量数据。

7. CSV

CSV 存储引擎把数据以逗号分隔的格式存储在文本文件中，它不支持索引。

8. FEDERATED

FEDERATED 存储引擎把不同的 MySQL 服务器联合起来，逻辑上组成一个完整的数据库，适合分布式应用。

9. BLACKHOLE

BLACKHOLE 存储引擎接收但不存储数据，并且检索总是返回一个空集。

10. NDB Cluster

NDB Cluster 是被 MySQL Cluster 用来实现分割到多台计算机上的表的存储引擎，适合数据量大、安全和性能要求高的应用。

11. EXAMPLE

EXAMPLE 存储引擎是一个“存根”引擎，用于创建表，但没有数据被存储于其中或从其中检索。这个引擎用于服务，MySQL 源代码中演示有编写新的存储引擎的例子。

使用 MySQL 命令 SHOW ENGINES 查看 MySQL 服务实例支持的存储引擎，如图 4.2 所示。

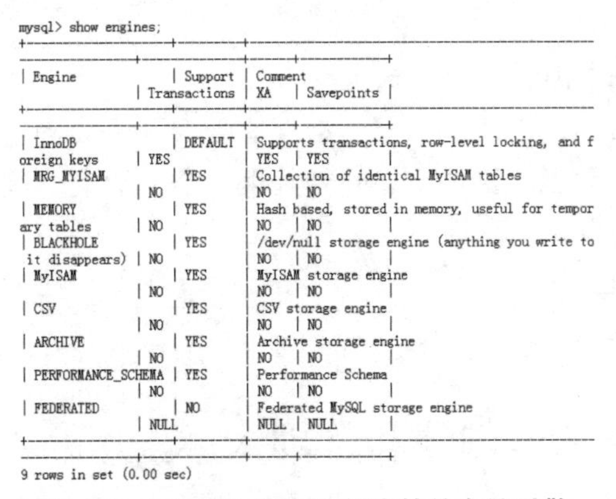

mysql> show engines;

Engine	Support	Comment	Transactions	XA	Savepoints
InnoDB	DEFAULT	Supports transactions, row-level locking, and foreign keys	YES	YES	YES
MRG_MYISAM	YES	Collection of identical MyISAM tables	NO	NO	NO
MEMORY	YES	Hash based, stored in memory, useful for temporary tables	NO	NO	NO
BLACKHOLE	YES	/dev/null storage engine (anything you write to it disappears)	NO	NO	NO
MyISAM	YES	MyISAM storage engine	NO	NO	NO
CSV	YES	CSV storage engine	NO	NO	NO
ARCHIVE	YES	Archive storage engine	NO	NO	NO
PERFORMANCE_SCHEMA	YES	Performance Schema	NO	NO	NO
FEDERATED	NO	Federated MySQL storage engine	NULL	NULL	NULL

9 rows in set (0.00 sec)

图 4.2　MySQL 服务实例支持的存储引擎

三、表的数据类型

确定表中每列的数据类型是设计表的重要步骤。列的数据类型是定义该列所能存放的数据的值的类型。例如，表的某一列存放姓名，则定义该列的数据类型为字符型；表的某一列存放出生日期，则定义该列为日期时间型。

MySQL 的数据类型很丰富，常用的数据类型见表 4.1。

表 4.1　MySQL 常用的数据类型

数据类型	系统数据类型
整数型	TINYINT，SMALLINT，MEDIUMINT，INT，BIGINT
精确数值型	DECIMAL（M，D），NUMERIC（M，D）
浮点型	FLOAT，REAL，DOUBLE
位型	BIT
二进制型	BINARY，VARBINARY
字符型	CHAR，VARCHAR，BLOB，TEXT，ENUM，SET
Unicode 字符型	NCHAR，NVARCHAR
文本型	TINYTEXT，TEXT，MEDIUMTEXT，LONGTEXT
BLOB 类型	TINYBLOB，BLOB，MEDIUMBLOB，LONGBLOB
日期时间型	DATETIME，DATE，TIMESTAMP，TIME，YEAR

说明：

（1）在使用某种整数数据类型时，如果提供的数据超出其允许的取值范围，将发生数据溢出错误；

（2）在使用过程中，如果某些列中的数据或变量参与科学计算，或者计算量过大，建议考虑将这些数据对象设置为 FLOAT 或 REAL 数据类型，否则会在运算过程中形成较大的误差；

（3）使用字符型数据时，如果某个数据的值超过了数据定义时规定的最大长度，多余的值会被服务器自动截取。

四、表的设计

设计表时需要确定如下内容：

（1）确定表中的列及每一个列的数据类型（必要时还需要确定数据的长度）；

（2）设置相关约束，包括主键约束、外键约束、唯一约束、检查约束、空值约束和默认值约束等；

（3）确定索引的类型；

（4）确定表间关系。

视频 4　创建和管理表

任务二　创建和管理表

在 MySQL 数据库中，既可以创建表，也可以使用 SQL 语句查看所有表和表结构信息，修改、删除及复制表。

一、创建表

使用 CREATE TABLE 语句为表定义各列的名字、数据类型和完整性约束，其语法格式如下。

```
CREATE[TEMPORARY]TABLE[IF NOT EXISTS]<表名>
[(<字段名><数据类型>[完整性约束条件][,…])]
[表的选项];
```

在定义表结构的同时，还可以定义与该表相关的完整性约束条件（实体完整性、参照完整性和用户自定义完整性），这些完整性约束条件被存入系统的数据字典中，当用户操作表中的数据时，由 DBMS 自动检查该操作是否违背完整性约束条件。

（1）TEMPORARY 表示新建的表为临时表；

（2）IF NOT EXISTS 在创建表前增加上判断，只有该表目前不存在时才执行 CREATE TABLE 操作；

（3）表的选项用于描述存储引擎、字符集等选项。

设置表的存储引擎的语法格式如下。

```
ENGINE = 存储引擎类型
```

设置该表的字符集的语法格式如下。

```
DEFAULT CHARSET = 字符集类型
```

例 4.1 创建学生信息表 student，表结构见表 4.2。

表 4.2 学生信息表 student 的表结构

字段名	数据类型	是否空	长度	备注
学号	char	否	9	主键
姓名	varchar	是	10	—
性别	char	是	2	—
出生日期	date	是	—	—
民族	varchar	是	10	—
政治面貌	varchar	是	8	—

创建学生信息表 student 的 SQL 语句如下。

```
use D_sample;
create table student
(
学号 char(9) primary key,
姓名 varchar(10),
性别 char(2),
出生日期 date,
民族 varchar(10),
政治面貌 varchar(8)
);
```

说明：

（1）表是数据库的组成对象，在进行创建表的操作之前，先通过命令 USE 打开要操作的数据库；

（2）用户在选择表和字段名称时不能使用 SQL 语言中的保留关键字，如 SELECT、CREATE 和 INSERT 等。

例 4.2 创建课程信息表 course，表结构见表 4.3。

表 4.3 课程信息表 course 的表结构

字段名	数据类型	是否空	长度	备注
课程号	char	否	5	主键
课程名称	varchar	是	30	—
课程简介	text	是	—	—
课时	int	—	—	—
学分	int	是	—	—
开课学期	varchar	是	8	—

创建课程信息表 course 的 SQL 语句如下。

```
create table course
(
课程号 char(5) primary key,
课程名称 varchar(30),
课程简介 text,
课时 int,
学分 int,
开课学期 varchar(8)
);
```

例 4.3 创建成绩表 sc、学生信息表 student 和课程信息表 course 的关联成绩表 sc 的表结构见表 4.4。

表 4.4 成绩表 sc 的表结构

字段名	数据类型	是否空	长度	小数位	备注
学号	char	否	9	—	外键
课程号	char	否	5	—	外键
成绩	decimal	是	4	1	—

创建表关联的 SQL 语句如下。

```
create table sc
(
学号 char(9) not null,
```

```
课程号 char(5) not null,
成绩 decimal(4,1),
constraint pxh primary key(学号,课程号),
constraint fxh foreign key(学号)references student(学号),
constraint fkch foreign key(课程号)references course(课程号),
constraint ccj check(成绩 between 0 and 100)
);
```

或者

```
create table sc
(
学号 char(9) references student(学号),
课程号 char(5) references course(课程号),
成绩 decimal(4,1) check(成绩 between 0 and 100)
);
```

二、查看表信息

1. *查看数据库中所有的表信息*

查看数据库中所有表信息的语法格式如下。

```
SHOW TABLES;
```

例 4.4 查看数据库 D_sample 中所有的表信息。

SQL 语句如下。

```
show tables;
```

执行结果如图 4.3 所示。

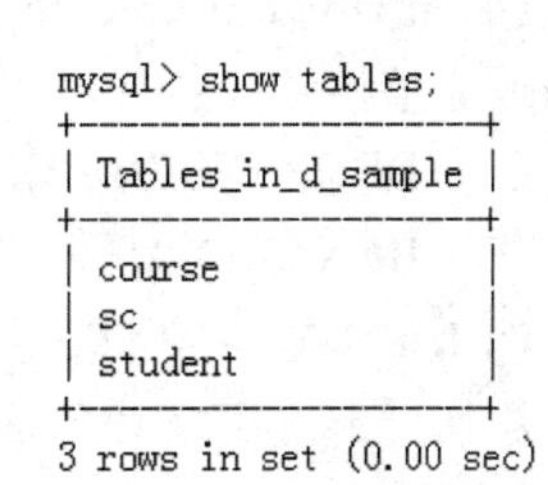

```
mysql> show tables;
+--------------------+
| Tables_in_d_sample |
+--------------------+
| course             |
| sc                 |
| student            |
+--------------------+
3 rows in set (0.00 sec)
```

图 4.3 查看数据库 D_sample 中所有表的信息

2. *查看表结构*

使用 DESCRIBE 语句查看表结构的相关信息，语法格式如下。

```
{DESCRIBE |DESC} <表名>[字段名];
```

例 4.5 查看数据库 D_sample 中表 student 结构的详细信息。

SQL 语句如下。

```
desc student;
```

执行结果如图 4.4 所示。

mysql> desc student;

Field	Type	Null	Key	Default	Extra
学号	char(9)	NO	PRI	NULL	
姓名	varchar(10)	YES		NULL	
性别	char(2)	YES		NULL	
出生日期	date	YES		NULL	
民族	varchar(10)	YES		NULL	
政治面貌	varchar(8)	YES		NULL	

6 rows in set (0.00 sec)

图 4.4 学生信息表表 student 结构的详细信息

三、修改表结构

当完成数据库中的表创建后，用户在使用过程中可能根据需要改变表中原先定义的许多选项，如对表的结构、约束或字段的属性进行修改。表的修改与表的创建一样，可以通过 SQL 语句来实现，用户可进行的修改操作包括更改表名、增加字段、删除字段、修改已有字段的属性（字段名、字段数据类型、字段长度、精度、小数位数、是否为空等）。

ALTER TABLE 语句用于修改表结构，其语法格式如下。

```
ALTER TABLE <表名>
{[ADD <新字段名> <数据类型>[ <完整性约束条件>][,…]]
|[ADD INDEX[索引名](索引字段,…)]
|[MODIFY COLUMN <字段名> <新数据类型>[ <完整性约束条件>]]
|[DROP{COLUMN <字段名> |<完整性约束名>}[,…]]
|DROP INDEX <索引名>
|RENAME[AS] <新表名>
};
```

说明：

（1）［ADD(<新字段名> <数据类型>[<完整性约束条件>][,…])］为指定的表添加一个新字段，数据类型由用户指定；

（2）［ADD INDEX[索引名](索引字段,…)］为指定的字段添加索引；

（3）［MODIFY COLUMN(<字段名> <新数据类型>[<完整性约束条件>])］对指定表中字段的数据类型或完整性约束条件进行修改；

（4）［DROP{COLUMN <字段名> | <完整性约束名>}[,…]］删除指定表中不需要的字段或完整性约束；

（5）DROP INDEX <索引名>删除指定表中不需要的索引；

（6）RENAME[AS] <新表名>对指定表进行更名。

例 4.6 在学生信息表 student 中添加“专业”字段，数据类型为 char、长度为 30。

添加“专业”字段的 SQL 语句如下。

```
alter table student
add 专业 char(30);
```

无论表中原来是否有数据，新增加的列一律为空值，且新增加的列位于表结构的末尾。

例 4.7 将课程信息表 course 中“学分”字段的数据类型改为 smallint。

修改“学分”字段数据变型的 SQL 语句如下。

```
alter table course
modify 学分 smallint;
```

例 4.8 将学生信息表 student 中的“专业”字段删除。

删除“专业”字段的 SQL 语句如下。

```
alter table student
drop column 专业;
```

例 4.9 将学生信息表 student 更命名为“stu”。

学生信息表更名的 SQL 语句如下。

```
alter table student
rename as stu;
```

说明：

（1）在添加列时，不需要关键字 COLUMN；在删除列时，字段名前需要关键字 COLUMN，因为在默认情况下为删除约束。

（2）在添加列时，需要数据类型和长度；在删除列时，不需要数据类型和长度，只需指定字段名。

（3）如果在该列定义了约束，在修改时会进行限制，如果确实要修改该列，必须先删除该列上的约束，然后再进行修改。

（4）表名更改后，原表名不再存在。

四、删除表

使用 DROP TABLE 语句删除数据表，其语法格式如下。

```
DROP [TEMPORARY] TABLE [IF EXISTS] <表名>[,<表名>…];
```

例 4.10 删除数据库 D_sample 中的学生信息表 sc。

删除学生信息表的 SQL 语句如下。

```
drop table sc;
```

视频 5 表数据操作

任务三 表数据操作

创建表只建立了表结构，还需要向表中添加数据。在添加数据时，对于不同的数据类型，插入数据的格式不一样，应严格遵守操作要求。添加数据按输入顺序保存，条数不限，只受存储空间的限制。

一、添加数据

使用 INSERT INTO 语句向表中添加数据，其语法格式如下。

```
INSERT INTO <表名>[<字段名>[,…]]
VALUES(<常量>[,…]);
```

例 4.11 向数据库 D_sample 的表 student 中添加数据，数据表见表 4.5。

SQL 语句示例为：

```
insert into student(学号,姓名,性别,出生日期,民族,政治面貌)
values('201507001','张文静','女','1996-2-1','汉族','共青团员');
insert into student(学号,姓名,性别,出生日期,民族,政治面貌)
```

表 4.5 表 student 的数据

学号	姓名	性别	出生日期	民族	政治面貌
201507001	张文静	女	1996-02-01	汉族	共青团员
201507002	刘海燕	女	1996-10-18	汉族	共青团员
201507003	宋志强	男	1996-05-23	汉族	中共党员
201507004	马嫒	女	1997-04-06	回族	共青团员
201507005	李立波	男	1996-11-06	汉族	共青团员
201507006	高峰	男	1997-01-12	汉族	共青团员
201507007	梁雅婷	女	1997-12-28	汉族	共青团员
201507008	包晓娅	女	1996-06-17	蒙古族	共青团员
201507009	黄岩松	男	1996-09-23	汉族	中共党员
201507010	王丹丹	女	1997-11-25	汉族	共青团员
201507011	孙倩	女	1997-03-02	汉族	共青团员
201507012	乔雨	女	1996-07-23	汉族	共青团员

```
values('201507002','刘海燕','女','1996-10-18','汉族','共青团员');
insert into student(学号,姓名,性别,出生日期,民族,政治面貌)
values('201507003','宋志强','男','1996-05-23','汉族','中共党员');
```

也可以使用以下 SQL 语句：

```
insert into student
values('201507001','张文静','女','1996-2-1','汉族','共青团员');
insert into student
values('201507002','刘海燕','女','1996-10-18','汉族','共青团员');
insert into student
values('201507003','宋志强','男','1996-05-23','汉族','中共党员');
```

例 4.12 向数据库 D_sample 的表 course 中添加数据，数据表见表 4.6。

表 4.6 表 course 的数据

课程号	课程名称	课程简介	课时	学分	开课学期
07001	计算机应用基础	掌握计算机基本操作	4	4	1
07002	计算机网络技术基础	掌握计算机网络应用	4	4	1
07003	数据库技术基础	掌握数据库系统设计	4	4	2
07004	程序设计基础	掌握编程思想与方法	4	4	2
07005	数据结构	掌握基本概念算法描述	4	4	4
07006	网页设计	掌握 DIV + CSS 网页布局	4	4	3

SQL 语句示例为：

```
insert into course
values('07001','计算机应用基础','掌握计算机基本操作',4,4,'1');
insert into course
values('07002','计算机网络技术基础','掌握计算机网络应用',4,4,'1');
insert into course
values('07003','数据库技术基础','掌握数据库系统设计',4,4,'2');
```

例 4.13 向数据库 D_sample 的表 sc 中添加数据，数据表见表 4.7。

表 4.7 表 sc 的数据

学号	课程号	成绩
201507001	07001	89
201507001	07003	78
201507002	07003	92
201507003	07002	81
201507003	07005	85
201507006	07004	91

SQL 语句示例为：

```
insert into sc(学号,课程号,成绩)
values('201507001','07001',89);
insert into sc(学号,课程号,成绩)
values('201507001','07003',78);
insert into sc(学号,课程号,成绩)
values('201507002','07003',92);
```

二、更新数据

使用 UPDATE 语句修改表中数据，其语法格式如下。

```
UPDATE <表名>
SET <字段名> = <表达式>[,…]
[WHERE <条件>];
```

例 4.14 将表 student 中姓名值为“张文静”的出生日期改为“1995 -02 -01”。修改出生日期的 SQL 语句如下。

```
update student
set 出生日期 ='1995 -02 -01'
where 姓名 ='张文静';
```

例 4.15 在表 sc 中，按原成绩的 60% 计入成绩。

计入成绩的 SQL 语句如下。

```
update sc
set 成绩 = 成绩 * 0.6;
```

三、删除数据

使用 DELETE 语句删除表中数据，其语法格式如下。

```
DELETE FROM <表名>
[WHERE <条件>];
```

例 4.16 删除表 student 中姓名值为“张文静”的记录。

删除单条记录的 SQL 语句如下。

```
delete from student
where 姓名 = '张文静';
```

或者使用 TRUNCATE TABLE 语句，其语法格式如下。

```
TRUNCATE TABLE <表名>;
```

例 4.17 删除表 student 中的所有记录。

删除所有记录的 SQL 语句如下。

```
truncate table student;
```

或者使用 SQL 语句 `delete from student;`

项目实践一　创建教务管理系统数据表

1. 设计教务管理系统数据表的表结构

在任务三设计教务管理系统数据库的基础上，实现数据库中各表表结构的设计，需要确定数据表的详细信息，包括表名、表中各列名称、数据类型、数据长度、列是否允许空值、表的主键、外键、索引、对数据的限制（约束）等内容，见表 4.8 ~ 表 4.13。

表 4.8　表 T_student 的表结构

字段名	数据类型	是否空	长度	备注
学号	char	否	9	主键
姓名	varchar	否	10	
性别	char	是	2	
出生日期	date	是		
民族	varchar	是	10	
政治面貌	varchar	是	8	

表 4.9 表 T_student 的数据

学号	姓名	性别	出生日期	民族	政治面貌
201507001	张文静	女	1996-02-01	汉族	共青团员
201507002	刘海燕	女	1996-10-18	汉族	共青团员
201507003	宋志强	男	1996-05-23	汉族	中共党员
201507004	马媛	女	1997-04-06	回族	共青团员
201507005	李立波	男	1996-11-06	汉族	共青团员
201507006	高峰	男	1997-01-12	汉族	共青团员
201507007	梁雅婷	女	1997-12-28	汉族	共青团员
201507008	包晓娅	女	1996-06-17	蒙古族	共青团员
201507009	黄岩松	男	1996-09-23	汉族	中共党员
201507010	王丹丹	女	1997-11-25	汉族	共青团员

表 4.10 表 T_course 的表结构

字段名	数据类型	是否空	长度	备注
课程号	char	否	5	主键
课程名称	varchar	否	30	
课程简介	text	是		
课时	int	是		
学分	int	是		
开课学期	varchar	是	8	

表 4.11 表 T_ course 的数据

课程号	课程名称	课程简介	课时	学分	开课学期
07001	计算机应用基础	掌握计算机基本操作	4	4	1
07002	计算机网络技术基础	掌握计算机网络应用	4	4	1
07003	数据库技术基础	掌握数据库系统设计	4	4	2
07004	程序设计基础	掌握编程思想与方法	4	4	2
07005	数据结构	掌握基本概念算法描述	4	4	4
07006	网页设计	掌握 DIV + CSS 网页布局	4	4	3

表 4.12 表 T_sc 的表结构

字段名	数据类型	是否空	长度	小数位	备注
学号	char	否	9		外键
课程号	char	否	5		外键
成绩	decimal	是	4	1	

表 4.13　表 T_sc 的数据

学号	课程号	成绩
201507001	07001	89
201507001	07003	78
201507002	07003	92
201507003	07002	81
201507003	07005	85
201507006	07004	91

2. SQL 语句操作

(1) 创建数据库 D_eams 中的学生信息表 T_student、课程信息表 T_course 和成绩表 T_sc。

①创建数据库 D_eams 中的学生信息表 T_student 的 SQL 语句如下。

```
use D_eams;
create table T_student
(
学号 char(9) primary key,
姓名 char(10) not null,
性别 char(2),
出生日期 date,
民族 varchar(10),
政治面貌 varchar(8)
);
```

②创建数据库 D_eams 中的课程信息表 T_course 的 SQL 语句如下。

```
create table T_course
(
课程号 char(5) primary key,
课程名称 varchar(30) not null,
课程简介 text,
课时 int,
学分 int,
开课学期 varchar(8)
);
```

③创建数据库 D_eams 中的成绩表 T_sc，并创建表间关系，其 SQL 语句如下。

```
create table T_sc
(
学号 char(9) not null,
```

```
课程号 char(5) not null,
成绩 decimal(4,1),
constraint pxh primary key(学号,课程号),
constraint fxh foreign key(学号)references T_student(学号),
constraint fkch foreign key(课程号)references T_course(课程号)
);
```

（2）为创建的表添加数据。

①添加表 T_student 的数据的 SQL 语句如下。

```
insert into T_student
values('201507001','张文静','女','1996-2-1','汉族','共青团员');
insert into T_student
values('201507002','刘海燕','女','1996-10-18','汉族','共青团员');
insert into T_student
values('201507003','宋志强','男','1996-05-23','汉族','中共党员');
```

②添加表 T_course 的数据的 SQL 语句如下。

```
insert into T_course
values('07001','计算机应用基础','掌握计算机基本操作',4,4,'1');
insert into T_course
values('07002','计算机网络技术基础','掌握计算机网络应用',4,4,'1');
insert into T_course
values('07003','数据库技术基础','掌握数据库系统设计',4,4,'2');
```

③添加表 T_sc 的数据的 SQL 语句如下。

```
insert into T_sc
values('201507001','07001',89);
insert into T_sc
values('201507001','07003',78);
insert into T_sc
values('201507002','07003',92);
```

（3）在表 T_student 中添加“专业”字段，数据类型为 char、长度为 30，其 SQL 语句如下。

```
alter table T_student
add 专业 char(30);
```

（4）将表 T_course 中的“学分”字段的数据类型改为 smallint，其 SQL 语句如下。

```
alter table T_course
modify 学分 smallint;
```

（5）将表 T_student 中的“政治面貌”字段删除，其 SQL 语句如下。

```
alter table T_student
drop column 政治面貌;
```

（6）将表 T_sc 更名为“学生成绩表”，其 SQL 语句如下。

```
alter table T_sc
rename as 学生成绩表;
```

（7）将表 T_student 中姓名值为“乔雨”的性别改为“男”，其 SQL 语句如下。

```
update T_student
set 性别 ='男'
where 姓名 ='乔雨';
```

（8）删除表 T_student 中姓名值为“孙倩”的记录，其 SQL 语句如下。

```
delete from T_student
where 姓名 ='孙倩';
```

（9）向表 T_course 中添加数据，课程号、课程名称、课时、学分、开课学期数据分别是“07012”“软件工程”“4”“4”“4”，其 SQL 语句如下。

```
insert into T_course
values('07012','软件工程',null,4,4,'4');
```

（10）删除数据库 D_eams 中的表 T_sc，其 SQL 语句如下。

```
drop table T_sc;
```

视频 6　创建和管理索引

任务四　创建和管理索引

数据查询是数据库最频繁的操作。一般情况下，数据库在进行查询操作时需要对整个表进行数据搜索，当表中的数据很多时，搜索数据需要很长的时间，造成服务器的资源浪费。为了提高检索数据的能力，数据库引入了索引机制。

一、索引概述

索引是一个列表，它包含了某个表中一列或若干列的集合以及其记录在数据表中存储位置的物理地址。索引依赖于表建立，提供数据库中编排表数据的内部方法。

表的存储由两部分组成，一部分是表的数据页面，另一部分是索引页面，索引存放在索引页面上。通常，索引页面相对于数据页面小得多。当进行数据检索时，系统先搜索索引页面，从中找到所需数据的指针，再通过指针从数据页面中读取数据。在某种程度上，可以把数据库看作一本书，把索引看作书的目录，通过目录查找书中的信息，显然比查找没有目录的书要方便、快捷。

索引一旦创建，将由数据库自动管理和维护。例如，向表中插入、更新和删除一条记录时，数据库会自动在索引中做出相应的修改。在编写 SQL 查询语句时，具有索引的表与不具有索引的表没有任何区别，索引只是提供一种快速访问指定记录的方法。

1. 索引的作用

创建索引可以极大地提高系统的性能，具体体现在以下几个方面。

(1) 加快数据的检索速度，这也是创建索引的最主要原因。

(2) 通过创建唯一性索引，可以确保表中每一行数据的唯一性。

(3) 加速表和表之间的连接，有利于实现数据的参照完整性。

(4) 在使用分组和排序子句进行数据检索时，可以显著减少查询中分组和排序的时间。

建立索引的一般原则如下。

(1) 对经常用来查询数据记录的字段建立索引。

(2) 对表中的主键字段建立索引。

(3) 对表中的外键字段建立索引。

(4) 对在查询中用来连接表的字段建立索引。

(5) 对经常用来作为排序基准的字段建立索引。

(6) 对查询中很少涉及的字段、重复值比较多的字段不建立索引。

2. 索引的分类

MySQL 数据库的索引包括普通索引、唯一性索引、主键索引和全文索引，它们存储于 R 树中，只有空间索引使用 R 树。MEMORY 表还支持哈希索引。

1) 普通索引

普通索引是最基本的索引类型，索引字段可以有重复的值。创建普通索引的关键字是 INDEX。

2) 唯一性索引

唯一性索引保证索引字段不包含重复的值。创建唯一性索引的关键字是 UNIQUE。

3) 主键索引

主键索引一般在创建表的时候指定主键，也可以通过修改表的方式加入主键，每个表只能有一个主键。创建主键索引的关键字是 PRIMARY KEY。

4) 全文索引

全文索引只能创建在 CHAR、VARCHAR 或者 TEXT 类型的字段上，并且只能在 MyISAM 表中创建。查询数据量较大的字符串类型的字段时，使用全文索引可以提高查询速度。创建全文索引的关键字是 FULLTEXT。

5) 空间索引

空间索引只能建立在空间数据类型上，以提高系统获取空间数据的效率。MySQL 数据库中只有 MyISAM 表支持空间检索，空间索引的字段不能为空值。创建空间索引的关键字是 SPATIAL。

6) 哈希索引

哈希索引是基于哈希表实现的，它将所有的哈希码存储在索引中，同时在哈希表中保存指向每个数据行的指针。在 MySQL 数据库中，只有 MEMORY 表支持哈希索引。创建哈希索引的关键字是 HASH。

二、创建索引

创建索引有 CREATE INDEX 语句、CREATE TABLE 语句和 ALTER TABLE 语句三种

方法。

1. CREATE INDEX 语句

使用 CREATE INDEX 语句可以在一个已经存在的表上创建索引，其语法格式如下。

```
CREATE[UNIQUE |FULLTEXT |SPATIAL]INDEX <索引名称>
[USING index_type]
ON <表名>(索引字段[ASC |DESC][,…]);
```

说明：

（1）UNIQUE、FULLTEXT 和 SPATIAL 选项指定所创建索引的类型，分别为唯一性索引、全文索引和空间索引。省略时，MySQL 数据库所创建的是普通索引。

（2）ASC | DESC 指定索引列的排序方式是升序还是降序，默认为升序（ASC）。

例 4.18 为数据库 D_sample 中表 student 的学号创建唯一性索引，索引排列顺序为降序。

创建唯一性索引的 SQL 语句如下。

```
use D_sample;
create unique index istudent
on student(学号 desc);
```

例 4.19 为数据库 D_sample 中表 course 的课程号创建普通索引。

创建普通索引的 SQL 语句如下。

```
create index icourse on course(课程号);
```

2. ALTER TABLE 语句

例 4.20 为数据库 D_sample 中表 sc 的学号和课程号创建复合索引。

创建复合索引的 SQL 语句如下。

```
alter tablesc
add index isc(学号,课程号);
```

3. CREATE TABLE 语句

例 4.21 为表 book 的内容摘要创建全文索引。

创建全文索引的 SQL 语句如下。

```
create table book
(isbn char(13) primary key,
书名 char(100) not null,
内容摘要 text not null,
单价 decimal(6,2),
出版日期 date not null,
fulltext index ibook(内容摘要)
)engine =myisam default charset =gbk;
```

例 4.22 为表 library 的作者字段创建哈希索引。

创建哈希索引的SQL语句如下。

```
create table library
(作者 varchar(30) not null,
出版社 varchar(30) not null,
key using hash(作者)
)engine =memory;
```

三、查看索引

创建好索引后，可以通过SHOW CREATE TABLE语句查看数据表的索引信息，其语法格式如下。

```
SHOW CREATE TABLE <表名>;
```

例4.23 查看数据库D_sample中表student的索引信息。

SQL语句如下。

```
show create table student;
```

从执行结果可以看到表student的索引信息，如图4.5所示。

```
mysql> show create table student;
+---------+---------------------------------------------
----------------------------------------------------------
----------------------------------------------------------
----------------------------------------------------------
----------------------------------------------------------
-----+
| Table   | Create Table

     |
+---------+---------------------------------------------
----------------------------------------------------------
----------------------------------------------------------
----------------------------------------------------------
----------------------------------------------------------
-----+
| student | CREATE TABLE `student` (
  `学号` char(9) CHARACTER SET gbk NOT NULL,
  `姓名` varchar(10) CHARACTER SET gbk DEFAULT NULL,
  `性别` char(2) CHARACTER SET gbk DEFAULT NULL,
  `出生日期` date DEFAULT NULL,
  `民族` varchar(10) CHARACTER SET gbk DEFAULT NULL,
  `政治面貌` varchar(8) CHARACTER SET gbk DEFAULT NULL,
  PRIMARY KEY (`学号`)
) ENGINE=InnoDB DEFAULT CHARSET=gb2312                |
+---------+---------------------------------------------
----------------------------------------------------------
----------------------------------------------------------
----------------------------------------------------------
----------------------------------------------------------
-----+
1 row in set (0.00 sec)
```

图4.5 表student的索引信息

四、删除索引

当索引不再被需要时可以将其删除。使用DROP INDEX语句或ALTER TABLE语句删除索引。

1. DROP INDEX语句

使用DROP INDEX语句删除索引的语法格式如下。

```
DROP INDEX <索引名> ON <表名>;
```

例4.24 删除表student的索引istudent。

删除索引的SQL语句如下。

```
drop index istudent on student;
```

2. ALTER TABLE语句

例4.25 删除表sc的索引isc。

删除索引的SQL语句如下。

```
alter table sc
drop index isc;
```

任务五　数据完整性

视频 7　数据完整性

数据完整性是指数据的准确性和一致性，它是为防止数据库中存在不符合语义规定的数据和因错误信息的输入输出造成无效操作而提出的。在数据输入时，由于不可避免的各种原因，会发生输入无效或错误信息。如何保证输入的数据符合规定，是数据库系统，尤其是多用户的关系数据库系统首要关注的问题。

一、数据完整性的分类

在 MySQL 数据库中，可以通过实体完整性、域完整性、参照完整性和用户自定义完整性保证数据的完整性。

1. 实体完整性

实体完整性用于保证数据库中数据表的每一个特定实体记录都是唯一的，通过索引、唯一性约束或主键约束实现。

例如，表 course（课程号、课程名称、课程简介、课时、学分、开课学期）中课程号为主键，通过编号来标识特定的课程，课程号既不能为空，也不能重复。

2. 域完整性

域完整性用于保证指定列的数据具有正确的数据类型、格式和有效的数据范围。通过为表的列定义数据类型以及通过外键约束、检查约束、默认值定义或非空约束实现限制数据范围，保证只有在有效范围内的值才能存储到列中。

例如，表 sc 中的成绩取值为 0 ~ 100，表 student 中的性别只能录入“男”或“女”等限制都属于域完整性。

3. 参照完整性

参照完整性是指当增加、修改或删除数据库表中的记录时，可以借助参照完整性来保证关联表之间数据的一致性，它基于外键与主键之间或外键与唯一键之间的关系，确保同一键值在所有表中保持一致。这样的一致性要求不能引用主键列不存在的值，如果更改主键值，则在整个数据库中对该键值的所有引用要进行一致的更改。

例如，表 sc 中的学号定义为外键，参照表 student 中的主键学号限制该字段的值只能是表 student 中存在的学号，表 sc 只对表 student 中的学号有效，表 student 中修改了某个学生的学号，就必须同时在表 sc 中进行相应的修改，否则其相关的记录会成为无效记录。

4. 用户定义完整性

用户定义完整性是由用户针对具体数据环境与应用环境设置的一组约束，它反映了具体应用中数据的语义要求，泛指其他所有不属于实体完整性、域完整性和参照完整性的业务规则。

例如，表 student 中出生日期一定要早于入学日期值，像这种业务规则有时无法利用前面的三种数据完整性来完成，而通常使用触发器或存储过程进行检验，或由客户端的应用程序来进行控制。

二、数据完整性的实现

MySQL 数据库提供的实现数据完整性的途径主要包括约束、触发器、存储过程、标识列、数据类型和索引等。其中，约束机制包括主键约束、外键约束、唯一性约束、检查约束、非空约束和默认值定义等常用的约束类型。

下面是每一类数据完整性实现的基本途径。

1. 实体完整性

实体完整性的实现途径主要包括 PRIMARY KEY（主键约束）、UNIQUE（唯一性约束）和 UNIQUE INDEX（唯一索引）。

2. 域完整性

域完整性的实现途径主要包括 DEFAUL（默认值）、CHECK（检查约束）、FOREIGN KEY（外键约束）和 DATA TYPE（数据类型）。

3. 参照完整性

参照完整性的实现途径主要包括 FOREIGN KEY（外键约束）、CHECK（检查约束）、TRIGERS（触发器）和 STORED PROCEDURE（存储过程）。

4. 用户定义完整性

用户定义完整性的实现途径主要包括 CHECK（检查约束）、TRIGERS（触发器）和 STORED PROCEDURE（存储过程）等。

在完整性的实现途径中，数据类型和索引的知识在前面的章节中已经介绍，触发器和存储过程将在项目七中详细介绍。

三、使用约束

约束是 MySQL 数据库提供的自动保持数据完整性的一种机制，是数据库服务器强制用户必须遵从的业务逻辑，它通过限制字段中的数据、记录中数据和表之间的数据来保证数据的完整性。

1. PRIMARY KEY 约束

PRIMARY KEY 约束通过定义表的主键实现实体完整性约束。为了唯一地表示表中的数据行，通常将某一列或多列的组合定义为主键。一个表只能有一个主键，而且主键约束中的列不能为空值，且唯一地标识表中的每一行。如果主键不止一列，则一列中的值可以重复，但主键定义的所有列的组合值必须唯一。

1）创建 PRIMARY KEY 约束

创建 PRIMARY KEY 约束的语法格式如下。

```
[CONSTRAINT <约束名>]
PRIMARY KEY(字段名[,…]);
```

上述创建 PRIMARY KEY 约束的语句不能独立使用，通常放在 CREATE TABLE 语句或 ALTER TABLE 语句中使用。如果在 CREATE TABLE 语句中使用上述 SQL 语句，表示在定义表结构的同时指定主键；在 ALTER TABLE…ADD…语句中使用上述 SQL 语句，表示为已存在的表创建主键。

例 4.26 为表 student 上的学号添加 PRIMARY KEY 约束。

添加 PRIMARY KEY 约束的 SQL 语句如下。

```
create table student
(
学号 char(9) not null,
姓名 varchar(10),
性别 char(2),
出生日期 date,
民族 varchar(10),
政治面貌 varchar(8),
constraint pxh
primary key(学号)
);
```

2）删除 PRIMARY KEY 约束

删除 PRIMARY KEY 约束的语法格式如下。

```
ALTER TABLE <表名>
DROP PRIMARY KEY;
```

例 4.27 删除表 student 中的 PRIMARY KEY 约束。

删除 PRIMARY KEY 约束的 SQL 语句如下。

```
alter table student
drop primary key;
```

2. UNIQUE 约束

UNIQUE 约束用于确保表中一列或多列的组合值具有唯一性，防止输入重复值，主要用于保证非主键列的实体完整性。例如，在表 student 中增加身份证号列，由于身份证号不可能重复，所以在该列上可以设置 UNIQUE 约束，以确保不会输入重复的身份证号码。

UNIQUE 约束与 PRIMARY KEY 约束类似，MySQL 数据库会为每个 UNIQUE 约束创建一个唯一索引，强制唯一性。与 PRIMARY KEY 约束不同的是，UNIQUE 约束用于非主键的一列或多列组合，允许为一个表创建多个 UNIQUE 约束，且可以用于定义允许空值的列。

创建 UNIQUE 约束的语法格式如下。

```
[CONSTRAINT <约束名>]
UNIQUE(字段名,[,…]);
```

UNIQUE 约束语句也不能独立使用，通常放在 CREATE TABLE 语句或 ALTER TABLE 语句中使用。如果在 CREATE TABLE 语句中使用上述 SQL 语句，表示在定义表结构的同时指定唯一键；在 ALTER TABLE…ADD…语句中使用上述 SQL 语句，表示为已存在的表创建唯一键。

例 4.28 在表 student 中添加“身份证号”字段，设置为 UNIQUE 约束。

设置 UNIQUE 约束的 SQL 语句如下。

```
create table student
(
学号 char(9) not null,
姓名 varchar(10),
性别 char(2),
出生日期 date,
民族 varchar(10),
政治面貌 varchar(8),
身份证号 char(18),
constraint usfz
unique(身份证号)
);
```

3. CHECK 约束

CHECK 约束用于限制输入到一个或多个属性值的范围，使用一个逻辑表达式来检查要输入数据的有效性，如果输入内容满足 CHECK 约束的条件，将数据写入到表中，否则，数据无法输入，从而保证 MySQL 数据库中数据的域完整性。一个数据表可以定义多个 CHECK 约束。

管理 CHECK 约束的语法格式如下。

```
[CONSTRAINT <约束名>]
CHECK(逻辑表达式);
```

例 4.29 在表 sc 中，设置 CHECK 约束，成绩取值范围为 0～100。

设置 CHECK 约束的 SQL 语句如下。

```
alter table sc
add constraint cscore
check(成绩 between 0 and 100);
```

说明：CHECK 约束会被 MySQL 数据库的存储引擎分析，但是会被忽略，即 CHECK 约束不会起任何作用。

4. FOREIGN KEY 约束

FOREIGN KEY 约束为表中一列或多列的组合定义为外键，其主要目的是建立和加强表与表之间的数据联系，保证数据的参照完整性。在创建和修改表时可以通过定义 FOREIGN KEY 约束来建立外键，外键的取值只能是被参照表中对应字段已经存在的值，或者是 NULL。FOREIGN KEY 约束只能参照本身所在数据库中的某个表，包括参照自身表，而不能参照其他数据库中的表。

管理 FOREIGN KEY 约束的语法格式如下。

```
[CONSTRAINT <约束名>]
FOREIGN KEY(字段名[,…])
```

```
REFERENCES 引用表名(引用表字段名[,…]);
```

说明：

(1) 被参照字段必须是主键或具有 UNIQUE 约束；

(2) 外键不仅可以对输入自身表的数据进行限制，也可以对被参照表中的数据操作进行限制。

例 4.30 在表 sc 中，创建一个与表 student 关联的 FOREIGN KEY 约束。

创建 FOREIGN KEY 约束的 SQL 语句如下。

```
create table sc
(
学号 char(9) not null,
成绩 decimal(4,1),
constraint fxh
foreign key(学号)
references student(学号)
);
```

5. NOT NULL 约束

列的 NOT NULL 约束定义了表中数据行的特定列是否可以指定为 NULL 值。NULL 值不同于零（0）或长度为零的字符串（''）。在一般情况下，如果插入数据时不输入该属性的值，则表示为 NULL 值。因此，出现 NULL 通常表示为未知或未定义。

指定某一属性不允许为 NULL 值有助于维护数据的完整性，用户向表中输入数据必须在该属性上输入一个值，否则数据库将不接受该记录，从而确保记录中该字段永远包含数据。在通常情况下，对一些主要字段建议不允许 NULL 值，因为 NULL 值会使查询和更新变得复杂，使用户在操作数据时变得更加困难。

在 MySQL 数据库中，用 SQL 语句创建表的时候，在对属性的描述时附加 NULL 或 NOT NULL 来实现。

注意：定义了 PRIMARY KEY 约束的列不允许 NULL 值。

6. DEFAULT 约束

DEFAULT 约束为属性定义默认值。若表中的某属性定义了 DEFAULT 约束，在插入新记录时，如果未指定该属性的值，则系统将默认值置为该属性的内容。默认值可以包括常量、函数或者 NULL 值等。

对于一个不允许接受 NULL 值的属性，默认值更显示出其重要性。当用户添加数据记录时，在某属性上无法确定应该输入什么数据，而该属性又存在 NOT NULL 约束，此时，可以由系统以默认值的方式指定一个值给该属性。例如，在表 student 中，不允许“专业属性”字段的内容为 NULL 值，可以为该字段定义一个默认值“尚未确定”，在添加新生的数据时，如果还未确定其所学专业，操作人员先不输入该属性值，系统自动将字符串“尚未确定”存入该属性中。

创建 DEFAULT 约束的语法格式如下。

```
<字段名><数据类型>[NOT NULL |NULL]DEFAULT 默认表达式
```

说明：

（1）默认值的数据类型必须与字段的数据类型相同，且不能与 CHECK 约束相违背；

（2）DEFAULT 定义的默认值只有在添加数据记录时才会发生作用。

例 4.31 在表 student 中，为“政治面貌”字段设置默认值为“共青团员”。

设置 DEFAULT 约束的 SQL 语句如下。

```
create table student
(
学号 char(9) primary key,
姓名 varchar(10) not null,
性别 char(2),
出生日期 date,
民族 varchar(10),
政治面貌 varchar(8) default'共青团员'
);
```

项目实践二　教务管理系统中表的约束管理

（1）在数据库 D_eams 的表 T_student 中设置 CHECK 约束，性别字段只能输入“男”或“女”，其 SQL 语句如下。

```
use D_eams;
alter table T_student
add constraint csex
check(性别 in('男','女'));
```

（2）在数据库 D_eams 的表 T_student 中设置政治面貌的默认值为“共青团员”，其 SQL 语句如下。

```
alter table T_student
alter 政治面貌
set default'共青团员';
```

（3）在数据库 D_eams 的表 T_student 中设置 CHECK 约束，出生日期不晚于入学日期值（假设入学日期为 2015 年 9 月 1 日），其 SQL 语句如下。

```
alter table T_student
add constraint cdate
check(出生日期 <'2015-09-01'>);
```

（4）在数据库 D_eams 的表 T_sc 中设置 CHECK 约束，成绩取值范围为 0～100，其 SQL 语句如下。

```
alter table T_sc
```

```
add constraint cscore
check(成绩 > =0 and 成绩 < =100);
```

（5）在数据库 D_eams 的表 T_student 中添加“身份证号”字段，设置 UNIQUE 约束，其 SQL 语句如下。

```
alter table T_student
add 身份证号 char(18) unique;
```

（6）删除表 T_student 中 PRIMARY KEY 约束，其 SQL 语句如下。

```
alter table T_student
drop primary key;
```

小　结

本章首先重点介绍了数据表的创建与管理，然后介绍了索引的特点和分类，以及索引创建和管理，数据完整性的分类和实现。数据表是 MySQL 数据库中的主要对象，用来存储各种数据信息。索引是一种物理结构，提供以一列或多列的值为基础快速查找或存取表中行的能力。通过对表的约束以及对表的属性列或用户自定义数据类型取值的规定和限制，使得表中的数据及表与表之间的数据保持完整性、正确性和一致性。

在学习本章时，应重点掌握数据表、索引的创建和管理，以及约束使用。

习　题

1. 选择题

（1）对于一个已创建的表，（　　）操作是不可以的。

A. 更改表名

B. 增加或删除列

C. 修改已有列的属性

D. 将已有 text 数据类型修改为 image 数据类型

（2）SQL 语言中，创建基本表的语句是（　　）。

A. CREATE SCHEMA　　B. CREATE TABLE

C. CREATE VIEW　　D. CREATE DATEBASE

（3）SQL 语言中，删除表中数据的命令是（　　）。

A. DELETE　　B. DROP　　C. CLEAR　　D. REMOVE

（4）下面关于数据库中表的行和列的叙述正确的是（　　）。

A. 表中的行是有序的，列是无序的

B. 表中的列是有序的，行是无序的

C. 表中的行和列都是有序的

D. 表中的行和列都是无序的

（5）SQL 语言的数据操作语句包括 SELECT、INSERT、UPDATE 和 DELETE 等，其中最

重要的，也是使用最频繁的语句是（　　）。

A. SELECT　B. INSERT　C. UPDATE　D. DELETE

（6）SQL 语言中，修改表结构的语句是（　　）。

A. ALTER　B. CREATE　C. UPDATE　D. INSERT

（7）下面有关主键和外键之间的关系描述正确的是（　　）。

A. 一个表中最多只能有一个主键约束，多个外键约束

B. 一个表中最多只能有一个外键约束，一个主键约束

C. 在定义主键外键约束时，应该首先定义主键约束，然后定义外键约束

D. 在定义主键外键约束时，应该首先定义外键约束，然后定义主键约束

（8）下列情况下，不适合创建索引的是（　　）。

A. 列的取值范围很小　B. 用作查询条件的列

C. 频繁搜索范围的列　D. 连接中频繁使用的列

（9）“CREATE UNIQUE INDEX WRITER_INDEX ON 作者信息（作者编号）”语句创建了一个（　　）索引。

A. 唯一索引　B. 全文索引

C. 主键索引　D. 普通索引

（10）建立索引的目的是（　　）。

A. 降低 MySQL 数据检索的速度　B. 与 MySQL 数据检索的速度无关

C. 加快数据库的打开速度　D. 提高 MySQL 数据检索的速度

（11）创建索引的命令是（　　）。

A. CREATE TRIGGER　B. CREATE PROCEDURE

C. CREATE FUNCTION　D. CREATE INDEX

（12）只能创建在 CHAR、VARCHAR 或者 TEXT 类型字段上的索引称为（　　）。

A. 主索引　B. 唯一性索引

C. 全文索引　D. 哈希索引

（13）下面关于唯一索引描述不正确的是（　　）。

A. 某列创建了唯一索引，则该列为主键

B. 不允许插入重复的列值

C. 某列创建为主键，则该列会自动创建唯一索引

D. 一个表中可以有多个唯一索引

（14）某数据表已经将列 F 定义为主关键字，则以下说法中错误的是（　　）。

A. 列 F 的数据是有序排列的

B. 列 F 的数据在整个数据表中是唯一存在的

C. 不能再给数据表其他列建立主键

D. 当为其他列建立普通索引时，将导致此数据表的记录重新排列

（15）以下关于数据库完整性描述不正确的是（　　）。

A. 数据应随时可以被更新

B. 表中的主键值不能为空

C. 数据的取值应在有效范围内

D. 一个表的值若引用其他表的值，应使用外键进行关联

（16）下面关于默认值的描述，正确的是（　　）。

A. 表中添加新列时，如果没有指明值，则可以使用默认值

B. 可以绑定到表列，也可以绑定到数据类型

C. 可以响应特定事件的操作

D. 以上描述都正确

（17）下列 SQL 语句中，能够实现实体完整性控制的语句是（　　）。

A. FOREIGN KEY　　B. PRIMARY KEY

C. REFERENCES　　D. FOREIGN KEY 和 REFERENCES

（18）关于 FOREIGN KEY 约束的描述不正确的是（　　）。

A. 体现数据库中表之间的关系

B. 实现参照完整性

C. 以其他表 PRIMARY KEY 约束和 UNIQUE 约束为前提

D. 每个表中都必须定义

（19）下列 SQL 语句中，能够实现参照完整性控制的语句是（　　）。

A. FOREIGN KEY　　B. PRIMARY KEY

C. REFERENCES　　D. FOREIGN KEY 和 REFERENCES

（20）限制输入到列的值的范围，应使用（　　）约束。

A. CHECK　　B. PRIMARY KEY

C. FOREIGN KEY　　D. UNIQUE

2. 填空题

（1）完整性约束包括（　　）完整性、（　　）完整性、参照完整性和用户定义完整性。

（2）索引的类型主要有（　　）、（　　）、（　　）、（　　）、（　　）和（　　）。

（3）（　　）是指保证指定列的数据具有正确的数据类型、格式和有效的数据范围。

（4）（　　）用于保证数据库中数据表的每一个特定实体的记录都是唯一的。

（5）创建、修改和删除表命令分别是（　　）TABLE、（　　）TABLE 和（　　）TABLE。

（6）如果表的某一列被指定具有 NOT NULL 属性，则表示（　　）。

（7）建立和使用（　　）的目的是为了保证数据的完整性。

（8）当一个表中已存在 PRIMARY KEY 约束时，不能再创建（　　）索引，用 CREATE INDEX ID_INDEX ON STUDENTS（身份证）建立的索引为（　　）索引。

（9）创建唯一性索引时，应保证创建索引的列不包含重复的数据，并且没有两个或两个以上的空值。如果有这种数据，必须先将其（　　），否则索引不能成功创建。

（10）两个表的主关键字和外关键字的数据对应一致，这是属于（　　）完整性，通常可以通过（　　）和（　　）来实现。

3. 实践题

（1）使用 SQL 语句创建一个班级表 CLASS，属性如下。

CLASSNO，DEPARTNO，CLASSNAME；类型均为字符型；长度分别为 8、2、20，且均不允许为空。

（2）现有关系数据库如下。

数据库名：学生成绩数据库

学生表（学号，姓名，性别，民族）

课程表（课程号，课程名称，任课教师）

成绩表（学号，课程号，分数）

用 SQL 语言实现下列功能：

①创建数据库［学生成绩数据库］；

②创建［课程表］；

课程表（课号 char（6），名称）

要求使用：主键（课号）、非空（名称）

③创建［学生表］；

学生表（学号 char（6），姓名，性别，民族）

要求使用：主键（学号）、默认（民族）、非空（民族，姓名）、检查（性别）

④创建［成绩表］；

成绩表（学号，课程号，分数）

要求使用：外键（成绩表．学号，成绩表．课程号）、检查（分数）

⑤将下列课程信息添加到课程表中

课号	课程名称
100001	大学语文
100002	大学英语

（3）创建人事管理数据库 RSGL；

①在该数据库中使用 SQL 语句创建 3 张表，分别为 Employees、Departments 和 Salary，表结构见表 4.14 ~ 表 4.16。

表 4.14 表 Employees

字段名	类型	长度	默认值	是否空值	是否主键	备注
E_ID	VARCHAR	8		NO	YES	员工编号
E_NAME	VARCHAR	8		YES		员工姓名
SEX	VARCHAR	2	男	YES		性别
PROFESSIONAL	VARCHAR	6				职称
POLITICAL	VARCHAR	8				政治面貌
EDUCTION	VARCHAR	8				学历
BIRTH	DATRdate					出生日期
MARRY	VARCHAR	8				婚姻状态
GZ_TIME	date DATE					参加工作时间
D_ID	VARCHAR	5		YES	外键	与 Departments 关联
BZ	VARCHAR	2	是			是否为编内人员

表 4.15　表 Departments

字段名	类型	长度	默认值	是否空值	是否主键	备注
D_ID	TINYINT	5		NO	YES	
D_name	VARCHAR	10		NO		

表 4.16　表 Salary

字段名	类型	长度	默认值	是否空值	是否主键	备注
E_ID	TINYINT	5		NO	外键	与 Employees 关联
MONTH	DATE					月份
JIB_IN	FLOAT	6. 2				基本工资
JIX_IN	FLOAT	6. 2				绩效工资
JINT_IN	FLOAT	6. 2				津贴补贴
GJ_OUT	FLOAT	6. 2				代扣公积金
TAX_OUT	FLOAT	6. 2				扣税
QT_OUT	FLOAT	6. 2				其他扣款

②用 INSERT INTO 语句一次性向表 Departments 插入所有数据，数据见表 4. 17。

表 4. 17　表 Departments

部门编号	部门名称
A001	办公室
A002	人事处
A003	宣传部
A004	教务处
A005	科技处
A006	后勤处
B001	信息学院
B002	艺术学院
B003	外语学院
B004	金融学院
B005	建筑学院

项目五

数据查询与视图管理

学习要点

查询是数据库系统中最常用，也是最重要的功能，它为用户快速、方便地使用数据库中的数据提供了一种有效的方法。视图是根据用户的需求而定义的从基本表导出的虚表。本项目要求掌握单表查询，灵活运用单表查询、多表连接查询，掌握分组与排序的使用方法，理解子查询和联合查询的使用规则，掌握视图的创建和管理方法。

任务一　简单查询

视频8　简单查询

简单查询按照一定的条件在单一的表上进行数据查询，包括查询结果的排序与利用查询结果生成新表。

使用SQL语言中的SELECT子句可以实现对数据库的查询，让服务器从数据库中按用户要求检索数据，并将结果以表格的形式返回给用户。

一、SELECT语句结构

完整的SELECT语句非常复杂，为了更加清楚地理解SELECT语句，从下面几个成分来描述。数据查询SELECT语句的语法格式如下。

```
SELECT <子句1>
FROM <子句2>
[WHERE <表达式1>]
[GROUP BY <子句3>]
[HAVING <表达式2>]
[ORDER BY <子句4>]
[LIMIT <子句5>]
[UNION <操作符>];
```

说明：

（1）SELECT 子句指定查询结果中需要返回的值。

（2）FROM 子句指定从其中检索行的表或视图。

（3）WHERE 表达式指定查询的搜索条件。

（4）GROUP BY 子句指定查询结果的分组条件。

（5）HAVING 表达式指定分组或集合的查询条件。

（6）ORDER BY 子句指定查询结果的排序方法。

（7）LIMIT 子句限制被 SELECT 语句返回的行数。

（8）UNION 操作符将多个 SELECT 语句查询结果组合为一个结果集，该结果集包含联合查询中所有查询的全部行。

二、SELECT 子语句

SELECT 子语句的语法格式如下。

```
SELECT[ALL |DISTINCT]<目标表达式>[,<目标表达式>][,…]
FROM<表或视图名>[,<表或视图名>][,…][LIMIT n1[,n2]];
```

说明：

（1）ALL 默认选项用于指定表示结果集的所有行，可以显示重复行。

（2）DISTINCT 指定在结果集显示唯一行，空值被认为相等，用于消除取值重复的行，ALL 与 DISTINCT 不能同时使用。

（3）LIMIT n1 表示返回最前面的 n1 行数据，n1 表示返回的行数。

（4）LIMIT n1，n2 表示从 n1 行开始，返回 n2 行数据，初始行为 0（从 0 行开始），n1，n2 必须是非负的整型常量。

（5）目标表达式为结果集选择的要查询的特定表中的列，它可以是星号（*）、表达式、列表、变量等。其中，星号（*）用于返回表或视图的所有列，列表用“表名．列名”表示，如 student. 学号，若只有一个表或多个表中没有相同的列时，表名可以省略。

例 5.1　在数据库 D_sample 中查询表 student 中学生的学号、姓名和性别。

SQL 语句如下。

```
use D_sample;
select 学号,姓名,性别 from student;
```

查询结果如图 5.1 所示。

学号	姓名	性别
201507001	张文静	女
201507002	刘海燕	女
201507003	宋志强	男
201507004	马媛	女
201507005	李立波	男
201507006	高峰	男
201507007	梁雅婷	女
201507008	包晓娅	女
201507009	黄岩松	男
201507010	王丹丹	女
201507011	孙倩	女
201507012	乔雨	女

12 rows in set (0.00 sec)

图 5.1　对表 student 的投影查询

例 5.2　在数据库 D_sample 中查询表 student 中学生的全部信息。

SQL 语句如下。

```
select * from student;
```

查询结果如图 5.2 所示。

学号	姓名	性别	出生日期	民族	政治面貌
201507001	张文静	女	1995-02-01	汉族	共青团员
201507002	刘海燕	女	1996-10-18	汉族	共青团员
201507003	宋志强	男	1996-05-23	汉族	中共党员
201507004	马媛	女	1997-04-06	回族	共青团员
201507005	李立波	男	1996-11-06	汉族	共青团员
201507006	高峰	男	1997-01-12	汉族	共青团员
201507007	梁雅婷	女	1997-12-28	汉族	共青团员
201507008	包晓娅	女	1996-06-17	蒙古族	共青团员
201507009	黄岩松	男	1997-09-23	汉族	中共党员
201507010	王丹丹	女	1997-11-25	汉族	共青团员
201507011	孙倩	女	1997-03-02	汉族	共青团员
201507012	乔雨	女	1996-07-23	汉族	共青团员

12 rows in set (0.00 sec)

图 5.2 对表 student 全部信息查询

例 5.3 在数据库 D_sample 中查询表 student 的前 6 行数据。

SQL 语句如下。

```
select * from student limit 6;
```

查询结果如图 5.3 所示。

学号	姓名	性别	出生日期	民族	政治面貌
201507001	张文静	女	1995-02-01	汉族	共青团员
201507002	刘海燕	女	1996-10-18	汉族	共青团员
201507003	宋志强	男	1996-05-23	汉族	中共党员
201507004	马媛	女	1997-04-06	回族	共青团员
201507005	李立波	男	1996-11-06	汉族	共青团员
201507006	高峰	男	1997-01-12	汉族	共青团员

6 rows in set (0.00 sec)

图 5.3 对表 student 前 6 行查询

例 5.4 在数据库 D_sample 中查询表 student 中从第 4 行开始的 6 行数据。

SQL 语句如下。

```
select * from student limit 3,6;
```

查询结果如图 5.4 所示。

学号	姓名	性别	出生日期	民族	政治面貌
201507004	马媛	女	1997-04-06	回族	共青团员
201507005	李立波	男	1996-11-06	汉族	共青团员
201507006	高峰	男	1997-01-12	汉族	共青团员
201507007	梁雅婷	女	1997-12-28	汉族	共青团员
201507008	包晓娅	女	1996-06-17	蒙古族	共青团员
201507009	黄岩松	男	1997-09-23	汉族	中共党员

6 rows in set (0.00 sec)

图 5.4 对表 student 从第 4 行开始的 6 行数据的查询

例 5.5 在数据库 D_sample 中查询表 student 所有学生的民族信息，要求输出的信息不重复。

SQL 语句如下。

```
select distinct 民族 from student;
```

查询结果如图 5.5 所示。

```
+--------+
| 民族   |
+--------+
| 汉族   |
| 回族   |
| 蒙古族 |
+--------+
3 rows in set (0.00 sec)
```

图 5.5　对表 student 不重复数据的查询

三、WHERE 子语句

使用 SELECT 进行查询时，如果用户希望设置查询条件来限制返回的数据行，可以通过在 SELECT 语句后使用 WHERE 子语句来实现。

WHERE 子语句的语法格式如下。

```
WHERE <表达式>;
```

使用 WHERE 子语句可以限制查询的范围，提高查询的效率。使用时，WHERE 子句必须紧跟在 FROM 子语句之后。WHERE 子语句中的查询条件或限定条件可以是比较运算符、模式匹配、范围说明、是否为空值、逻辑运算符。

1. 比较查询

比较查询条件由两个表达式和比较运算符组成，见表 5.1。进行比较查询时，系统将根据查询条件的真假来决定某一条记录是否满足查询条件，只有满足查询条件的记录才会出现在最终结果集中。

表 5.1　比较运算符

运算符	描述	表达式	运算符	描述	表达式
=	相等	x = y	<=	小于等于	x <= y
<>	不相等	x <> y	>=	大于等于	x >= y
>	大于	x > y	!=	不等于	x != y
<	小于	x < y	<=>	相等或都等于空	x <=> y

比较查询条件的格式如下。

```
表达式1　比较运算符　表达式2
```

例 5.6　在数据库 D_sample 中查询表 student 中姓名为李立波的学号、姓名和性别的列信息。

SQL 语句如下。

```
select 学号,姓名,性别 from student
where 姓名='李立波';
```

```
+-----------+--------+------+
| 学号      | 姓名   | 性别 |
+-----------+--------+------+
| 201507005 | 李立波 | 男   |
+-----------+--------+------+
1 row in set (0.00 sec)
```

图 5.6　对表 student 的比较查询结果

查询结果如图 5.6 所示。

2. 模式匹配

模式匹配常用来返回某种匹配格式的所有记录，通常使用 LIKE 或用 REGEXP 关键字来指定模式匹配条件。

1）LIKE 运算符

LIKE 运算符使用通配符来表示字符串需要匹配的模式，通配符及其含义见表 5.2。

表 5.2 常用通配符及其含义

通配符	名称	描述
%	百分号	匹配 0 个或多个任意字符
_	下划线	匹配单个任意字符

模式匹配条件的格式如下。

```
表达式[NOT]LIKE 模式表达式
```

例 5.7 在数据库 D_sample 中查询表 student 中姓张的学生信息。

SQL 语句如下。

```
select * from student
where 姓名 like'张% ';
```

查询结果如图 5.7 所示。

```
+-----------+--------+------+------------+------+----------+
| 学号      | 姓名   | 性别 | 出生日期   | 民族 | 政治面貌 |
+-----------+--------+------+------------+------+----------+
| 201507001 | 张文静 | 女   | 1995-02-01 | 汉族 | 共青团员 |
+-----------+--------+------+------------+------+----------+
1 row in set (0.00 sec)
```

图 5.7 对表 student 的 LIKE 查询

例 5.8 在数据库 D_sample 中查询表 student 中少数民族的学生信息。

SQL 语句如下。

```
select * from student
where 民族 not like'汉% ';
```

查询结果如图 5.8 所示。

```
+-----------+--------+------+------------+--------+----------+
| 学号      | 姓名   | 性别 | 出生日期   | 民族   | 政治面貌 |
+-----------+--------+------+------------+--------+----------+
| 201507004 | 马媛   | 女   | 1997-04-06 | 回族   | 共青团员 |
| 201507008 | 包晓娅 | 女   | 1996-06-17 | 蒙古族 | 共青团员 |
+-----------+--------+------+------------+--------+----------+
2 rows in set (0.00 sec)
```

图 5.8 对表 student 的 NOT LIKE 查询

2）REGEXP 运算符

REGEXP 运算符使用通配符来表示字符串需要匹配的模式，通配符及其含义见表 5.3。

模式匹配条件的格式如下。

```
表达式[NOT]REGEXP 模式表达式
```

例 5.9 在数据库 D_sample 中查询表 student 中姓张的学生信息。

SQL 语句如下。

```
select * from student
where 姓名 regexp '^张';
```

表 5.3 常用通配符及其含义

通配符	名称	描述
^	插入号	匹配字符串的开始部分
$	美元	匹配字符串的结束部分
.	句号	匹配字符串（包括回车和换行）
*	乘号	匹配 0 个或多个任意字符
+	加号	匹配单个或多个任意字符
?	问号	匹配 0 个或单个任意字符
( )	括号	匹配括号里的内容
{n}	大括号	匹配括号前的内容出现 n 次的序列

或

```
select * from student
where 姓名 regexp '张*';
```

查询结果如图 5.9 所示。

```
+-----------+--------+------+------------+------+----------+
| 学号      | 姓名   | 性别 | 出生日期   | 民族 | 政治面貌 |
+-----------+--------+------+------------+------+----------+
| 201507001 | 张文静 | 女   | 1995-02-01 | 汉族 | 共青团员 |
+-----------+--------+------+------------+------+----------+
1 row in set (0.00 sec)
```

图 5.9 对表 student 的 REGEXP 查询

3. 范围查询

如果需要返回某一字段的值介于两个指定值之间的所有记录，可以使用范围查询条件进行检索。范围检索条件主要有以下两种情况。

1）使用 BETWEEN…AND…语句指定内含范围条件

要求返回记录某个字段的值在两个指定值范围以内，同时包括这两个指定的值，通常使用 BETWEEN…AND…语句来指定内含范围条件。

内含范围条件的格式如下。

```
表达式 between 表达式1 and 表达式2
```

例 5.10 在数据库 D_sample 中查询表 sc 中成绩在 80 分到 100 分之间的学生的学号和成绩信息。

SQL 语句如下。

```
select 学号,成绩 from sc
where 成绩 between 80 and 100;
```

查询结果如图 5.10 所示。

```
+-----------+------+
| 学号      | 成绩 |
+-----------+------+
| 201507001 | 89.0 |
| 201507002 | 92.0 |
| 201507003 | 81.0 |
| 201507003 | 85.0 |
| 201507006 | 91.0 |
+-----------+------+
5 rows in set (0.00 sec)
```

图 5.10 对表 sc 的范围查询

2）使用 IN 语句指定列表查询条件

包含列表查询条件的查询将返回所有与列表中的任意一个值匹配的记录，通常使用 IN 语句指定列表查询条件。对于查询条件表达式中出现多个条件相同的情况，也可以用 IN 语句来简化。

列表查询条件的格式如下。

```
表达式 IN(表达式[,…])
```

例 5.11 在数据库 D_sample 中查询表 course 中开课学期为第 1 学期和第 2 学期的课程信息。

SQL 语句如下。

```
select * from course
where 开课学期 in('1','2');
```

查询结果如图 5.11 所示。

课程号	课程名称	课程简介	课时	学分	开课学期
07001	计算机应用基础	掌握计算机基本操作	4	4	1
07002	计算机网络技术基础	掌握计算机网络应用	4	4	1
07003	数据库技术基础	掌握数据库系统设计	4	4	2
07004	程序设计基础	掌握编程思想与方法	4	4	2

4 rows in set (0.00 sec)

图 5.11 对表 course 进行范围查询

4. 空值判断查询条件

空值判断查询条件主要用来搜索某一字段为空值的记录，可以使用 IS NULL 或 IS NOT NULL 关键字来指定查询条件。

注意：IS NULL 不能用“ =NULL”代替。

例 5.12 在数据库 D_sample 中查询表 course 中所有课程简介为空的课程信息。

SQL 语句如下。

```
select * from course
where 课程简介 is null;
```

查询结果如图 5.12 所示。

5. 使用逻辑运算符查询

前面介绍的查询条件还可以通过逻辑运算符组成更为复杂的查询条件，逻辑运算符有 4 个，分别是 NOT、AND、OR 和 XOR。其中，NOT 表示对条件的否定；AND 用于连接两个条件，当两个条件都满足时返回 TRUE，否则返回 FALSE；OR 用于连接两个条件，只要有一个条件满足时就返回 TRUE；XOR 用于连接两个条件，只有一个条件满足时返回 TRUE，当两个条件都满足或都不满足时返回 FALSE。

课程号	课程名称	课程简介	课时	学分	开课学期
07007	Java程序设计	NULL	4	4	4

1 row in set (0.00 sec)

图 5.12 对表 course 进行空值判断查询

说明：

(1) 四种运算的优先级按从高到低的顺序是：NOT、AND、OR 和 XOR，可以通过括号改变其优先级关系；

（2）在 MySQL 数据库中，逻辑表达式共有三种可能的结果值，分别是 1（TRUE）、0（FALSE）和 NULL。

例 5.13 在数据库 D_sample 中查询表 sc 中成绩在 80 分到 100 分之间的学号和成绩信息。

SQL 语句如下。

```
select 学号,成绩 from sc
where 成绩 >=80 and 成绩 <=100;
```

查询结果如图 5.13 所示。

学号	成绩
201507001	89.0
201507002	92.0
201507003	81.0
201507003	85.0
201507006	91.0

5 rows in set (0.00 sec)

图 5.13 对表 sc 进行逻辑运算符查询

四、ORDER BY 子语句

当使用 SELECT 语句查询时，如果希望查询结果按照其中的一个或多个字段进行排序，可以通过在 SELECT 语句后跟一个 ORDER BY 子语句来实现。排序有两种方式：一种是升序，使用 ASC 关键字来指定；一种是降序，使用 DESC 关键字来指定。如果没有指定顺序，系统将默认使用升序排序。

ORDER BY 子语句的语法格式如下。

```
ORDER BY <字段名>[ASC |DESC][,…];
```

例 5.14 在数据库 D_sample 中查询表 course 中开课学期按照升序排列的课程信息。

SQL 语句如下。

```
select * from course
order by 开课学期;
```

查询结果如图 5.14 所示。

课程号	课程名称	课程简介	课时	学分	开课学期
07001	计算机应用基础	掌握计算机基本操作	4	4	1
07002	计算机网络技术基础	掌握计算机网络应用	4	4	1
07003	数据库技术基础	掌握数据库系统设计	4	4	2
07004	程序设计基础	掌握编程思想与方法	4	4	2
07006	网页设计	掌握DIV+CSS网页布局	4	4	3
07005	数据结构	掌握基本概念算法描述	4	4	4
07007	Java程序设计	NULL	4	4	4

7 rows in set (0.00 sec)

图 5.14 对表 course 的排序

例 5.15 在数据库 D_sample 中查询表 sc 中选修了“07003”课程的学生成绩，成绩按降序进行排序。

SQL 语句如下。

```
select * from sc
where 课程号 ='07003'
order by 成绩 desc;
```

查询结果如图 5.15 所示。

学号	课程号	成绩
201507002	07003	92.0
201507001	07003	78.0

2 rows in set (0.00 sec)

图 5.15 对表 sc 的排序

五、GROUP BY 子语句

使用 SELECT 进行查询时，如果用户希望将数据记录依据设置的条件分成多个组，可以通过在 SELECT 语句后使用 GROUP BY 子语句来实现。如果 SELECT 子语句 <目标表达式> 中包含聚合函数，则 GROUP BY 将计算每组的汇总值。指定 GROUP BY 时，选择列表中任意非聚合表达式内的所有列都应包含在 GROUP BY 列表中，或者 GROUP BY 表达式必须与选择列表的表达式完全匹配。GROUP BY 子语句可以将查询结果按字段或字段组合在行的方向上进行分组，每组在字段或字段组合上具有相同的聚合值。如果聚合函数没有使用 GROUP BY 子语句，则只为 SELECT 语句报告一个聚合值。常用的聚合函数见表 5.4。

表 5.4　常用的聚合函数

函数名	功能
SUM（）	返回一个数值列或计算列的总和
AVG（）	返回一个数值列或计算列的平均值
MIN（）	返回一个数值列或计算列的最小值
MAX（）	返回一个数僮列或计算列的最大值
COUNT（）	返回满足 SELECT 语句中指定条件的记录数
COUNT（*）	返回找到的行数

GROUP BY 子语句的语法格式如下。

```
GROUP BY{字段名|表达式}[ASC|DESC][,…]
[WITH ROLLUP];
```

说明：

（1）与 ORDER BY 子语句中的 ASC 或 DESC 关键字相同，ASC 关键字用来指定升序，DESC 关键字用来指定降序；

（2）ROLLUP 指定在结果集内不仅包含由 GROUP BY 提供的行，还包含汇总行。汇总行在结果集中显示为 NULL，用于表示所有值。按层次结构顺序，从组内的最低级别到最高级别汇总组，组的层次结构取分组时指定使用的顺序。更改列分级的顺序会影响在结果集内生成的行数。

例 5.16　在数据库 D_sample 中统计表 student 中学生的男女人数。

SQL 语句如下。

```
select 性别,count(性别) as 人数 from student
group by 性别;
```

```
+------+------+
| 性别 | 人数 |
+------+------+
| 女   |    8 |
| 男   |    4 |
+------+------+
2 rows in set (0.01 sec)
```

图 5.16　对表 student 的分组查询

查询结果如图 5.16 所示。

例 5.17　在数据库 D_sample 中统计表 student 中每个民族的男女人数、总人数，以及学生总人数。

SQL 语句如下。

```
select 民族, 性别, count(*) as 人数 from student
group by 民族,性别
with rollup;
```

查询结果如图 5.17 所示。

民族	性别	人数
回族	女	1
回族	NULL	1
汉族	女	6
汉族	男	4
汉族	NULL	10
蒙古族	女	1
蒙古族	NULL	1
NULL	NULL	12

8 rows in set (0.00 sec)

图 5.17　对表 student 使用 ROLLUP 分组的查询

六、HAVING 子语句

当完成数据结果的查询和统计后，若希望对查询和计算后的结果进行筛选，可以通过在 SELECT 语句后使用 GROUP BY 子语句配合 HAVING 子语句来实现。

HAVING 子语句的语法格式如下。

```
HAVING <表达式>;
```

可以在包含 GROUP BY 子语句的查询中使用 WHERE 子语句。WHERE 子语句与 HAVING 子语句的根本区别在于作用对象不同，WHERE 子语句作用于基本表或视图，从中选择满足条件的记录，而 HAVING 子语句作用于组，选择满足条件的组，必须用于 GROUP BY 子语句之后，但 GROUP BY 子句可以没有 HAVING 子语句。HAVING 子语句与 WHERE 子语句语法类似，但 HAVING 可以包含聚合函数。

例 5.18　在数据库 D_sample 中查询表 sc 中平均成绩在 85 分以上的课程号。

SQL 语句如下。

```
select 课程号,avg(成绩)as 平均成绩 from sc
group by 课程号
having avg(成绩)>=85;
```

查询结果如图 5.18 所示。

```
mysql> select 课程号,avg(成绩) as 平均成绩 from sc
    -> group by 课程号
    -> having avg(成绩)>=85;
```

课程号	平均成绩
07001	89.00000
07003	85.00000
07004	91.00000
07005	85.00000

4 rows in set (0.00 sec)

图 5.18　对表 sc 的限定查询

项目实践一　简单查询的应用

（1）在教务管理系统数据库 D_ eams 中，查询学生信息表 T_student 中的前 8 条记录，SQL 语句如下。

```
use D_eams;
select * from T_student limit 8;
```

查询结果如图 5.19 所示。

```
mysql> select * from T_student limit 8;
```

学号	姓名	性别	出生日期	民族	政治面貌
201507001	张文静	女	1996-02-01	汉族	共青团员
201507002	刘海燕	女	1996-10-18	汉族	共青团员
201507003	宋志强	男	1996-05-23	汉族	中共党员
201507004	马媛	女	1997-04-06	回族	共青团员
201507005	李立波	男	1996-11-06	汉族	共青团员
201507006	高峰	男	1997-01-12	汉族	共青团员
201507007	梁雅婷	女	1997-12-28	汉族	共青团员
201507008	包晓娅	女	1996-06-17	蒙古族	共青团员

8 rows in set (0.00 sec)

图 5.19 表 T_student 的前 8 条记录查询结果

(2) 查询课程信息表 T_course 中的课程名称，SQL 语句如下。

```
select distinct 课程名称 from T_course;
```

查询结果如图 5.20 所示。

```
mysql> select distinct 课程名称 from T_course;
```

课程名称
计算机应用基础
计算机网络技术基础
数据库技术基础
程序设计基础
数据结构
网页设计

6 rows in set (0.00 sec)

图 5.20 对表 T_course 的不重复记录查询

(3) 查询学生信息表 T_student 中姓李的男生的学生信息。SQL 语句如下。

```
select * from T_student
where 姓名 like '李%' and 性别 ='男';
```

查询结果如图 5.21 所示。

```
mysql> select * from T_student
    -> where 姓名 like '李%' and 性别='男';
```

学号	姓名	性别	出生日期	民族	政治面貌
201507005	李立波	男	1996-11-06	汉族	共青团员

1 row in set (0.00 sec)

图 5.21 对表 T_student 的选择查询

(4) 查询学生信息表 T_student 中年龄从 20 到 25 岁的学生信息，SQL 语句如下。

```
select * from T_student
where year(now())-year(出生日期)between 20 and 25;
```

查询结果如图 5.22 所示。

```
mysql> select * from T_student
    -> where year(now())-year(出生日期) between 20 and 25;
```

学号	姓名	性别	出生日期	民族	政治面貌
201507001	张文静	女	1996-02-01	汉族	共青团员
201507002	刘海燕	女	1996-10-18	汉族	共青团员
201507003	宋志强	男	1996-05-23	汉族	中共党员
201507004	马媛	女	1997-04-06	回族	共青团员
201507005	李立波	男	1996-11-06	汉族	共青团员
201507006	高峰	男	1997-01-12	汉族	共青团员
201507007	梁雅婷	女	1997-12-28	汉族	共青团员
201507008	包晓娅	女	1996-06-17	蒙古族	共青团员
201507009	黄岩松	男	1997-09-23	汉族	中共党员
201507010	王丹丹	女	1997-11-25	汉族	共青团员

10 rows in set (0.00 sec)

图 5.22 对表 T_student 的范围查询

(5) 查询成绩表 T_sc 中考试成绩 85 分以下的学生的学号，SQL 语句如下。

```
select distinct 学号 from T_sc
where 成绩 <=85;
```

查询结果如图 5. 23 所示。

(6) 查询成绩表 T_sc 中有成绩的学生学号和课程号，SQL 语句如下。

```
select 学号,课程号 from T_sc
where 成绩 is not null;
```

查询结果如图 5. 24 所示。

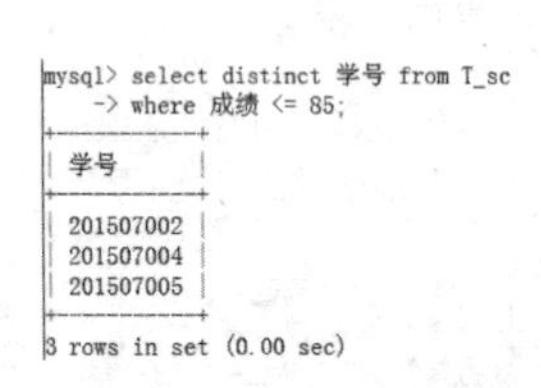

```
mysql> select distinct 学号 from T_sc
    -> where 成绩 <= 85;
+-----------+
| 学号      |
+-----------+
| 201507002 |
| 201507004 |
| 201507005 |
+-----------+
3 rows in set (0.00 sec)
```

图 5. 23　对表 T_sc 的条件查询

学号	课程号
201507001	07001
201507001	07003
201507002	07003
201507003	07002
201507003	07005
201507006	07004

6 rows in set (0.00 sec)

图 5. 24　对表 T_sc 的空值判断查询

(7) 统计成绩表 T_sc 中选修了课程的学生人数，SQL 语句如下。

```
select count(distinct 学号) as 人数
from T_sc;
```

查询结果如图 5. 25 所示。

(8) 计算成绩表 T_sc 中 07003 号课程的学生平均成绩，SQL 语句如下。

```
select avg(成绩) as 平均成绩 from T_sc
where 课程号 ='07003';
```

查询结果如图 5. 26 所示。

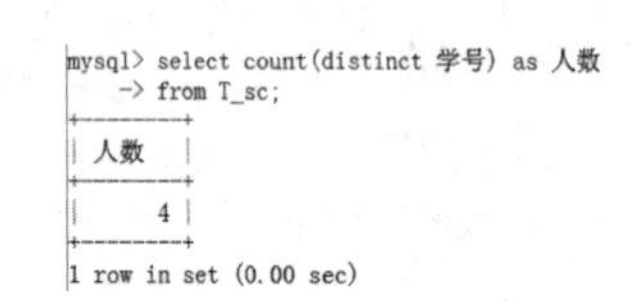

```
mysql> select count(distinct 学号) as 人数
    -> from T_sc;
+------+
| 人数 |
+------+
|    4 |
+------+
1 row in set (0.00 sec)
```

图 5. 25　对表 T_sc 的统计人数查询

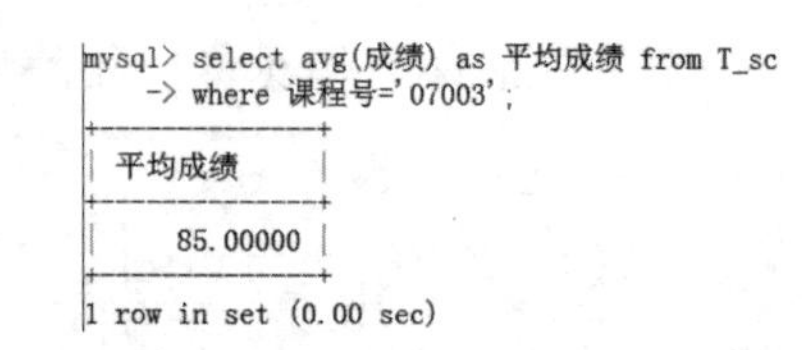

```
mysql> select avg(成绩) as 平均成绩 from T_sc
    -> where 课程号='07003';
+----------+
| 平均成绩 |
+----------+
| 85.00000 |
+----------+
1 row in set (0.00 sec)
```

图 5. 26　对表 T_sc 的统计平均值查询

(9) 统计党团员的人数。SQL 语句如下。

```
select 政治面貌,count(政治面貌) as 人数 from T_student
group by 政治面貌;
```

查询结果如图 5. 27 所示。

(10) 统计党团员的男女人数，SQL 语句如下。

```
select 政治面貌,性别,count(*) as 人数 from T_student
group by 政治面貌,性别;
```

查询结果如图 5. 28 所示。

```
mysql> select 政治面貌,count(政治面貌) as 人数 from T_student
    -> group by 政治面貌;
```

政治面貌	人数
中共党员	2
共青团员	8

2 rows in set (0.00 sec)

图 5.27 对表 T_sc 的分组统计查询

政治面貌	性别	人数
共青团员	男	2
共青团员	女	6
中共党员	男	2

3 rows in set (0.02 sec)

图 5.28 对表 T_student 的分组统计查询

(11) 查询选修了两门以上课程的学生学号，SQL 语句如下。

```
select 学号 from T_sc
group by 学号
having count(课程号)>=2;
```

查询结果如图 5.29 所示。

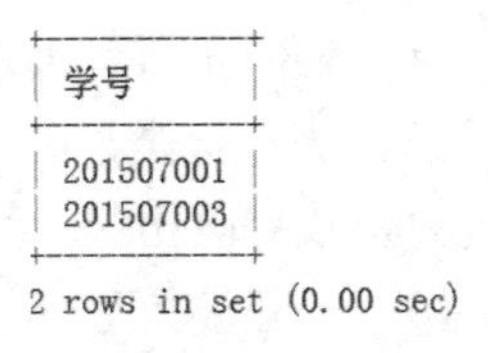

学号
201507001
201507003

2 rows in set (0.00 sec)

图 5.29 对表 T_sc 的分组统计限定查询

(12) 查询选修了 07003 号课程的学生学号及其成绩，要求成绩按照由高到低的顺序排列 SQL 语句如下。

```
select 学号,成绩 from T_sc
where 课程号='07003'
order by 成绩 desc;
```

查询结果如图 5.30 所示。

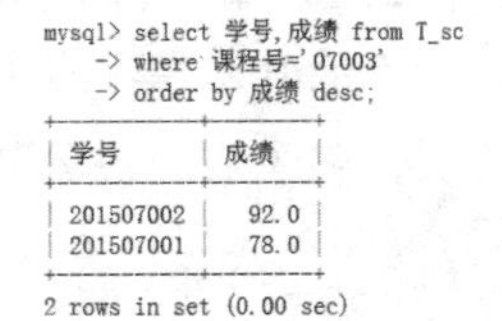

```
mysql> select 学号,成绩 from T_sc
    -> where 课程号='07003'
    -> order by 成绩 desc;
```

学号	成绩
201507002	92.0
201507001	78.0

2 rows in set (0.00 sec)

图 5.30 对表 T_sc 的排序查询

任务二 连接查询

连接查询是关系数据库中最主要的查询，包括内连接、外连接和交叉连接等，通过连接运算符可以实现多个表查询。当检索数据时，通过连接操作查询存放在多个表中的不同实体的信息。连接操作给用户带来很大的灵活性，它们可以在任何时候增加新的数据类型，为不同实体创建新的表，然后通过连接进行查询。

一、内连接

内连接的连接查询结果集中仅包含满足条件的行，它是 MySQL 数据库默认的连接方式，可以把 INNER JOIN 简写成 JOIN。根据所使用的比较方式不同，内连接分为等值连接、自然连接和不等连接三种。

内连接命令的语法格式如下。

```
FROM <表名1>[别名1],<表名2>[别名2][,…]
WHERE <连接条件表达式>[AND <条件表达式>];
```

或者

```
FROM <表名1>[别名1] INNER JOIN <表名2>[别名2] ON <连接条件表达式>
[WHERE <条件表达式>];
```

其中，第一种命令格式的连接类型在 WHERE 子句中指定，第二种命令格式的连接类型在 FROM 子句中指定。

另外，连接条件是指在连接查询中连接两个表的条件，表达式的一般格式如下。

[<表名1>] <别名1. 列名> <比较运算符> [<表名2>] <别名2. 列名>

比较运算符可以使用等号“=”，此时称作等值连接；也可以使用不等比较运算符，包括“>”、“<”、“>=”、“<=”、“!=”、“<>”等，称作不等值连接。

说明：

（1）FROM 后可跟多个表名，表名与别名之间用空格间隔；

（2）当连接类型在 WHERE 子句中指定时，WHERE 后一定要有连接条件表达式，即两个表的公共字段相等；

（3）若不定义别名，表的别名默认为表名，定义别名后使用定义的别名；

（4）若在输出列或条件表达式中出现两个表的公共字段，则在公共字段名前必须加别名。

例 5.19 在数据库 D_sample 中查询每个学生及其选修课的情况。

学生的基本情况存放在表 student 中，选课情况存放在表 sc 中，所以查询过程涉及上述两个表，两个表通过公共字段学号实现内连接，SQL 语句如下。

```
use D_sample;
select a.*,b.*
from student a,sc b
where a.学号=b.学号;
```

或

```
select a.*,b.*
from student a inner join sc b on a.学号=b.学号;
```

查询结果如图 5.31 所示。

```
mysql> select a.*,b.*
    -> from student a inner join sc b on a.学号=b.学号;
```

学号	姓名	性别	出生日期	民族	政治面貌	学号	课程号	成绩
201507001	张文静	女	1995-02-01	汉族	共青团员	201507001	07001	89.0
201507001	张文静	女	1995-02-01	汉族	共青团员	201507001	07003	78.0
201507002	刘海燕	女	1996-10-18	汉族	共青团员	201507002	07003	92.0
201507003	宋志强	男	1996-05-23	汉族	中共党员	201507003	07002	81.0
201507003	宋志强	男	1996-05-23	汉族	中共党员	201507003	07005	85.0
201507006	高峰	男	1997-01-12	汉族	共青团员	201507006	07004	91.0

```
6 rows in set (0.00 sec)
```

图 5.31 对表 student 和表 sc 的等值连接

若在等值连接中把目标列中的重复字段去掉则称为自然连接。

例 5.20 用自然连接完成例 5.19 的查询。

SQL 语句如下。

```
select student.学号,姓名,性别,出生日期,课程号,成绩
from student,sc
where student.学号=sc.学号;
```

查询结果如图 5.32 所示。

```
mysql> select student.学号,姓名,性别,出生日期,课程号,成绩
    -> from student,sc
    -> where student.学号=sc.学号;
+-----------+--------+------+------------+--------+------+
| 学号      | 姓名   | 性别 | 出生日期   | 课程号 | 成绩 |
+-----------+--------+------+------------+--------+------+
| 201507001 | 张文静 | 女   | 1995-02-01 | 07001  | 89.0 |
| 201507001 | 张文静 | 女   | 1995-02-01 | 07003  | 78.0 |
| 201507002 | 刘海燕 | 女   | 1996-10-18 | 07003  | 92.0 |
| 201507003 | 宋志强 | 男   | 1996-05-23 | 07002  | 81.0 |
| 201507003 | 宋志强 | 男   | 1996-05-23 | 07005  | 85.0 |
| 201507006 | 高峰   | 男   | 1997-01-12 | 07004  | 91.0 |
+-----------+--------+------+------------+--------+------+
6 rows in set (0.00 sec)
```

图 5.32 对表 student 和表 sc 的自然连接

注意：在学号前的表名不能省略，因为学号是表 student 和表 sc 共有的属性，所以必须加上表名前缀。

例 5.21 查询所有女生的学号、姓名、课程号及成绩信息。

SQL 语句如下。

```
select a.学号,姓名,课程号,成绩
from student a,sc b
where a.学号=b.学号 and 性别='女';
```

或者

```
select a.学号,姓名,课程号,成绩
from student a inner join sc b on a.学号=b.学号
where 性别='女';
```

查询结果如图 5.33 所示。

例 5.22 查询学生的姓名、课程名称和成绩信息。

SQL 语句如下。

```
select 姓名,课程名称,成绩
from student a,course b,sc c
where a.学号=c.学号 and b.课程号=c.课程号;
```

其中，三个表进行两两连接，“a. 学号 = c. 学号和 b. 课程号 = c. 课程号”是两个连接条件。若 n 个表连接，则需要 n－1 个连接条件。

也可以使用下列 SQL 语句：

```
select a.姓名,b.课程名称,c.成绩
from student a inner join sc c on a.学号=c.学号
inner join course b on b.课程号=c.课程号;
```

查询结果如图 5.34 所示。

二、外连接

外连接的连接查询结果集中既包含满足条件的行，也包含其中某个表的全部行，外连接

有三种形式，即左外连接、右外连接、全外连接。

```
mysql> select a.学号,姓名,课程号,成绩
    -> from student a,sc b
    -> where a.学号=b.学号 and 性别='女';
```

学号	姓名	课程号	成绩
201507001	张文静	07001	89.0
201507001	张文静	07003	78.0
201507002	刘海燕	07003	92.0

3 rows in set (0.00 sec)

图 5.33　表 student 和表 sc 的内连接

```
mysql> select 姓名,课程名称,成绩
    -> from student a,course b,sc c
    -> where a.学号=c.学号 and b.课程号=c.课程号;
```

姓名	课程名称	成绩
张文静	计算机应用基础	89.0
张文静	数据库技术基础	78.0
刘海燕	数据库技术基础	92.0
宋志强	计算机网络技术基础	81.0
宋志强	数据结构	85.0
高峰	程序设计基础	91.0

6 rows in set (0.00 sec)

图 5.34　表 student、表 course 和表 sc 的内连接

左外连接是对连接条件中左边的表不加限制，即在结果集中保留连接表达式左表中的非匹配记录；右外连接是对右边的表不加限制，即在结果集中保留连接表达式右表中的非匹配记录；全外连接对两个表都不加限制，所有两个表中的行都会包括在结果集中。

外连接命令的语法格式如下。

```
EROM <表名1> LEFT |RIGHT |FULL[OUTER]JOIN <表名2>
ON <表名1.列1> = <表名2.列2>;
```

例 5.23　在数据库 D_sample 中查询所有学生信息及其选修的课程号，如果学生未选修任何课程，也要显示其基本信息。

SQL 语句如下。

```
select student.*,课程号
from student left join sc
on student.学号=sc.学号;
```

该查询执行时，若学生未选修任何课程，则结果表中相应行的课程号字段值为 NULL，查询结果如图 5.35 所示。

```
mysql> select student.*,课程号
    -> from student left join sc
    -> on student.学号=sc.学号;
```

学号	姓名	性别	出生日期	民族	政治面貌	课程号
201507001	张文静	女	1995-02-01	汉族	共青团员	07001
201507001	张文静	女	1995-02-01	汉族	共青团员	07003
201507002	刘海燕	女	1996-10-18	汉族	共青团员	07003
201507003	宋志强	男	1996-05-23	汉族	中共党员	07002
201507003	宋志强	男	1996-05-23	汉族	中共党员	07005
201507006	高峰	男	1997-01-12	汉族	共青团员	07004
201507004	马媛	女	1997-04-06	回族	共青团员	NULL
201507005	李立波	男	1996-11-06	汉族	共青团员	NULL
201507007	梁雅婷	女	1997-12-28	汉族	共青团员	NULL
201507008	包晓娅	女	1996-06-17	蒙古族	共青团员	NULL
201507009	黄岩松	男	1997-09-23	汉族	中共党员	NULL
201507010	王丹丹	女	1997-11-25	汉族	共青团员	NULL
201507011	孙倩	女	1997-03-02	汉族	共青团员	NULL
201507012	乔雨	女	1996-07-23	汉族	共青团员	NULL

14 rows in set (0.00 sec)

图 5.35　对表 student 和表 sc 的左外连接

例 5.24　查询被选修的课程信息和所有的课程名称。

SQL 语句如下。

```
select sc.*,课程名称
from sc right join course
on course.课程号=sc.课程号;
```

该查询执行时，若某课程未被选修，则结果表中相应行的学号、课程号和成绩字段值均为 NULL，查询结果如图 5.36 所示。

```
mysql> select sc.*,课程名称
    -> from sc right join course
    -> on course.课程号=sc.课程号;
```

学号	课程号	成绩	课程名称
201507001	07001	89.0	计算机应用基础
201507001	07003	78.0	数据库技术基础
201507002	07003	92.0	数据库技术基础
201507003	07002	81.0	计算机网络技术基础
201507003	07005	85.0	数据结构
201507006	07004	91.0	程序设计基础
NULL	NULL	NULL	网页设计
NULL	NULL	NULL	Java程序设计

8 rows in set (0.00 sec)

图 5.36　对表 course 和表 sc 的右外连接

三、交叉连接

交叉连接又称笛卡尔连接，是指两个表之间做笛卡尔积操作，得到结果集的行数是两个表的行数的乘积。

交叉连接命令的语法格式如下。

```
FROM <表名1>[别名1],<表名2>[别名2];
```

需要连接查询的表名在 FROM 子句中指定，表名之间用英文逗号隔开。

例 5.25　在数据库 D_sample 中将表 sc 和表 course 进行交叉连接。

SQL 语句如下。

```
select a.*,b.*
from course a,sc b;
```

此处为了简化表名，分别为两个表指定了别名，一旦表名指定了别名，在该命令中，都必须用别名代替表名，查询结果如图 5.37 所示。

```
mysql> select a.*,b.*
    -> from course a,sc b;
```

课程号	课程名称	课程简介	课时	学分	开课学期	学号	课程号	成绩
07001	计算机应用基础	掌握计算机基本操作	4	4	1	201507001	07001	89.0
07001	计算机应用基础	掌握计算机基本操作	4	4	1	201507001	07003	78.0
07001	计算机应用基础	掌握计算机基本操作	4	4	1	201507002	07003	92.0
07001	计算机应用基础	掌握计算机基本操作	4	4	1	201507003	07002	81.0
07001	计算机应用基础	掌握计算机基本操作	4	4	1	201507003	07005	85.0
07001	计算机应用基础	掌握计算机基本操作	4	4	1	201507006	07004	91.0
07002	计算机网络技术基础	掌握计算机网络应用	4	4	1	201507001	07001	89.0
07002	计算机网络技术基础	掌握计算机网络应用	4	4	1	201507001	07003	78.0
07002	计算机网络技术基础	掌握计算机网络应用	4	4	1	201507002	07003	92.0
07002	计算机网络技术基础	掌握计算机网络应用	4	4	1	201507003	07002	81.0
07002	计算机网络技术基础	掌握计算机网络应用	4	4	1	201507003	07005	85.0
07002	计算机网络技术基础	掌握计算机网络应用	4	4	1	201507006	07004	91.0
07003	数据库技术基础	掌握数据库系统设计	4	4	2	201507001	07001	89.0
07003	数据库技术基础	掌握数据库系统设计	4	4	2	201507001	07003	78.0
07003	数据库技术基础	掌握数据库系统设计	4	4	2	201507002	07003	92.0
07003	数据库技术基础	掌握数据库系统设计	4	4	2	201507003	07002	81.0
07003	数据库技术基础	掌握数据库系统设计	4	4	2	201507003	07005	85.0
07003	数据库技术基础	掌握数据库系统设计	4	4	2	201507006	07004	91.0
07004	程序设计基础	掌握编程思想与方法	4	4	2	201507001	07001	89.0
07004	程序设计基础	掌握编程思想与方法	4	4	2	201507001	07003	78.0
07004	程序设计基础	掌握编程思想与方法	4	4	2	201507002	07003	92.0
07004	程序设计基础	掌握编程思想与方法	4	4	2	201507003	07002	81.0
07004	程序设计基础	掌握编程思想与方法	4	4	2	201507003	07005	85.0
07004	程序设计基础	掌握编程思想与方法	4	4	2	201507006	07004	91.0
07005	数据结构	掌握基本概念算法描述	4	4	4	201507001	07001	89.0
07005	数据结构	掌握基本概念算法描述	4	4	4	201507001	07003	78.0
07005	数据结构	掌握基本概念算法描述	4	4	4	201507002	07003	92.0
07005	数据结构	掌握基本概念算法描述	4	4	4	201507003	07002	81.0
07005	数据结构	掌握基本概念算法描述	4	4	4	201507003	07005	85.0
07005	数据结构	掌握基本概念算法描述	4	4	4	201507006	07004	91.0
07006	网页设计	掌握DIV+CSS网页布局	4	4	3	201507001	07001	89.0
07006	网页设计	掌握DIV+CSS网页布局	4	4	3	201507001	07003	78.0
07006	网页设计	掌握DIV+CSS网页布局	4	4	3	201507002	07003	92.0
07006	网页设计	掌握DIV+CSS网页布局	4	4	3	201507003	07002	81.0
07006	网页设计	掌握DIV+CSS网页布局	4	4	3	201507003	07005	85.0
07006	网页设计	掌握DIV+CSS网页布局	4	4	3	201507006	07004	91.0
07007	Java程序设计	NULL	4	4	4	201507001	07001	89.0
07007	Java程序设计	NULL	4	4	4	201507001	07003	78.0
07007	Java程序设计	NULL	4	4	4	201507002	07003	92.0
07007	Java程序设计	NULL	4	4	4	201507003	07002	81.0
07007	Java程序设计	NULL	4	4	4	201507003	07005	85.0
07007	Java程序设计	NULL	4	4	4	201507006	07004	91.0

42 rows in set (0.00 sec)

图 5.37　对表 course 和表 sc 的交叉连接

四、自连接

连接操作不仅在不同的表之间进行，一张表内还可以进行自连接操作，即将同一个表的不同行连接起来。自连接可以看作一张表的两个副本之间的连接，在自连接中，必须为表指定两个别名，使之在逻辑上成为两张表。

自连接命令的语法格式如下。

```
FROM <表名1>[别名1],<表名1>[别名2][,…]
WHERE <连接条件表达式>[AND <条件表达式>];
```

例 5.26 在数据库 D_sample 中查询同时选修了 07001 和 07003 课程的学生学号。

SQL 语句如下。

```
select a.学号
from sc a,sc b
where a.学号 =b.学号
and a.课程号 ='07001'
and b.课程号 ='07003';
```

查询结果如图 5.38（a）所示。

例 5.27 查询选修相同课程的学生学号、课程号和成绩。

SQL 语句如下。

```
select distinct a.学号,a.课程号,a.成绩
from sc a,sc b
where a.课程号 =b.课程号 and a.学号 < >b.学号
order by a.课程号;
```

查询结果如图 5.38（b）所示。

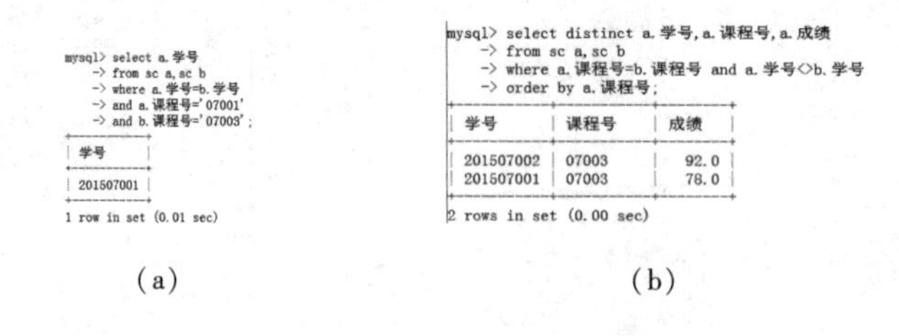

（a） （b）

图 5.38 对表 sc 的自连接

五、多表连接

在进行内连接时，有时候出于某种特殊需要，可能涉及三张表甚至更多表进行连接。三张表甚至更多表进行连接和两张表连接基本相同，即先把两张表连接成一个大表，再将其和第三张表进行连接，以此类推。

项目实践二　连接查询的应用

(1) 在教务管理系统数据库 D_eams 中，查询“宋志强”同学所选课程的成绩。SQL 语句如下。

```
use D_eams;
select 成绩
from T_student a, T_sc b
where a. 学号 =b. 学号 and a. 姓名 ='宋志强';
```

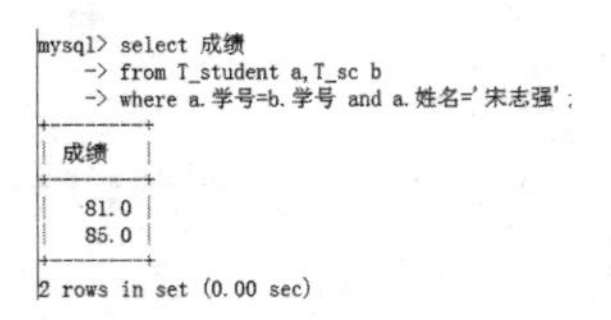

图 5.39　查询“宋志强”同学所选课程的成绩

查询结果如图 5.39 所示。

(2) 查询至少选修一门课程的女学生姓名，SQL 语句如下。

```
select distinct 姓名
from T_student a,T_sc b
where a. 学号 =b. 学号 and 性别 ='女';
```

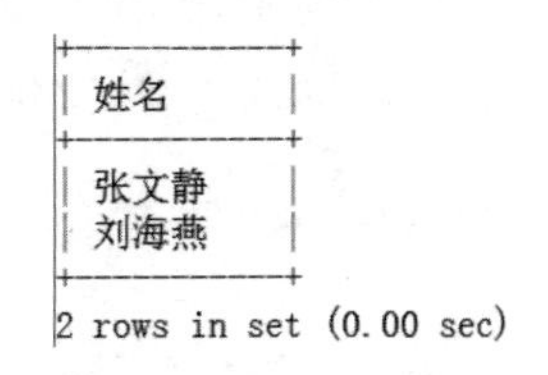

图 5.40　查询至少选修一门课程的女学生姓名

查询结果如图 5.40 所示。

(3) 查询姓宋的学生选修的课程名称，SQL 语句如下。

```
select 课程名称
from T_student a,T_course b,T_sc c
where a. 学号 =c. 学号 and b. 课程号 =c. 课程号
and 姓名 like'宋% ';
```

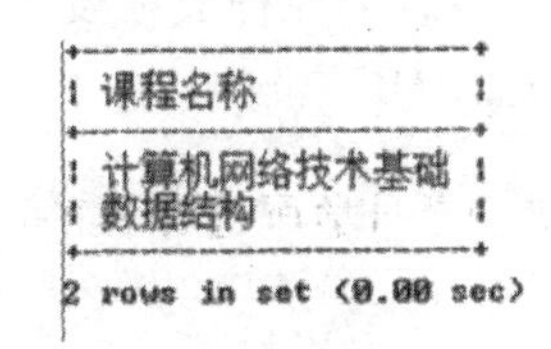

图 5.41　查询姓宋的学生选修的课程名称

查询结果如图 5.41 所示。

(4) 查询选修了课程号为 07003 的课程且成绩在 80 分以上的学生姓名及成绩。SQL 语句如下。

```
select 姓名,成绩
from T_student a,T_sc b
where a. 学号 =b. 学号 and 课程号 ='07003' and
成绩 > =80% ;
```

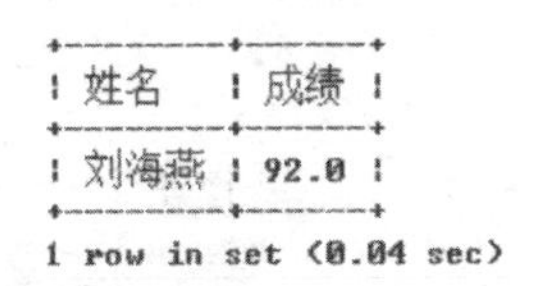

图 5.42　对两个表连接的选择查询

查询结果如图 5.42 所示。

(5) 查询选修数据库技术基础课程且成绩在 80 分以上的学生学号、姓名、课程名称及成绩，SQL 语句如下。

```
select a. 学号,姓名,课程名称,成绩
from T_student a,T_course b,T_sc c
where a. 学号 =c. 学号 and b. 课程号 =c. 课程号
and 课程名称 ='数据库技术基础'and 成绩 >=80;
```

查询结果如图 5.43 所示。

(6) 查询在第二学期开设课程的课程名称及成绩。SQL 语句如下。

```
select 课程名称,成绩
from T_course a,T_sc b
where a. 课程号 =b. 课程号 and 开课学期 ='2';
```

查询结果如图 5.44 所示。

学号	姓名	课程名称	成绩
201507002	刘海燕	数据库技术基础	92.0

1 row in set (0.00 sec)

图 5.43　对三个表连接的选择查询

课程名称	成绩
数据库技术基础	78.0
数据库技术基础	92.0
程序设计基础	91.0

3 rows in set (0.00 sec)

图 5.44　查询在第二学期开设课程的课程名称及成绩

(7) 查询选修课程名称为“数据库技术基础”的学生学号和姓名，SQL 语句如下。

```
select a. 学号,姓名
from T_student a,T_course b,T_sc c
where a. 学号 =c. 学号 and b. 课程号 =c. 课程号
and 课程名称 ='数据库技术基础';
```

学号	姓名
201507001	张文静
201507002	刘海燕

2 rows in set (0.00 sec)

图 5.45　查询选修课程名称为“数据库技术基础”的学生学号和姓名

查询结果如图 5.45 所示。

(8) 查询课程成绩及格的女同学的学生信息、课程号与成绩，SQL 语句如下。

```
select a. *,b. 课程号,成绩
from T_student a,T_course b,T_sc c
where a. 学号 =c. 学号 and b. 课程号 =c. 课程号
and 成绩 >=60 and 性别 ='女';
```

查询结果如图 5.46 所示。

```
mysql> select a.*,b.课程号,成绩 from T_student a,T_course b,T_sc c
    -> where a.学号=c.学号 and b.课程号=c.课程号 and 成绩>=60 and 性别='女';
```

学号	姓名	性别	出生日期	民族	政治面貌	课程号	成绩
201507001	张文静	女	1996-02-01	汉族	共青团员	07001	89.0
201507001	张文静	女	1996-02-01	汉族	共青团员	07003	78.0
201507002	刘海燕	女	1996-10-18	汉族	共青团员	07003	92.0

3 rows in set (0.00 sec)

图 5.46　查询课程成绩及格的女同学的学生信息、课程号与成绩

(9) 查询姓名为高峰的学生的所有选修课成绩，SQL 语句如下。

```
select 成绩
from T_student a,T_course b,T_sc c
where a. 学号 =c. 学号 and b. 课程号 =c. 课程号
and 姓名 ='高峰';
```

成绩
91.0

1 row in set (0.00 sec)

图 5.47　查询高峰的所有选修课成绩

查询结果如图 5.47 所示。

(10) 查询选修了课程号为 07005 的学生的姓名和成绩，SQL 语句如下。

```
select 姓名,成绩
from T_student a,T_sc b
where a. 学号 =b. 学号 and 课程号 ='07005';
```

查询结果如图 5.48 所示。

姓名	成绩
宋志强	85.0

1 row in set (0.00 sec)

图 5.48 查询选修了课程号为 07005 的学生的姓名和成绩

(11) 查询选修了“程序设计基础”课程的学生的姓名和课程成绩，并按成绩降序排列，SQL 语句如下。

```
select 姓名,成绩
from T_student a,T_course b,T_sc c
where a. 学号 =c. 学号 and b. 课程号 =c. 课程号
and 课程名称 ='程序设计基础'
order by 成绩 desc;
```

查询结果如图 5.49 所示。

(12) 查询选修课程 07003 的学生的平均年龄，如图 5.50 所示。

```
select avg(year(now()) -year(出生日期)) as 平均年龄
from T_student a,T_sc b
where a. 学号 =b. 学号 and 课程号 ='07003';
```

查询结果如图 5.50 所示。

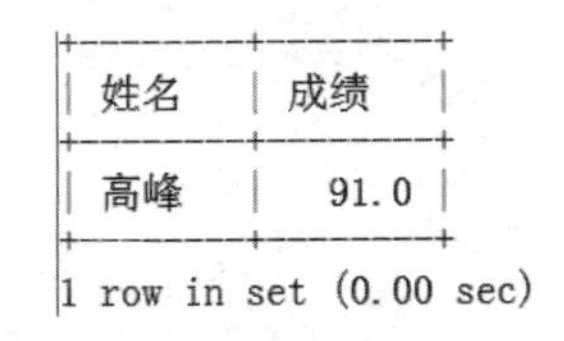

姓名	成绩
高峰	91.0

1 row in set (0.00 sec)

图 5.49 查询选修了“程序设计基础”课程的学生的姓名和课程成绩

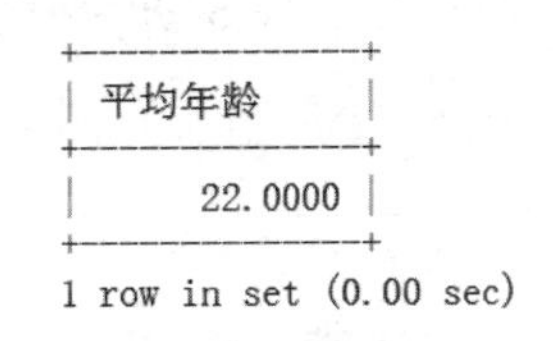

平均年龄
22.0000

1 row in set (0.00 sec)

图 5.50 查询选修课程 07003 的学生的平均年龄

任务三 子查询

子查询指在一个 SELECT 查询语句的 WHERE 子句中包含另一个 SELECT 查询语句，或者将一个 SELECT 查询语句嵌入在另一个语句中成为其中一部分。外层 SELECT 查询语句称为主查询，WHERE 子句中的 SELECT 查询语句称为子查询。

子查询可描述复杂的查询条件，也称为嵌套查询，它一般涉及两个以上的表，所做的查询也可以采用连接查询或者几个查询语句完成。

在子查询中可以使用 IN 关键字、EXISTS 关键字和比较操作符（ALL 与 ANY）等来连接表数据信息。

一、IN 子查询

IN 子查询可以用来确定指定的值是否与子查询或列表中的值匹配，通过 IN（或 NOT IN）引入的子查询结果是一列值。外部查询将利用子查询返回的结果。

IN 子查询的语法格式如下。

```
<字段名>[NOT]IN(子查询)
```

例 5.28 在数据库 D_sample 中查询没有选修“计算机网络技术基础”课程的学生学号和姓名。

SQL 语句如下。

```
use D_sample;
select 学号,姓名 from student where 学号 not in
(select 学号 from sc where 课程号 in
(select 课程号 from course where 课程名称 ='计算机网络技术基础'));
```

查询结果如图 5.51 所示。

例 5.29 查询所有成绩大于 80 分的学生的学号和姓名。

SQL 语句如下。

```
select 学号,姓名 from student
where 学号 in
(select 学号 from sc where 成绩 >80);
```

查询结果如图 5.52 所示。

学号	姓名
201507001	张文静
201507002	刘海燕
201507004	马媛
201507005	李立波
201507006	高峰
201507007	梁雅婷
201507008	包晓娅
201507009	黄岩松
201507010	王丹丹
201507011	孙倩
201507012	乔雨

11 rows in set (0.01 sec)

图 5.51 查询没有选修“计算机网络技术基础”课程的学生学号和姓名

学号	姓名
201507001	张文静
201507002	刘海燕
201507003	宋志强
201507006	高峰

4 rows in set (0.00 sec)

图 5.52 查询所有成绩大于 80 分的学生的学号和姓名

二、比较运算符子查询

带有比较运算符的子查询的主查询与子查询之间用比较运算符进行连接，当内层查询返回单值时，可以用“>”“<”“=”“>=”“<=”“!=”或“<>”等比较运算符连接。

比较运算符子查询的语法格式如下。

<字段名><比较运算符><子查询>

例 5.30 在数据库 D_sample 中查询超过平均年龄的学生的信息。

SQL 语句如下。

```
select * from student
where year(now()) -year(出生日期) >
(select avg(year(now()) -year(出生日期)) from student);
```

查询结果如图 5.53 所示。

学号	姓名	性别	出生日期	民族	政治面貌
201507001	张文静	女	1995-02-01	汉族	共青团员
201507002	刘海燕	女	1996-10-18	汉族	共青团员
201507003	宋志强	男	1996-05-23	汉族	中共党员
201507005	李立波	男	1996-11-06	汉族	共青团员
201507008	包晓娅	女	1996-06-17	蒙古族	共青团员
201507012	乔雨	女	1996-07-23	汉族	共青团员

6 rows in set (0.00 sec)

图 5.53 查询超过平均年龄的学生的信息

例 5.31 查询选修 07003 号课程，并且分数超过课程平均成绩的学生学号。

SQL 语句如下。

```
select 学号 from sc
where 课程号 ='07003' and 成绩 >=
(select avg(成绩) from sc);
```

查询结果如图 5.54 所示。

学号
201507002

1 row in set (0.00 sec)

图 5.54 查询选修 07003 号课程分数超过课程平均成绩的学生学号

三、ANY 或 ALL 子查询

子查询使用比较运算符返回单值，使用 ANY 或 ALL 谓词修饰符返回多值，而使用 ANY 或 ALL 谓词时，必须同时使用比较运算符。子查询由一个比较运算符引入，后面为 ANY 或 ALL 的比较运算符，ANY 和 ALL 用于一个值与一组值的比较。以“>”为例，ANY 表示大于一组值中的任意一个，ALL 表示大于一组值中的每一个。

ANY 或 ALL 与比较运算符一起使用的语义见表 5.5。

ANY 或 ALL 子查询的语法格式如下。

<字段名><比较运算符>[ANY |ALL]<子查询>

例 5.32 在数据库 D_sample 中查询成绩最高的学生的学号和成绩。

SQL 语句如下。

表 5.5　ANY 和 ALL 的用法和具体含义

用法	含义
> ANY	大于子查询结果中的某个值
> ALL	大于子查询结果中的所有值
< ANY	小于子查询结果中的某个值
< ALL	小于子查询结果中的所有值
>= ANY	大于等于子查询结果中的某个值
>= ALL	大于等于子查询结果中的所有值
<= ANY	小于等于子查询结果中的某个值
<= ALL	小于等于子查询结果中的所有值
= ANY	等于子查询结果中的某个值
= ALL	等于子查询结果中的所有值（通常没有实际意义）
! = ANY 或 <> ANY	不等于子查询结果中的某个值
! = ALL 或 <> ALL	不等于子查询结果中的任何一个值

```
select 学号,成绩 from sc
where 成绩 >= all(select 成绩 from sc);
```

查询结果如图 5.55 所示。

例 5.33　查询选修 07002 号课程的成绩高于 07003 课程号的成绩的学生的学号。

SQL 语句如下。

```
select 学号 from sc
where 课程号 = '07002' and 成绩 > any
(select 成绩 from sc
where 课程号 = '07003');
```

查询结果如图 5.56 所示。

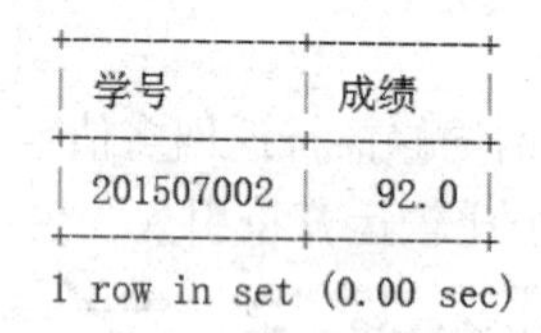

```
+-----------+--------+
| 学号      | 成绩   |
+-----------+--------+
| 201507002 |   92.0 |
+-----------+--------+
1 row in set (0.00 sec)
```

图 5.55　查询成绩最高的学生的学号和成绩

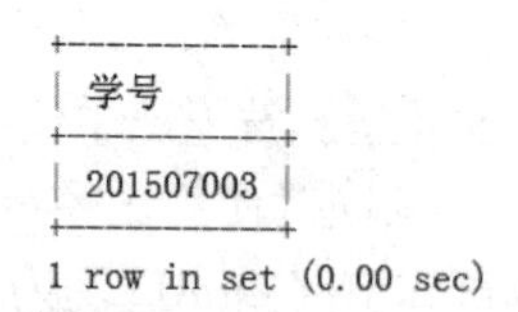

```
+-----------+
| 学号      |
+-----------+
| 201507003 |
+-----------+
1 row in set (0.00 sec)
```

图 5.56　查询选修 07002 号课程的成绩高于 07003 号课程的成绩的学生的学号

四、EXISTS 子查询

带有 EXISTS 的子查询不需要返回任何实际数据，而只需要返回一个逻辑真值 TRUE 或逻辑假值 FALSE。EXISTS 查询在 WHERE 子句中测试子查询返回的行是否存在。如果存在则返回真值，如果不存在则返回假值。

EXISTS 子查询的语法格式如下。

```
<字段名>[NOT]EXISTS(子查询)
```

例 5.34 在数据库 D_sample 中查询选修 07003 号课程的学生姓名。

SQL 语句如下。

```
select 姓名 from student
where exists
(select * from sc
where student.学号=sc.学号 and 课程号=
'07003');
```

查询结果如图 5.57 所示。

姓名
张文静
刘海燕

2 rows in set (0.00 sec)

图 5.57 查询选修 07003 号课程的学生姓名

例 5.35 查询没有选修 07003 号课程的学生姓名。

SQL 语句如下。

```
select 姓名 from student
where not exists
(select * from sc
where student.学号=sc.学号 and 课程号='
07003');
```

查询结果如图 5.58 所示。

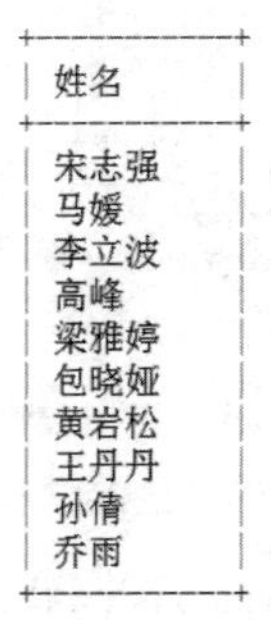

姓名
宋志强
马媛
李立波
高峰
梁雅婷
包晓娅
黄岩松
王丹丹
孙倩
乔雨

10 rows in set (0.00 sec)

图 5.58 查询没有选修 07003 号课程的学生姓名

项目实践三 子查询的应用

(1) 在教务管理系统数据库 D_eams 中，查询选修了课程的学生的学号和姓名，并按学号升序排序，SQL 语句如下。

```
use D_eams;
select 学号,姓名 from T_student
where 学号 not in
(select 学号 from T_sc)
order by 学号 asc;
```

查询结果如图 5.59 所示。

学号	姓名
201507001	张文静
201507002	刘海燕
201507003	宋志强
201507006	高峰

4 rows in set (0.00 sec)

图 5.59 查询选修了课程的学生的学号和姓名

(2) 查询未选修任何课程的学生的学号和姓名，并按学号升序排序，SQL 语句如下。

```
select 学号,姓名 from T_student
where 学号 in
(select 学号 from T_sc)
order by 学号 asc;
```

查询结果如图 5.60 所示。

（3）查询所有选修了 07005 号课程的学生的姓名，SQL 语句如下。

```
select 姓名 from T_student
where exists
(select * from T_sc
where T_student. 学号 =T_sc. 学号 and 课程号 ='07005');
```

查询结果如图 5.61 所示。

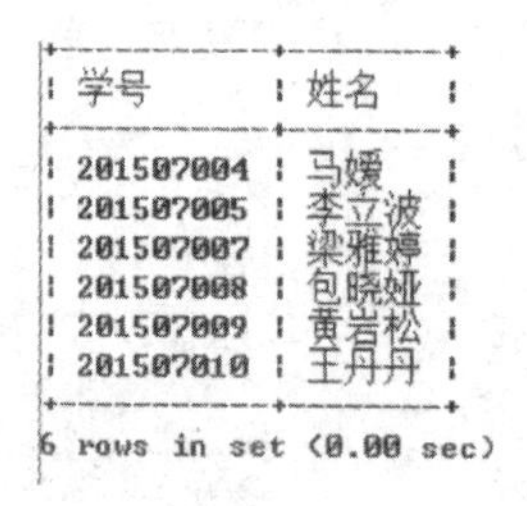

学号	姓名
201507004	马媛
201507005	李立波
201507007	梁雅婷
201507008	包晓娅
201507009	黄岩松
201507010	王丹丹

6 rows in set (0.00 sec)

图 5.60　查询未选修任何课程的学生的学号和姓名

姓名
宋志强

1 row in set (0.01 sec)

图 5.61　查询所有选修了 07005 号课程的学生的姓名

（4）用 NOTEXISTS 子查询改写查询未选修任何课程的学生的学号和姓名，并按学号升序排序，SQL 语句如下。

```
select 学号,姓名 from T_student
where not exists
(select 学号 from T_sc where T_student. 学号 =T_
sc. 学号)
order by 学号 asc;
```

学号	姓名
201507004	马媛
201507005	李立波
201507007	梁雅婷
201507008	包晓娅
201507009	黄岩松
201507010	王丹丹

6 rows in set (0.00 sec)

图 5.62　查询未选修任何课程的学生的学号和姓名

查询结果如图 5.62 所示。

（5）查询出生日期大于所有男同学出生日期的女同学的姓名，SQL 语句如下。

```
select 姓名 from T_student
where 出生日期 >all
(select 出生日期 from T_student
where 性别 ='男');
```

查询结果如图 5.63 所示。

（6）查询选修了课程“计算机网络技术基础”的学生的学号和成绩。SQL 语句如下。

```
select 学号,成绩 from T_sc
where 课程号 =(select 课程号 from T_course
where 课程名称 ='计算机网络技术基础');
```

查询结果如图 5.64 所示。

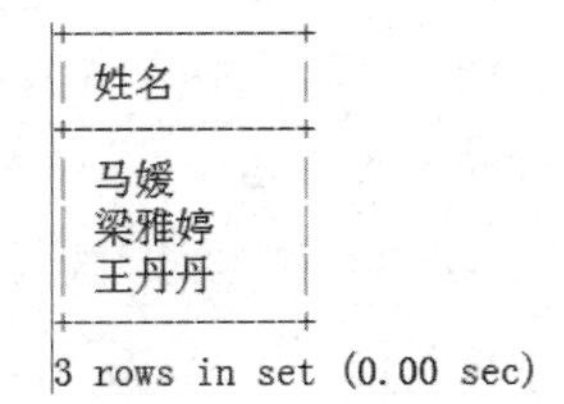

姓名
马媛
梁雅婷
王丹丹

3 rows in set (0.00 sec)

图 5.63 查询出生日期大于所有男同学出生日期的女同学的姓名

学号	成绩
201507003	81.0

1 row in set (0.00 sec)

图 5.64 查询选修了课程“计算机网络技术基础”的学生的学号和成绩

(7) 查询成绩比该课程平均成绩高的学生的学号和成绩，SQL 语句如下。

```
select 学号,成绩 from T_sc
where 成绩 >=(select avg(成绩) from T_sc);
```

查询结果如图 5.65 所示。

(8) 查询选修课考试不及格的学生的学号和姓名，SQL 语句如下。

```
select 学号,姓名 from T_student
where 学号 in(select 学号 from T_sc where 成绩 <60);
```

查询结果如图 5.66 所示。

学号	成绩
201507001	89.0
201507002	92.0
201507006	91.0

3 rows in set (0.00 sec)

图 5.65 查询成绩高于平均成绩的学生学号和成绩

```
mysql> select 学号,姓名 from T_student
    -> where 学号 in
    -> (select 学号 from T_sc
    -> where 成绩<60);
Empty set (0.00 sec)
```

图 5.66 查询选修课考试不及格的学生的学号和姓名

(9) 查询年龄比包晓娅大的学生的学号和姓名，SQL 语句如下。

```
select 学号,姓名 from T_student
where 出生日期 <(select 出生日期 from T_student
where 姓名 ='包晓娅');
```

查询结果如图 5.67 所示。

(10) 查询所有与张文静选修了至少一门相同课程的学号、课程号和成绩，SQL 语句如下。

```
select * from T_sc
where 课程号 in(select 课程号 from T_sc
where 学号 =(select 学号 from T_student
where 姓名 ='张文静'));
```

查询结果如图 5.68 所示。

```
+-----------+--------+
| 学号      | 姓名   |
+-----------+--------+
| 201507001 | 张文静 |
| 201507003 | 宋志强 |
+-----------+--------+
2 rows in set (0.00 sec)
```

图 5.67　查询年龄比包晓娅大的学生的学号和姓名

```
+-----------+--------+------+
| 学号      | 课程号 | 成绩 |
+-----------+--------+------+
| 201507001 | 07001  | 89.0 |
| 201507001 | 07003  | 78.0 |
| 201507002 | 07003  | 92.0 |
+-----------+--------+------+
3 rows in set (0.00 sec)
```

图 5.68　IN 子查询

任务四　联合查询

不同的查询操作会生成不同的查询结果集，在实际应用中使用联合查询将查询结果集连接到一起，组成符合实际需要的数据。使用联合查询可以将两个或更多的结果集组合到一个结果集中，新结果集包含了所有查询结果集中的全部数据。

SELECT 的查询结果是元组的集合，可以对 SELECT 的结果进行集合操作。SQL 语言提供的集合操作主要包括 UNION（并操作）、INTERSECT（交操作）、MINUS（差操作）三种操作。下面以并操作为例，介绍联合查询的操作方法。

一、UNION 操作符

查询的并操作被称为并集运算或合并查询，是将两个或两个以上的查询结果合并，形成一个具有综合信息的查询结果。使用 UNION 语句可以将两个或两个以上的查询结果集合并为一个结果集。

联合查询的语法格式如下。

```
SELECT <子句1> UNION[ALL]SELECT <子句2>;
```

说明：关键字 ALL 为可选项。如果在 UNION 子句中使用关键字 ALL，则返回满足匹配的全部结果；如果不使用关键字 ALL，则在返回结果中删除满足匹配的重复行。在进行联合查询时，查询结果的列标题为第一个查询语句的列标题，因此，必须在第一个查询语句中定义列标题。

例 5.36　在数据库 D_sample 中查询民族是汉族女生信息。

SQL 语句如下。

```
use D_sample;
select * from student
where 民族='汉族'
union
select * from student
where 性别='女';
```

查询结果如图 5.69 所示。

学号	姓名	性别	出生日期	民族	政治面貌
201507004	马媛	女	1997-04-06	回族	共青团员
201507006	高峰	男	1997-01-12	汉族	共青团员
201507007	梁雅婷	女	1997-12-28	汉族	共青团员
201507009	黄岩松	男	1997-09-23	汉族	中共党员
201507010	王丹丹	女	1997-11-25	汉族	共青团员
201507011	孙倩	女	1997-03-02	汉族	共青团员
201507001	张文静	女	1995-02-01	汉族	共青团员
201507002	刘海燕	女	1996-10-18	汉族	共青团员
201507008	包晓娅	女	1996-06-17	蒙古族	共青团员
201507012	乔雨	女	1996-07-23	汉族	共青团员

10 rows in set (0.02 sec)

图 5.69 查询年龄不大于 21 岁的女生信息

说明：

(1) 两个查询结果表必须是兼容的，即列的数目相同且对应列的数据类型相同；

(2) 组合查询最终结果表中的列名来自第一个 SELECT 语句；

(3) 如果希望组合查询最终结果表中的行以特定的顺序出现，则可在最后一个 SELECT 语句之后使用 ORDER BY 子句来排序。

例 5.37 在数据库 D_sample 中查询选修课程 07002 或者 07003 的成绩信息。

SQL 语句如下。

```
select * from sc
where 课程号 ='07002'
union
select * from sc
where 课程号 ='07003';
```

查询结果如图 5.70 所示。

学号	课程号	成绩
201507003	07002	81.0
201507001	07003	78.0
201507002	07003	92.0

3 rows in set (0.00 sec)

图 5.70 联合查询

二、UNION 操作符和 JOIN 操作符的区别与联系

UNION 操作符和 JOIN 操作符都可以将两个或多个数据表连接在一起，但是，UNION 操作符通常用于连接两个或多个 SELECT 查询语句，而 JOIN 操作符则在一个 SELECT 查询语句中将两个或多个表连接在一起。

在有些情况下，同一个操作任务可以使用 UNION 或者 JOIN 两种不同的查询方法。

例 5.38 在数据库 D_sample 中使用 UNION 或者 JOIN 查询选修了课程 07002 或者选修课成绩在 85 分以上的学生的学号和成绩。

SQL 语句如下。

```
select distinct a. *
from sc a join sc b on a. 学号 =b. 学号
where(a. 课程号 ='07002')
or(a. 成绩 >=85);
```

或者

```
select * from sc
where 课程号 ='07002'
union
select * from sc
where 成绩 >=85;
```

查询结果如图 5. 71 所示。

```
+-----------+--------+------+
| 学号      | 课程号 | 成绩 |
+-----------+--------+------+
| 201507001 | 07001  | 89.0 |
| 201507002 | 07003  | 92.0 |
| 201507003 | 07002  | 81.0 |
| 201507003 | 07005  | 85.0 |
| 201507006 | 07004  | 91.0 |
+-----------+--------+------+
5 rows in set (0.00 sec)
```

图 5. 71　UNION 或 JOIN 查询的结果

任务五　视图管理

视频 9　视图管理

视图由一个或多个数据表、视图导出的虚拟表或查询表组成，是关系数据库系统为用户提供的以多种角度观察数据库中数据的重要机制。

一、视图概述

视图是从一个或者几个基本表、视图中导出的虚拟表，是从现有基表中抽取若干子集组成用户的“专用表”，这种构造方式必须使用 SQL 中的 SELECT 语句实现。在定义一个视图时，只把其定义存放在数据库中，并不直接存储视图对应的数据，直到用户使用视图时才去查找对应的数据。

使用视图具有如下优点。

1. 简化对数据的操作

视图可以简化用户操作数据的方式。将经常使用的连接、投影、联合查询和选择查询定义为视图，可以在每次执行相同的查询时，不必重写复杂的语句，而只要一条简单的查询视图语句即可。视图可以向用户隐藏表与表之间复杂的连接操作。

2. 自定义数据

视图能够让不同用户以不同方式看到不同的或相同的数据集，即使不同水平的用户共用同一数据库时也是如此。

3. 数据集中显示

视图使用户着重于其感兴趣的某些特定数据或所负责的特定任务，可以提高数据操作效率，增强数据的安全性，因为用户只能看到视图中所定义的数据，而不是基本表中的数据。

4. 导入和导出数据

可以使用视图将数据导入或导出。

5. 合并分割数据

在某些情况下，由于表中数据量太大，在表的设计过程中可能需要经常对表进行水平分割或垂直分割，此时，表结构的变化会对应用程序产生不良的影响。使用视图可以保持原有的结构关系，从而使外模式保持不变，原有的应用程序仍可以通过视图重载数据。

6. 安全机制

视图可以作为一种安全机制。通过视图，用户只能查看和修改他们能看到的数据，其他数据库或表既不可见也不可访问。

二、创建视图

在 SQL 中，使用 CREATE VIEW 语句创建视图的语法格式如下。

```
CREATE[OR REPLACE] VIEW <视图名>[(字段名[,…])]
AS SELECT 语句
[WITH CHECK OPTION];
```

说明：

（1）OR REPLACE 允许在同名的视图中，用新的语句替换旧的语句。

（2）SELECT 语句定义视图的 SELECT 命令。

（3）WITH CHECK OPTION 强制所有通过视图修改的数据满足 SELECT 语句中指定的选择条件。

（4）视图中的 SELECT 命令不能包含 FROM 子句中的子查询，不能引用系统变量或局部变量。

（5）在视图定义中命名的表必须已经存在，不能引用 TEMPORARY 表，不能创建 TEMPORARY 视图，不能将触发程序与视图关联在一起。

例 5.39　在数据库 D_sample 中定义视图查询学生的姓名、课程名称和成绩。

SQL 语句如下。

```
use D_sample;
create view v1
as
select 姓名,课程名称,成绩
from student a,course b,sc c
where a.学号=c.学号 and b.课程号=c.课程号;
```

视图定义后，可以像查询基本表一样进行查询。例如，若要查询以上定义的视图 v1，可以使用如下 SQL 语句：

```
select * from v1;
```

在安装系统和创建数据库之后，只有系统管理员 sa 和数据库所有者 DBO 具有创建视图的权限，此后他们可以使用 GRANT CREATE VIEW 命令将权限授予其他用户。此外，视图创建者必须具有在视图查询中包括的每一列的访问权。

三、更新视图

在 SQL 语句中，使用 ALTER VIEW 语句修改视图，其语法格式如下。

```
ALTER VIEW <视图名>[(字段名[,…])]
AS SELECT 语句
[WITH CHECK OPTION];
```

说明：如果在创建视图时使用了 WITH CHECK OPTION 选项，则在使用 ALTER VIEW 命令时，也必须包括该选项。

例 5.40 修改例 5.39 中的视图 v1。

SQL 语句如下。

```
alter view v1
as
select 学号,姓名 from student;
```

四、删除视图

在 SQL 中，使用 DROP VIEW 语句删除视图，其语法格式如下。

```
DROP VIEW{视图名}[,…];
```

DROP VIEW 语句可以删除多个视图，各视图名之间用逗号分隔。

例 5.41 删除视图 v1。

SQL 语句如下。

```
drop view v1;
```

说明：

（1）删除视图时，将从系统目录中删除视图的定义和有关视图的其他信息，并删除视图的所有权限；

（2）使用 DROP TABLE 删除的表上的任何视图都必须使用 DROP VIEW 语句删除。

项目实践四　教务管理系统中视图管理的应用

（1）在数据库 D_eams 中创建视图 V_sc，查询成绩大于 90 分的所有学生选修成绩的信息。SQL 语句如下。

```
use D_eams;
create view V_sc
as
select * from T_sc
where 成绩 >90;
```

（2）创建视图 V_course，查询选修课程号 07005 的所有学生的视图，SQL 语句如下。

```
create view V_course
as
select a.学号,姓名 from T_student a,T_sc b
where a.学号=b.学号 and 课程号='07005';
```

（3）创建视图 V_student，查询学生姓名、课程名称和成绩等信息的视图，SQL 语句如下。

```
create view V_student
as
select 姓名,课程名称,成绩 from T_student a,T_sc b,T_course c
where a.学号=b.学号 and b.课程号=c.课程号;
```

(4) 修改视图 V_sc，查询成绩大于 90 分且开课学期为第三学期的所有学生选修成绩的信息，SQL 语句如下。

```
alter view V_sc
as
select 成绩 from T_sc a,T_course b
where a.课程号=b.课程号 and 开课学期='3';
```

(5) 将视图 V_student 删除，SQL 语句如下。

```
drop view V_student;
```

小　　结

本章详细介绍了简单查询、多表查询、子查询、联合查询和视图的创建与管理。数据查询是数据库系统中最常用，也是最重要的功能，它为用户快速、方便地使用数据库中的数据提供了一种有效的方法。视图是根据用户的需求而定义的从基本表导出的虚表。在学习本章时，应重点掌握单表查询，灵活运用单表查询与多表连接查询，掌握分组与排序的使用方法，以及视图的创建和管理方法。

习　　题

1. 选择题

(1) 要查询学生信息表中学生姓“张”的学生情况，可以使用（　　）命令。

A. SELECT * FROM 学生信息表 WHCRE 姓名 LIKE'张%'

B. SELECT * FROM 学生信息表 WHERE 姓名 LIKE'张_'

C. SELECT * FROM 学生信息表 WHERE 姓名 LIKE'%张%'

D. SELECT * FROM 学生信息表 WHERE 姓名='张'

(2) 使用关键字（　　）可以屏蔽查询结果中的重复行。

A. DISTINCT　　B. UNION　　C. ALL　　D. TOP

(3) WHERE 子句的条件表达式中，可以匹配 0 个到多个字符的通配符是（　　）。

A. _　　B. %　　C. +　　D. $

(4) 模式查找 LIKE'_A%'，下面哪个结果是可能的？（　　）

A. AISS　　B. EAI　　C. HBA　　D. DDA

(5) 在 SQL 中，SELECT 语句的“SELECT DISTINCT”表示查询结果中（　　）。

A. 属性名都不相同　　B. 删除重复列

C. 行都不相同　　D. 属性值都不相同

(6) 与“WHERE G BETWEEN 60 AND 80”语句等价的子句是（　　）。

A. WHERE G >60 AND G <80　　B. WHERE G >=60 AND G <80

C. WHERE G >60 AND G <=80　　D. WHERE G >=60 AND G <=80

（7）当两个子查询的结果（　　）时，可以执行并、交、差操作。

A. 结构完全不一致　　B. 结构完全一致

C. 结构部分一致　　D. 主键一致

（8）MySQL 数据库中表查询的命令是（　　）。

A. USE　　B. SELECT　　C. UPDATE　　D. DROP

（9）表示职称为副教授同时性别为男的表达式为（　　）。

A. 职称 = '副教授' OR 性别 = '男'　　B. 职称 = '副教授' AND 性别 = '男'

C. BETWEEN '副教授' AND '男'　　D. IN（'副教授','男'）

（10）查询员工工资信息时，结果按工资降序排列，正确的语句是（　　）。

A. ORDER BY 工资　　B. ORDER BY 工资 DESC

C. ORDER BY 工资 ASC　　D. ORDER BY 工资 DISTINCT

（11）使用 SQL 创建视图时，不能使用的关键字是（　　）。

A. ORDER BY　　B. WHERE

C. COMPUTE　　D. WITH CHECK OPTION

（12）在 SQL 中，CREATE VIEW 语句用于建立视图。如果要求对视图更新时必须满足于查询中的表达式，应当在该语句中使用（　　）短语。

A. WITH UPDATE　　B. WITH INSERT

C. WITH DELETE　　D. WITH CHECK OPTION

（13）数据库中只存放视图的（　　）。

A. 操作　　B. 对应的数据　　C. 定义　　D. 限制

（14）SQL 的视图是从（　　）中导出的。

A. 基本表　　B. 视图　　C. 基本表或视图　　D. 数据库

（15）以下关于视图的描述，错误的是（　　）。

A. 视图是从一个或几个基本表或视图导出的虚表

B. 视图并不存储数据，只在数据字典中保存其逻辑定义

C. 视图里的任何数据都不可以进行修改

D. SQL 中的 SELECT 语句可以像对基表一样，对视图进行查询

（16）在视图上不能完成的操作是（　　）。

A. 更新视图　　B. 查询

C. 在视图上定义新的基本表　　D. 在视图上定义新视图

（17）在 SQL 语言中，删除一个视图的命令是（　　）。

A. DELETE　　B. DROP　　C. CLEAR　　D. REMOVE

2. 填空题

（1）用 SELECT 进行模式匹配时，可以使用 LIKE 或 NOT LIKE 匹配符，但要在条件值中使用（　　　）或（　　　）等通配符来配合查询，并且模式匹配只能针对（　　　）类型字段查询。

（2）检索姓名字段中含有'娟'的表达式为“姓名 LIKE（　　　）”。

（3）HAVING 子句与 WHERE 子句相似，其区别在于：WHERE 子句作用的对象是（　　），HAVING 子句作用的对象是（　　）。

（4）视图是从（　　）中导出的表，数据库中实际存放的是视图的（　　），而不是（　　）。

（5）当对视图进行 UPDATE、INSERT 和 DELETE 操作时，为了保证被操作的行满足视图定义中子查询语句的谓词条件，应在视图定义语句中使用可选择项（　　）。

（6）如果在视图中删除或修改一条记录，则相应的（　　）也随着视图更新。

3. 实践题

（1）完成本章中的所有例题。

（2）在表 student 中查询全体学生的学号、姓名和性别。

（3）查询表 student 中的前 5 行的信息。

（4）分别用“between…and…”和比较运算符查询成绩在 70 分到 80 分之间的学生的学号和成绩。

（5）通过查询表 sc，求学号为 201407003 的学生的总分和平均分。

（6）在表 sc 中查询课程号为 07003，且成绩低于 60 分的学生的学号。

（7）试用两种方法查询既没有选修课程 07002，也没有选修课程 07004 的学生的学号、课程号和成绩。

（8）查询选修了“数据库技术基础”课程且成绩在 60 分以下的所有学生的姓名和成绩。

项目六

SQL 语言基础

学习要点

SQL 语言是 MySQL 数据库在 SQL 语言的基础上增加了一些语言要素后的扩展语言，包括变量、操作符、函数和流程控制语句等。通过本章学习掌握 SQL 语言中的常量、变量、函数、表达式等语言成分和流控制语句等。

任务一　SQL 基础

尽管 MySQL 数据库提供了使用方便的图形化用户界面，但各种功能的实现基础是 SQL 语言，它可以直接和数据库引擎进行交互。

SQL 语言是一系列操作数据库及数据库对象的命令语句，因此，必须了解基本语法和流程语句的构成，包括常量和变量、表达式、操作符、流控制语句等。

一、标识符

对象是 SQL 操作和可命名的目标。我们在项目三中介绍了数据库对象，包括表、视图、约束、索引、存储过程、触发器、用户定义函数、用户和角色等，还介绍了数据库对象标识符的命名标识规则。除此之外，在 SQL 中常见的对象还有服务器实例、数据类型、变量、参数和函数等，它们的命名规则和数据库对象的命名规则相同。

某些以特殊符号开头的标识符在 MySQL 数据库中具有特定的含义，例如，以“@”开头的标识符表示一个局部变量或是一个函数的参数，以“@@”开头的标识符表示一个全局变量。

二、注释

与其他的编程语言一样，数据库编程语句在编写的过程中，也需要注释命令来对语句进行说明，以便日后维护或者其他用户读取。注释只是起到说明的作用，并不执行。

有时，在语句的调试过程中，也可以通过注释命令使得某个语句暂时不执行，以完成对语句的调试。

1. 单行注释

使用“##”或“ --”符号作为单行语句的注释符，写在需要注释的行或编码前方，例如，

```
##开始事务
```

或

```
--提交事务
```

2. 多行注释

使用“/*”和“*/”可以连续书写多行的注释语句，例如

```
/*不能从数据库中删除拥有安全对象的用户
必须先删除或转移安全对象的所有权,才能删除拥有这些安全对象的数据库用户。*/
```

三、数据类型

数据类型是一种属性，用于指定对象可保存的数据类型。在 SQL 中，表和视图的列、局部变量、函数的参数和返回值、存储过程的参数和返回值（具有返回代码），以及表达式等都具有相关的数据类型。

常用的数据类型有 int、decimal[(p[,s])]、char[(n)]、varchar[(n)]、date、time、datetime 和 bit 等（在项目四中已进行了较为详细的介绍）。

四、常量与变量

1. 常量

常量也称为文字值或标量值，是指程序运行中数值始终不变的量。在 SQL 程序设计过程中，定义常量的格式取决于它所表示的值的数据类型。MySQL 中的常量类型及表示说明见表 6.1。

2. 变量

变量是在程序执行过程中，数值可以改变的量，用于存储程序执行过程中涉及的数据，如计算结果、用户输入的字符串以及对象的状态等。

变量由变量名和变量值构成，其类型与常量一样。变量名不能与命令和函数名相同，这里的变量和在数学中所遇到的变量的概念基本一样，可以随时改变它所对应的数值。

在 MySQL 系统中存在两种类型的变量，即系统定义和维护的全局变量，以及用户定义的用来保存中间结果的局部变量。

1）系统全局变量

系统全局变量是 MySQL 系统提供并赋值的变量。用户不能建立系统全局变量，也不能用 SET 语句修改系统全局变量的值，而是将系统全局变量的值赋给局部变量，以便保存和处理。全局变量以两个@符号开头。

表 6.1　常量类型及说明

常量类型	常量表示说明
字符串常量	包括在单引号（' '）或双引号（" "）中 示例:'Beijing'、 " 输出结果是:"
整型常量	使用不带小数点的十进制数据表示 示例：1234、654、+678、-123
十六进制整型常量	使用前缀0x后跟十六进制数字串表示 示例：0x1EFF、0x18、0x4D792053514C
日期常量	使用单引号（' '）标注日期时间字符串 示例:'2016/01/12'、'2016-01-12'
实型常量	有定点表示和浮点表示两种方式 示例：123.45、-897.111、19E24、-83E2

MySQL 数据库中常用的系统全局变量及其含义说明见表 6.2。

表 6.2　MySQL 的系统全局变量及其含义

变量名称	说明
back_log	返回 MySQL 数据库主要连接请求的数量
basedir	返回 MySQL 数据库安装基准目录
license	返回服务器的许可类型
port	返回服务器侦听 TCP/IP 连接所用端口
storage_engine	返回存储引擎
version	返回服务器版本号

例 6.1　使用系统全局变量@@ VERSION 查看当前使用的 MySQL 数据库的版本信息。SQL 语句如下。

```
select @@version;
```

执行上述语句的结果如图 6.1 所示。

```
+-------------+
| @@version   |
+-------------+
| 5.7.12-log  |
+-------------+
1 row in set (0.00 sec)
```

图 6.1　使用全局变量 @@ VERSION 的输出信息

2）局部变量

局部变量是作用域局限在一定范围内的 SQL 对象，它是一个能够拥有特定数据类型的对象，作用范围限制在程序内部。局部变量可以作为计数器来计算循环执行的次数，或控制循环执行的次数。另外，利用局部变量还可以保存数据值，以供控制流语句测试及保存由存储过程返回的数据值等。局部变量被引用时要在名称前加上标志@ 。

使用 DECLAREA 语句声明局部变量，局部变量的作用范围在它被声明的 BEGIN…END 复合语句内，语法格式如下。

```
DECLARE 变量名[,…] 数据类型 [DEFAULT 默认值];
```

声明局部变量后要为局部变量赋值，直接赋值可以使用SET语句。SET语句的语法格式如下。

```
SET 变量名 = 表达式[,变量名 = 表达式,…];
```

例6.2 将局部变量varl声明为char类型，长度值为10，并为其赋值为“程菲”。

SQL语句如下。

```
begin
declare varl char(10);
set @varl = '程菲';
end
```

如果要存储的数据比允许的字符数多，数据会被截断。

说明：

（1）变量常用于批处理或过程中，用来保存临时信息；

（2）局部变量的作用域是其被声明时所在的批处理或过程；

（3）声明一个变量后，该变量将被初始化为NULL。

例6.3 通过局部变量查看数据库D_sample中的学生信息，条件是查看表student中“政治面貌”为“中共党员”的学生信息。

SQL语句如下。

```
use D_sample;
set@政治面貌 = '中共党员';
select * from student
where 政治面貌 = @政治面貌;
```

在该语句中，首先打开要使用的数据库D_sample，然后定义字符串变量“政治面貌”，并赋值为“中共党员”，最后在WHERE语句中使用带变量的表达式。执行后的结果如图6.2所示。

学号	姓名	性别	出生日期	民族	政治面貌
201507003	宋志强	男	1996-05-23	汉族	中共党员
201507009	黄岩松	男	1997-09-23	汉族	中共党员

2 rows in set (0.00 sec)

图6.2 使用变量查询数据的结果

在MySQL数据库中，还可以使用SELECT…INTO语句把数据表中选定的字段值直接存储到变量中，其语法格式如下。

```
SELECT <字段名>[,…] INTO <变量名>[,…] FROM <表名>;
```

例6.4 通过局部变量查看数据库D_sample表student中学号为“201507002”的学生姓名和性别信息。

SQL语句如下。

```
use D_sample;
select 姓名,性别 into @name,@sex
from student
where 学号 = '201507002';
select @name,@sex;
```

```
+----------+------+
| @name    | @sex |
+----------+------+
| 刘海燕   | 女   |
+----------+------+
1 row in set (0.00 sec)
```

图 6.3　使用局部变量查询数据的结果

执行后的结果如图 6.3 所示。

五、操作符

SQL 的操作符和其他高级语言的操作符类似，由变量、常量和函数连接。并指定在一个或多个表达式中执行的操作，操作符优先级按照由高到低的顺序排列，在同一行的操作符具有相同的优先级。SQL 的常见操作符见表 6.3。

表 6.3　SQL 的常用操作符

优先级	操作符类别	所包含操作符
1	一元操作符	+（正）、-（负）、~（按位取反）
2	算术操作符	*（乘）、/（除）、%（取模）
3	算术操作符	+（加）、-（减）
4	按位操作符	&（位与）｜（位或）
5	比较操作符	=（等于）、>（大于）、>=（大于等于）、<（小于）、<=（小于等于）、<>（或!=，不等于）、!<（不小于）、!>（不大于）、LIKE（匹配）、IN（在范围内）
6	逻辑操作符	NOT（非）、AND（与）、OR（或）、XOR（异或）
7		
8		
9	赋值操作符	=（赋值）

六、表达式

在 SQL 语言中，表达式由变量、常量、操作符、函数等元素组成。可以在查询语句中的任何位置使用表达式，例如，检索数据的条件，指定数据的值等。

例 6.5　在数据库 D_sample 中，查询一个按平均成绩降序排列的结果集，包括学生“学号”“平均成绩”及“考生信息”三列，其中，考生信息列由来自表 student 的学生“姓名”“性别”等数据组成。

SQL 语句如下。

```
use D_sample;
select a. 学号,avg(成绩) as '平均成绩',concat(姓名,space(6),性别) as '
```

```
考生信息'
from sc a inner join student b
on a.学号=b.学号
group by a.学号,姓名,性别
order by 平均成绩 desc;
```

查询结果如图6.4所示。

```
+-----------+----------+------------------+
| 学号      | 平均成绩 | 考生信息         |
+-----------+----------+------------------+
| 201507002 | 92.00000 | 刘海燕        女 |
| 201507006 | 91.00000 | 高峰        男   |
| 201507001 | 83.50000 | 张文静        女 |
| 201507003 | 83.00000 | 宋志强        男 |
+-----------+----------+------------------+
4 rows in set (0.01 sec)
```

图6.4 使用表达式的查询结果

任务二 函数

MySQL数据库为SQL语言提供了大量的内置系统函数，包括数学函数、字符串函数、数据类型转换函数和日期函数等，使用户对数据库进行查询和修改时更加方便，同时还允许用户使用创建的存储函数。

一、系统函数

1. 数学函数

数学函数对数值表达式进行数学运算，并将运算结果返回给用户。

（1）ABS（数值表达式）函数用来获得一个数的绝对值，例如，

```
select abs(-876),abs(-2.345);
```

执行结果如图6.5所示。

```
+-----------+-------------+
| abs(-876) | abs(-2.345) |
+-----------+-------------+
|       876 |       2.345 |
+-----------+-------------+
1 row in set (0.00 sec)
```

图6.5 ABS（）函数的返回值

（2）FLOOR（数值表达式）函数用于获得小于一个数的最大整数值，CEILING（数值表达式）函数用于获得大于一个数的最小整数值，例如，

```
select floor(-1.2), ceiling(-1.2), floor(9.9), ceiling(9.9);
```

执行结果如图6.6所示。

```
+-------------+---------------+------------+--------------+
| floor(-1.2) | ceiling(-1.2) | floor(9.9) | ceiling(9.9) |
+-------------+---------------+------------+--------------+
|          -2 |            -1 |          9 |           10 |
+-------------+---------------+------------+--------------+
1 row in set (0.00 sec)
```

图6.6 FLOOR（）函数和CEILING（）函数的返回值

（3）ROUND（数值表达式）函数用于获得一个数四舍五入的整数值，例如，

```
select round(34.567,2), round(19.8,0);
```

执行结果如图6.7所示。

```
+-----------------+---------------+
| round(34.567,2) | round(19.8,0) |
+-----------------+---------------+
|           34.57 |            20 |
+-----------------+---------------+
1 row in set (0.02 sec)
```

图6.7 ROUND（）函数的返回值

（4）SIGN（数值表达式）函数返回数字的符号，返回的结果是正数（1）、负数（-1）或者零（0），例如，

```
select sign( -2),sign(2),sign(0);
```

执行结果如图 6.8 所示。

(5) SQRT（数值表达式）函数返回一个数的平方根，例如，

```
select sqrt(25),sqrt(15),sqrt(1);
```

执行结果如图 6.9 所示。

sign(-2)	sign(2)	sign(0)
-1	1	0

1 row in set (0.00 sec)

图 6.8 SIGN（）函数的返回值

sqrt(25)	sqrt(15)	sqrt(1)
5	3.872983346207417	1

1 row in set (0.00 sec)

图 6.9 SQRT（）函数的返回值

2. 字符串函数

字符串函数对字符串（char 或 varchar 数据类型）输入值执行操作，并返回一个字符串或数字值。

(1) ASCII（字符表达式）函数可返回字符表达式中最左侧字符的 ASCII 码值。例如，

```
select ascii('A'),ascii('a'),ascii('中文');
```

执行结果如图 6.10 所示。

(2) CHAR（整型表达式）函数将整型的 ASCII 码转换为字符。例如，

```
select char(65),char(97);
```

执行结果如图 6.11 所示。

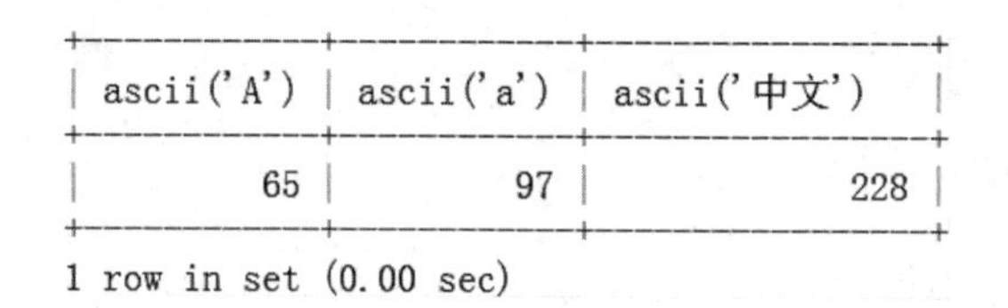

ascii('A')	ascii('a')	ascii('中文')
65	97	228

1 row in set (0.00 sec)

图 6.10 ASCII（）函数的返回值

char(65)	char(97)
A	a

1 row in set (0.00 sec)

图 6.11 CHAR（）函数的返回值

(3) LEFT（字符表达式，整型表达式）函数返回字符串中从左边开始的指定个数的字符，RIGHT（字符表达式，整型表达式）函数返回字符串从右边开始的指定个数的字符，例如，

```
select left('数据库应用技术',3),right('数据库应用技术',2);
```

执行结果如图 6.12 所示。

left('数据库应用技术',3)	right('数据库应用技术',2)
数据库	技术

1 row in set (0.00 sec)

图 6.12 LEFT（）函数和 RIGHT（）函数的返回值

（4）LENGTH（字符表达式）函数返回某个指定字符串的长度，不计字符串后的空格，例如，

```
select length('中华人民共和国'),length('Tsinghua University press');
```

执行结果如图 6.13 所示。

```
+---------------------------+-------------------------------------+
| length('中华人民共和国')  | length('Tsinghua University press') |
+---------------------------+-------------------------------------+
|                        21 |                                  25 |
+---------------------------+-------------------------------------+
1 row in set (0.00 sec)
```

图 6.13　LENGTH（）函数的返回值

（5）LOWER（字符表达式）函数将字符表达式中的大写字母转换为小写字母，UPPER（字符表达式）函数将字符表达式中的小写字母转换为大写字母。例如，

```
select lower('WonDERful'),upper('Tsinghua University press');
```

执行结果如图 6.14 所示。

```
+--------------------+------------------------------------+
| lower('WonDERful') | upper('Tsinghua University press') |
+--------------------+------------------------------------+
| wonderful          | TSINGHUA UNIVERSITY PRESS          |
+--------------------+------------------------------------+
1 row in set (0.00 sec)
```

图 6.14　LOWER（）函数和 UPPER（）函数的返回值

（6）LTRIM（字符表达式）函数返回删除了前导空格字符后的字符表达式，RTRIM（字符表达式）函数截断所有尾部空格后返回一个字符串。例如，

```
select concat(rtrim('计算机应用技术专业'),ltrim('数据库应用技术'));
```

执行结果如图 6.15 所示。

```
+-----------------------------------------------------------+
| concat(rtrim('计算机应用技术专业'),ltrim('数据库应用技术')) |
+-----------------------------------------------------------+
| 计算机应用技术专业数据库应用技术                            |
+-----------------------------------------------------------+
1 row in set (0.00 sec)
```

图 6.15　LTRIM（）函数和 RTRIM（）函数的返回值

（7）CONCAT（字符串 1，字符串 2，…）函数返回连接参数产生的字符串。例如，

```
select concat('MySQL','数据库管理系统');
```

执行结果如图 6.16 所示。

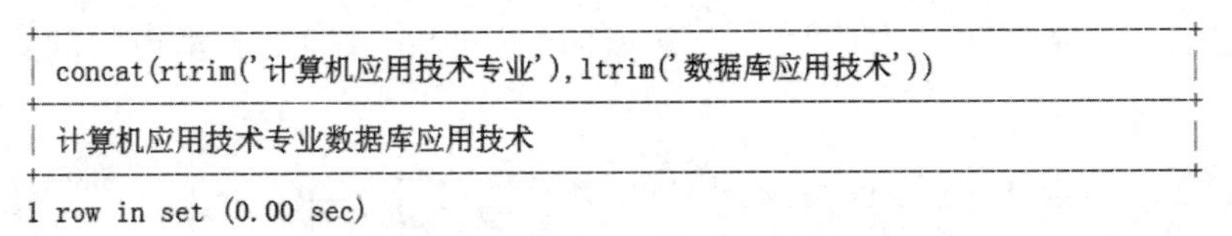

```
+-----------------------------------------------------------+
| concat(rtrim('计算机应用技术专业'),ltrim('数据库应用技术')) |
+-----------------------------------------------------------+
| 计算机应用技术专业数据库应用技术                            |
+-----------------------------------------------------------+
1 row in set (0.00 sec)
```

图 6.16　CONCAT( ) 函数的返回值

（8）SUBSTRING（字符表达式，起始点，n）函数返回字符表达式中从起始点开始的 n 个字符。例如，

```
use D_sample;
select substring(学号,5,2) as 专业大类代码
from student;
```

执行结果如图 6. 17 所示。

专业大类代码
07
07
07
07
07
07
07
07
07
07
07
07

12 rows in set (0.00 sec)

图 6.17 SUBSTRING( ) 函数的返回值

3. 日期时间函数

日期时间函数对日期和时间输入值执行操作，返回一个字符串、数字或日期的时间值。

（1）CURDATE（）函数返回当前日期，YEAR（日期）、MONTH（日期）和 DAY（日期）函数分别返回日期的年、月和日。例如，

```
select curdate(),year('2016 -1 -12'),
month('2016 -1 -12'),day('2016 -1 -12');
```

执行结果如图 6. 18 所示。

（2）ADDDATE（日期，INTERVAL 数值　日期元素）函数可按照日期元素给定的日期单位，返回“日期”加上“数值”的新日期。例如，

curdate()	year('2016-1-12')	month('2016-1-12')	day('2016-1-12')
2018-11-25	2016	1	12

1 row in set (0.00 sec)

图 6.18 CURDATE（）、YEAR（）、MONTH（）和 DAY（）函数的返回值

```
select adddate('2016 -1 -12',interval -2 year),adddate('2016 -1 -12',
interval 3 month),
adddate('2016 -1 -12',interval 60 day);
```

执行结果如图 6. 19 所示。

adddate('2016-1-12', interval -2 year)	adddate('2016-1-12', interval 3 month)	adddate('2016-1-12', interval 60 day)
2014-01-12	2016-04-12	2016-03-12

1 row in set (0.00 sec)

图 6.19 ADDDATE（）函数的返回值

（3）DAYNAME（日期）函数返回日期对应的工作日名称。例如，

```
select dayname('2015 -03 -01');
```

执行结果如图 6. 20 所示。

（4）DATEDIFF（日期1，日期2）函数返回起始时间日期 1 和结束时间日期 2 之间的天数。例如，

```
select datediff('2011 -3 -3','2014 -4 -6');
```

执行结果如图 6. 21 所示。

```
+-------------------------+
| dayname('2015-03-01')   |
+-------------------------+
| Sunday                  |
+-------------------------+
1 row in set (0.00 sec)
```

图 6.20 DAYNAME（）函数的返回值

```
+--------------------------------+
| datediff('2011-3-3','2014-4-6')|
+--------------------------------+
|                          -1130 |
+--------------------------------+
1 row in set (0.00 sec)
```

图 6.21 DATEDIFF（）函数的返回值

4. 数据类型转换函数

数据类型转换函数把一个值转换为指定的数据类型。

（1）CAST（表达式 AS 数据类型）函数将表达式的类型转换为指定的数据类型。例如，

```
select concat('考试成绩是:',cast(90 as char(5)));
```

```
+------------------------------------------+
| concat('考试成绩是:',cast(90 as char(5))) |
+------------------------------------------+
| 考试成绩是:90                              |
+------------------------------------------+
1 row in set (0.00 sec)
```

图 6.22 CAST（）函数的返回值

执行结果如图 6.22 所示。

（2）CONVERT（表达式，数据类型（长度））函数将表达式的类型转换为指定的数据类型。例如，

```
select concat('考试成绩是:',convert(90,char(5)));
```

执行结果如图 6.23 所示。

5. 聚合函数

聚合函数用于对一组值进行计算，然后返回单个值，主要用于 SELECT 语句的 GROUP BY 子句、HAVING 子句，具体例子请参阅项目五的相关内容。

6. 控制流程函数

控制流程函数用于条件判断，根据判断条件，执行不同的分支并将运算结果返回给用户。

（1）IF（表达式 1，表达式 2，表达式 3）函数表达式 1 为真时，返回表达式 2 的值，否则返回表达式 3 的值。例如，

```
select if(23 % 2 =0,'是偶数','是奇数');
```

执行结果如图 6.24 所示。

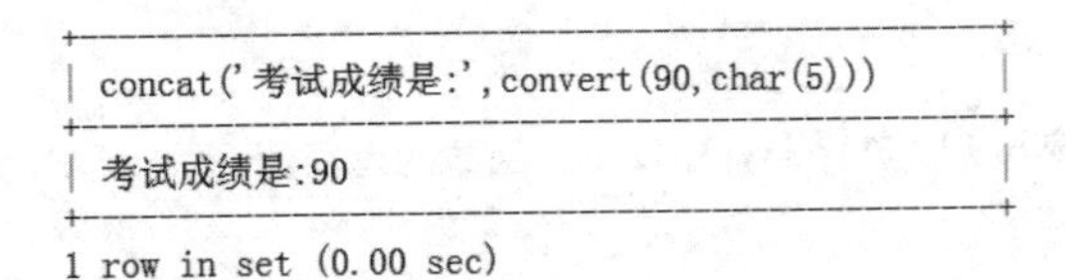

```
+------------------------------------------+
| concat('考试成绩是:',convert(90,char(5))) |
+------------------------------------------+
| 考试成绩是:90                              |
+------------------------------------------+
1 row in set (0.00 sec)
```

图 6.23 CONVERT（）函数的返回值

```
+-------------------------------+
| if(23 % 2=0,'是偶数','是奇数') |
+-------------------------------+
| 是奇数                         |
+-------------------------------+
1 row in set (0.00 sec)
```

图 6.24 IF（）函数的返回值

（2）CASE 输入值

```
WHEN 匹配值 1 THEN 结果 1
[WHEN 匹配值 2 THEN 结果 2
…]
```

```
[ELSE 其他结果]
END
```

函数输入值与哪个匹配值匹配则返回相应的结果值。

例如，

```
select 学号,
case floor(成绩/10)
    when 10 then '优秀'
when 9 then '优秀'
when 8 then '良好'
when 7 then '中等'
when 6 then '及格'
else '不及格'
end as '成绩等级'
from sc;
```

学号	成绩等级
201507001	良好
201507001	中等
201507002	优秀
201507003	良好
201507003	良好
201507006	优秀

6 rows in set (0.00 sec)

图 6.25　CASE( )函数的返回值

执行结果如图 6.25 所示。

7. 其他函数

1）加密函数

（1）MD5（字符串）函数以 32 位十六进制数字的形式返回，为字符串算出一个 MD5 128 比特校验和。例如，

```
select md5('MySQL');
```

执行结果如图 6.26 所示。

（2）PASSWORD（字符串）函数从原文密码字符串中计算并返回密码字符串。例如，

```
select password('newpwd');
```

执行结果如图 6.27 所示。

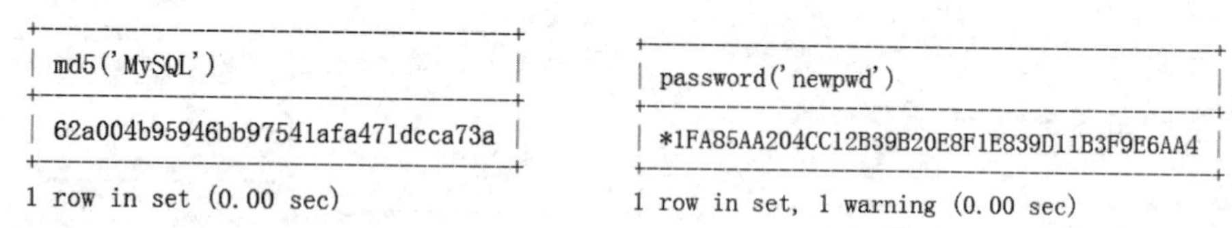

md5('MySQL')
62a004b95946bb97541afa471dcca73a

1 row in set (0.00 sec)

图 6.26　MD5（）函数的返回值

password('newpwd')
*1FA85AA204CC12B39B20E8F1E839D11B3F9E6AA4

1 row in set, 1 warning (0.00 sec)

图 6.27　PASSWORD（）函数的返回值

2）信息函数

（1）USER（）函数返回当前登录的用户名。例如，

```
select user();
```

执行结果如图 6.28 所示。

（2）DATABASE（）函数返回当前数据库名。例如，

```
select database();
```

执行结果如图 6.29 所示。

```
+-----------------+
| user()          |
+-----------------+
| root@localhost  |
+-----------------+
1 row in set (0.00 sec)
```

图 6.28 USER ( ) 函数的返回值

```
+------------+
| database() |
+------------+
| d_sample   |
+------------+
1 row in set (0.00 sec)
```

图 6.29 DATABASE ( ) 函数的返回值

二、存储函数

用户在编写程序的过程中，除了可以调用系统函数外，还可以根据应用需要创建存储函数，以便用在允许使系统函数的任何地方使用。

在 MySQL 数据库中，服务器处理语句的时候以分号为结束标志，但是在创建存储函数或存储过程的时候，函数体或存储过程体中可能包含多个 SQL 语句，每个 SQL 语句都是以分号结尾的，服务器处理程序的时候遇到第一个分号就会认为程序结束，显然这不是我们期望的结果。所以这里使用 DELIMITER 语句将 MySQL 语句的结束标志修改为其他符号。

DELIMITER 语法格式如下。

```
DELIMITER $$
```

说明：

(1) $$ 是用户定义的结束符，该符号可以是一些特殊的符号，如两个“#”，两个“%”等。当使用 DELIMITER 语句时，应该避免使用反斜杠（“\”）字符，因为它是 MySQL 的转义字符。

(2) 要想恢复使用分号作为结束符，执行下面语句即可：

```
DELIMITER;
```

1. 创建存储函数

创建存储函数语法格式如下。

```
CREATE FUNCTION 存储函数名([参数名 参数的数据类型[,…]])
RETURNS 函数返回值的数据类型
BEGIN
函数体;
RETURN 表达式;
END
```

例 6.6 创建一个存储函数，返回两个参数中的最大值。

SQL 语句如下。

```
delimiter $$
create function max1(i int,j int)
returns int
```

```
begin
declare kint;
if i >j then
set k =1;
else
set k = j;
end if;
return k;
end $$
delimiter;
```

2. 调用存储函数

当调用创建的存储函数时，可以利用 SELECT 语句调用函数。

例 6.7 使用 SELECT 语句调用 MAXL 函数。SQL 语句如下。

```
select max1(2,7);
```

```
+-----------+
| max1(2,7) |
+-----------+
|         7 |
+-----------+
1 row in set (0.00 sec)
```

图 6.30 maxl 函数的返回值

执行结果如图 6.30 所示。

任务三 流程控制语句

视频 10 流程控制语句

结构化程序设计语言的基本结构是顺序结构、选择结构和循环结构。顺序结构是一种自然结构，选择结构和循环结构需要根据程序的执行情况对程序的执行顺序进行调整和控制。在 SQL 语言中，流程控制语句就是用来控制程序执行流程的语句，也称流控制语句或控制流语句。

一、顺序控制语句

BEGIN…END 可以定义 SQL 语句块，这些语句块作为一组语句执行，允许语句嵌套。关键字 BEGIN 定义 SQL 语句的起始位置，END 定义同一块 SQL 语句的结尾，其语法格式如下。

```
BEGIN
SQL 语句 |SQL 语句块;
END
```

例 6.8 在数据库 D_sample 中创建一个存储函数，返回指定学号的学生信息。SQL 语句如下。

```
use D_sample;
delimiter $$
```

```
create function search1(xh char(9))
returns char(9)
begin
return(select * from student where 学号 =xh);
end $$
delimiter;
```

二、分支控制语句

1. IF…ELSE 语句

用于指定 SQL 语句的执行条件。当条件为真时，执行条件表达式后面的 SQL 语句；当条件为假时，则利用关键字 ELSE 指定要执行的 SQL 语句，其语法格式如下。

```
IF <逻辑表达式 >THEN
<SQL 语句 |SQL 语句块 >;
[ELSE
<SQL 语句 |SQL 语句块 >;]
END IF;
```

例 6.9 创建一个存储函数 f1，输入一个数判断其奇偶性，如果是偶数输出 0，否则输出 1。SQL 语句如下。

```
delimiter $$
create function f1(j int)
returns int
begin
declare iint;
if i % 2 =0 then
return 0;
else
return 1;
end if;
end $$
delimiter;
```

调用函数 f1。SQL 语句如下。

```
select f1(23);
```

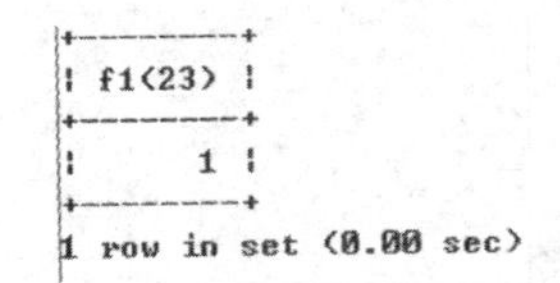

图 6.31 IF…ELSE 语句的应用

执行结果如图 6.31 所示。

2. CASE 语句

CASE 关键字根据表达式的真假确定是否返回某个值，表达式的任何位置都使用这一关键字。使用 CASE 语句可以进行多个分支的选择。

CASE 语句将某个表达式与一组简单表达式进行比较以确定结果，其语法格式如下。

```
CASE <输入表达式>
WHEN <表达式> THEN <语句>;
[WHEN <表达式> THEN <语句>[…]];
[ELSE <语句>];
END CASE;
```

或者

```
CASE
WHEN <逻辑表达式> THEN <语句>;
[WHEN <逻辑表达式> THEN <语句>[…]];
[ELSE <语句>];
END CASE;
```

例 6.10 输入学生的考试成绩，按照“优秀”“良好”“中等”“合格”及“不合格”显示成绩。SQL 语句如下。

```
delimiter $$
create function scorel(i int)
returns char(6)
begin
declare j int;
declare cj char(6);
case floor(j/10)
when 10 then set cj='优秀';
when 9 then set cj='优秀';
when 8 then set cj='良好';
when 7 then set cj='中等';
when 6 then set cj='合格';
else set cj='不合格';
end case;
return cj;
end $$
delimiter;
```

或者

```
delimiter $$
create function scorel(i int)
returns char(6)
begin
declare j int;
```

```
declare cj char(6);
case
when j > =90 then set cj ='优秀';
when j > =80 and j <90 then set cj ='良好';
when j > =70 and j <80 then set cj ='中等';
when j > =60 and j <70 then set cj ='合格';
else set cj ='不合格';
end case;
return cj;
end $$
delimiter;
```

三、循环控制语句

WHILE 语句是设置重复执行 SQL 语句或语句块的条件，当指定的条件为真时，重复执行循环语句，其语法格式如下。

```
WHILE <逻辑表达式 > DO
 <SQL 语句 |SQL 语句块 >;
END WHILE;
```

例 6.11 使用 WHILE 语句计算 1 ~ 100 之和。SQL 语句如下。

```
delimiter ##
create function sum1()
returns int
begin
declare s int default 0;
declare i int default 1;
while i <=100 do
set s =s +i;
set i =i +1;
end while;
return s;
end ##
delimiter;
```

执行结果为 5 050。

任务四 游 标

在数据库中，游标是一个十分重要的概念，它提供了一种对从表中检索出的数据进行操

作的灵活手段。就本质而言，游标实际上是一种能从包括多条数据记录的结果集中每次提取一条记录的机制。

一、游标的概念

游标是类似于C语言指针的结构，在MySQL数据库中，它是一种数据访问机制，允许用户访问单独的数据行，而不是对整个行集进行操作。

在MySQL数据库中，游标主要包括游标结果集和游标位置两部分，游标结果集是由定义游标的SELECT语句返回行的集合，游标位置则是指向这个结果集中的某一行的指针。当决定对结果集进行处理时，必须声明一个指向该结果集的游标。游标能够实现与传统程序读取平面文件类似的方式处理来自基础表的结果集，从而把表中数据以平面文件的形式呈现给程序。

游标具有以下优点：

（1）允许应用程序对查询语句SELECT返回的行结果集中每一行进行相同或不同的操作，而不是一次对整个结果集进行同一种操作；

（2）提供基于游标位置而对表中数据进行删除或更新的能力；

（3）把作为面向集合的数据库管理系统和面向行的程序设计两者联系起来，使两个数据处理方式能够进行沟通。

游标的缺点是速度较慢。

二、游标的使用

1. 声明游标

在使用游标之前首先要进行声明，定义SQL服务器游标的属性，例如，定义游标的滚动行为和用于生成游标所操作的结果集的查询。声明游标的语法格式如下。

```
DECLARE <游标名> CURSOR
FOR SELECT 语句;
```

例6.12 在数据库D_sample中为表student创建一个普通的游标，定义名称为stu_cursor。

SQL语句如下。

```
use D_sample;
declare stu_cursor cursor
for select * from student;
```

在声明游标以后，对游标进行打开操作。

2. 打开游标

使用游标之前必须打开游标，打开游标的语法格式如下。

```
OPEN <游标名>;
```

例6.13 打开游标stu_cursor。

SQL语句如下。

```
open stu_cursor;
```

3. 检索游标

在打开游标以后，可以打开游标提取数据。FETCH 语句可以从游标中将数据检索出来，以便用户使用数据，其语法格式如下。

```
FETCH <游标名> INTO <变量名>[,变量名]…;
```

游标是带一个指针的记录集，指针指向记录集中的某一条特定记录，而 FETCH 语句用来移动记录指针。

例 6.13 在打开的游标 stu_cursor 之后，使用 FETCH 语句来检索游标中的可用数据。SQL 语句如下。

```
fetch stu_cursor into xh;
while found do
set i=i+1;
fetch stu_cursor into xh;
end while;
```

4. 关闭游标

打开游标以后，MySQL 服务器会专门为游标开辟一定的内存空间，以存放游标操作的数据结果集，同时根据具体情况对某些数据进行封锁。所以在不使用游标的时候，一定要关闭游标，以通知服务器释放游标所占用的资源。

关闭游标的语法格式如下。

```
CLOSE <游标名>;
```

例 6.14 检索游标 stu_cursor 后将其关闭。

SQL 语句如下。

```
close stu_cursor;
```

经过上面的操作，完成对作用于表 student 上的游标 stu_cursor 声明、打开、检索和关闭操作。

项目实践 游标在教务管理系统中的应用

在教务管理系统数据库 D_eams 的表 T_student 中，通过学号查询学生的信息。SQL 语句如下。

```
use D_eams;
dolimiter %%
create function cur1(ch1 char(9))
returns char(255)
begin
declare i int default 0;
```

```
declare flag boolean default true;
declare sid char(9);
declare student_cur cursor
for select 学号 from T_student;
declare continue handler for not found
set flag = false;
open student_cur;
fetch student_cur into sid;
while flag do
return(select 学号 from T_student where 学号 = sid);
fetch student_cur into sid;
end while;
close student_cur;
end %%
delimiter;
```

小　　结

本章讲述了SQL语言的数据类型、常量与变量、函数、操作符与表达式、流程控制语句等，理解和掌握它们的用法，才能正确编写SQL程序和深入理解SQL语言。

本章还讲述了游标。游标提供对结果集进行逐行处理的机制，使用游标的时候，首先声明游标，然后从游标中读取或修改数据，最后还要注意及时关闭游标，并将不再使用的游标删除以释放系统空间。

习　　题

1. 选择题

(1) 下面（　　）是游标数据类型。

A. TABLE　　B. UNIQUEIDENTIFER

C. CURSOR　　D. SQL_VARIANT

(2) 下面函数不能进行数据类型转换的是（　　）。

A. CONVERT　　B. LTRIM

C. CAST　　D. 以上都不正确

(3) 下列不可能在游标使用过程中使用的关键字是（　　）。

A. OPEN　　B. CLOSE

C. FETCH　　D. DROP

(4) 下列用于求系统日期的函数是（　　）。

A. YEAR ()　　B. CURDATE ()

C. COUNT ()　　D. SUM ()

(5) 下列标识符可以作为局部变量使用的是（　　）。

A. MYVAR　　B. MY VAR

C. @MYVAR　　D. @MY VAR

(6) 下面哪项是一元操作符？（　　）

A. /　　B. %　　C. >　　D. -

(7) 下面哪个不是 MySQL 的合法标识符？（　　）

A. a12　　B. 12a　　C. @a12　　D. #qq

(8) SQL 语言中，不是逻辑操作符号的是（　　）。

A. AND　　B. NOT　　C. ||　　D. &

(9) 下面哪个函数是属于字符串运算的？（　　）

A. ABS　　B. SIN　　C. CHAR　　D. ROUND

(10) 下列聚合函数中正确的是（　　）。

A. SUM（*）　　B. MAX（*）

C. COUNT（*）　　D. AVG（*）

(11) 以下列哪个符号开头的变量是全局变量？（　　）

A. @　　B. @*　　C. @@　　D. @$

2. 填空题

(1) MySQL 局部变量名字必须以（　　）开头，而全局变量名字必须以（　　）开头。

(2) 语句“SELECT ASCII（'D'），char（67）”的执行结果是（　　）和（　　）。

(3) 语句“SELECT LOWER（'BEAUTIFUL'），RTRIM（'我心中的太阳'）”的执行结果是（　　）和（　　）。

(4) 语句“SELECT DAY（'2014-7-6'），LENGTH（'我们快放假了，'）”的执行结果是（　　）和（　　）。

(5) 语句“SELECT ROUND（13.4321，2），ROUND（13.4567，3）”的执行结果是（　　）和（　　）。

(6) SQL 语言中，有（　　）运算、字符串连接运算、比较运算和（　　）运算。

(7) 语句“SELECT FLOOR（17.4），FLOOR（-214.2），ROUND（13.4382，2），ROUND（-18.4562，3）”的执行结果是（　　）、（　　）、（　　）和（　　）。

(8) 语句“SELECT ASCII('C')，CHAR(68)，LENGTH('BEIJINGB，CHINA')”的执行结果是（　　）、（　　）和（　　）。

(9) 语句“SELECT UPPER（'BEAUTIFUL'），LTRIM（'我心中的太阳'）”的执行结果是（　　）和（　　）。

(10) 计算字段累加和的函数是（　　），统计项目数的函数是（　　）。

(11) 语句“SELECT YEAR（'1931—9-18'）”的执行结果是（　　）。

(12) 语句“SELECT(7+3)*4-17/(4-(8-6))+99%4”的执行结果是（　　）。

(13) MySQL 聚合函数有最大、最小、求和、平均和计数等，它们分别是（　　）、

(　　　)、(　　　)、AVG 和 COUNT。

(14) 游标的操作步骤包括声明、(　　　)、提取和 (　　　) 游标。

(15) “SELECT ADDDATE ('2014—12—22', INTERVAL 10 DAY)” 执行结果是 (　　　)。

(16) ROUND () 函数是 (　　　) 函数。

(17) MySQL 的数据类型可分为 (　　　) 数据类型和 (　　　) 数据类型。

(18) SQL 编程中，用于循环的语句是 (　　　)。

(19) SQL 编程中，分支选择语句有 (　　　) 和 (　　　)。

(20) SQL 编程中，使用语句 (　　　) 定义语句块。

3. 实践题

(1) 使用 IF…ELSE 语句判断当天是否是星期天。

(2) 使用 WHILE 语句计算 2 +6 +12 +20 + … +110 的值。

(3) 创建一个存储函数，输入 3 个数，输出最小值。

(4) 使用游标从表 sc 中查询成绩高于 80 分的学生信息。

项目七

存储过程和触发器

学习要点

本章主要介绍存储过程的概念、优点和触发器的作用，学生应掌握存储过程和触发器创建、修改及删除，以及创建事件、查看事件、修改和删除事件的基本方法。

任务一 存储过程

视频11 存储过程

一、存储过程概述

1. 什么是存储过程

存储过程（Stored Procedure）是一组完成特定功能的SQL语句集，经编译后存储在数据库中，它包含程序流、编辑及对数据库的查询，可以接收参数、输出参数、返回单个或者多个结果集及返回值。

2. 存储过程的优点

在MySQL数据库中使用存储过程有以下优点。

（1）存储过程在服务器端运行，执行速度快。

（2）存储过程执行一次后，其执行规划存储在高速缓冲存储器，以后的操作只需从高速缓冲存储器中调用并执行经编译好的二进制代码即可，提高了系统性能。

（3）存储过程提供了安全机制，即使是没有访问存储过程引用表或者视图权限的用户，也可以被授权执行该存储过程。

（4）存储过程允许模块化程序设计。存储过程一旦创建，即可在程序中任意调用，可以改进应用程序的可维护性，并允许应用程序统一访问数据库。

（5）存储过程可以减少网络通信流量。用户可以通过发送一个单独的语句实现一个复杂的操作，而不需要在网络上发送几百条SQL代码，从而减少在服务器和客户机之间传递请求的数量。

二、创建存储过程

1. 创建存储过程

在MySQL系统中，可以使用CREATE PROCEDURE语句创建存储过程。需要强调的是，必须具有CREATE PROCEDURE权限才能创建存储过程。存储过程是数据库作用域中的对象，只能在本地数据库被创建，其语法格式如下。

```
CREATE PROCEDURE <存储过程名称>([IN|OUT|INOUT]参数 数据类型[,…])
BEGIN
过程体;
END
```

说明：

（1）过程中的参数在CREATE PROCEDURE语句中，可以声明一个或者多个参数；

（2）如果定义默认值，则无需指定此参数的值即可执行过程，默认值必须是常量或者NULL；

（3）MySQL存储过程支持三种类型参数，即输入参数（IN）、输出参数（OUT）和输入或输出参数（INOUT）。

例7.1 创建一个存储过程，在数据库D_sample的表student中查询政治面貌为“共青团员”的学生的学号、姓名、性别及政治面貌信息。

SQL语句如下。

```
use D_sample;
delimiter $$
create procedure cp_student(in zzmm char(8))
begin
select 学号,姓名,性别,政治面貌
from student
where 政治面貌 = zzmm
order by 学号;
end $$
delimiter;
```

2. 调用存储过程

在MySQL系统中，存储过程是数据库对象之一，如果要调用执行数据库中的存储过程，需要打开数据库或指定数据库名称。

可以利用CALL语句调用存储过程，其语法格式如下。

```
CALL[数据库名.]<存储过程名称>([参数[,…]]);
```

执行上例存储过程“cp_ student”的代码为：

```
call cp_student('共青团员');
```

执行结果返回所有“共青团员”的学生信息，如图 7.1 所示。

例 7.2 在数据库 D_ sample 的表 student 中创建一个存储过程，通过建立性别参数为同一存储过程指定不同的性别，用于返回不同性别的学生信息。

SQL 语句如下。

```
use D_sample;
delimiter @@
create procedure cp _ sex ( in xb
char(2))
begin
select * from student
where 性别 =xb;
end@@
delimiter;
```

学号	姓名	性别	政治面貌
201507001	张文静	女	共青团员
201507002	刘海燕	女	共青团员
201507004	马媛	女	共青团员
201507005	李立波	男	共青团员
201507006	高峰	男	共青团员
201507007	梁雅婷	女	共青团员
201507008	包晓娅	女	共青团员
201507010	王丹丹	女	共青团员
201507011	孙倩	女	共青团员
201507012	乔雨	女	共青团员

10 rows in set (0.00 sec)

Query OK, 0 rows affected (0.06 sec)

图 7.1 执行存储过程 cp_student

执行带有输入参数的存储过程“cp_sex”，存储过程的代码为：

```
call cp_sex ('女');
```

存储过程的执行结果如图 7.2 所示。

学号	姓名	性别	出生日期	民族	政治面貌
201507001	张文静	女	1996-02-01	汉族	共青团员
201507002	刘海燕	女	1996-10-18	汉族	共青团员
201507004	马媛	女	1997-04-06	回族	共青团员
201507007	梁雅婷	女	1997-12-28	汉族	共青团员
201507008	包晓娅	女	1996-06-17	蒙古族	共青团员
201507010	王丹丹	女	1997-11-25	汉族	共青团员
201507011	孙倩	女	1997-03-02	汉族	共青团员
201507012	乔雨	女	1996-07-23	汉族	共青团员

8 rows in set (0.00 sec)

Query OK, 0 rows affected (0.08 sec)

图 7.2 执行带输入参数的存储过程

通过定义输出参数，可以从存储过程中返回一个或者多个值。为了使用输出参数，必须在 CREATE PROCEDURE 语句中指定关键字 OUT。

例 7.3 创建了一个名为“cp_score”的存储过程。该存储过程使用两个参数：“p_姓名”为输入参数，用于指定要查询的学生姓名；“p_成绩”为输出参数，用于返回学生的成绩。

SQL 语句如下。

```
use D_sample;
delimiter $$
create procedure cp_score(in p_name char(10),
out p_score decimal(4,1))
begin
```

```
select b.成绩 into p_score from student a,sc b
where a.学号=b.学号
and 姓名=p_name;
end $$
delimiter;
```

以上代码为了接收某一存储过程的返回值，需要一个变量来存放返回参数的值，具体代码为：

```
call cp_score('高峰',@ p_score);
select concat('高峰','的成绩是:',@ p_score)as 结果为:;
```

如果要使用带参数的存储过程，需要在执行过程中提供存储过程的参数值，提供存储过程的参数值有直接方式和间接方式。

1）直接方式

在CALL语句中直接为存储过程的参数提供数据值，数据值的数量和顺序与定义存储过程时参数的数据和顺序相同。如果参数是字符类型或者日期类型，还应该用号标注参数值。

例如，执行存储过程“cp_sex”提供一个字符型数据为“女”的执行结果如图7.2所示。

2）间接方式

在执行CALL语句之前声明参数并且为参数赋值，然后在CALL语句中引用已经获取数据值的参数名称。

例如，调用存储过程“cp_ score”，并将得到的结果返回到“@ p_score”中，其运行效果如图7.3所示。

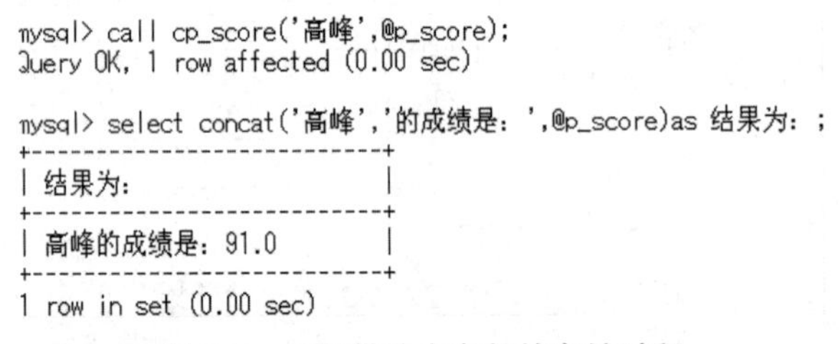

```
mysql> call cp_score('高峰',@p_score);
Query OK, 1 row affected (0.00 sec)

mysql> select concat('高峰','的成绩是：',@p_score)as 结果为：;
+----------------------------+
| 结果为：                    |
+----------------------------+
| 高峰的成绩是：91.0           |
+----------------------------+
1 row in set (0.00 sec)
```

图7.3 执行带输出参数的存储过程

无论是直接方式还是间接方式，都需要严格按照存储过程中定义的顺序提供数据值。

三、管理存储过程

1. 修改存储过程

使用ALTER PROCEDURE语句修改存储过程，存储过程的特征发生变化，其语法格式如下。

```
ALTER PROCEDURE <存储过程名称>
[{|CONTAINS SQL |NO SQL |READS SQL DATA |MODIFIES SQL DATA}
```

```
|SQL SECURITY{DEFINER |INVOKER}
|COMMENT'注释内容'}];
```

说明：

（1）CONTAINS SQL 表示子程序包含 SQL 语句，但不包含读或写数据的语句；NO SQL 表示子程序中不包含 SQL 语句；READS SQL DATA 表示子程序中包含读数据的语句；MODIFIES SQL DATA 表示子程序中包含写数据的语句，默认为 CONTAINS SQL。

（2）SQL SECURITY {DEFINER | INVOKER} 指明拥有权限执行修改的用户；DEFINER 表示只有定义者能够执行；INVOKER 表示调用者可以执行，默认为 DEFINER。

（3）COMMENT '注释内容'为存储过程的注释信息。

例 7.4 修改存储过程 cp_student 的定义，具有写数据权限，并且调用者可以执行。

SQL 语句如下。

```
alter procedure cp_student
modifies sql data
sql security invoker;
```

```
mysql> alter procedure cp_student
    -> modifies sql data
    -> sql security invoker;
Query OK, 0 rows affected (0.14 sec)
```

图 7.4 执行修改的存储过程

执行结果如图 7.4 所示。

2. 删除存储过程

使用 DROP PROCEDURE 语句从当前的数据库中删除用户定义的存储过程，其语法格式如下。

```
DROP PROCEDURE[IF EXISTS]<存储过程名称>
```

例 7.5 删除存储过程 cp_student。

SQL 语句如下。

```
drop procedure if exists cp_student;
```

在删除存储过程时，应先查看存储过程是否存在以确定是否可删除此存储过程。如果删除一个不存在的存储过程，使用 IF EXISTS 子句，可以防止 MySQL 在执行调用进程时显示错误消息。

3. 查看存储过程

1）查看存储过程的定义信息

查看存储过程的定义信息可以使用 SHOW PROCEDURE STATUS 语句，基本语法格式如下。

```
SHOW PROCEDURE STATUS[LIKE'参数'];
```

说明：参数用来匹配存储过程的名称。

例 7.6 查看存储过程 cp_score 的定义文本信息。

SQL 语句如下。

```
show procedure status like'cp_score';
```

执行结果如图 7.5 所示。

```
+----------+----------+-----------+----------------+---------------------+---------------------+---------------+---------+----------------------+----------------------+
| Db       | Name     | Type      | Definer        | Modified            | Created             | Security_type | Comment | character_set_client | collation_connection |
+----------+----------+-----------+----------------+---------------------+---------------------+---------------+---------+----------------------+----------------------+
| d_sample | cp_score | PROCEDURE | root@localhost | 2018-11-24 13:43:36 | 2018-11-24 13:43:36 | DEFINER       |         | utf8                 | utf8_general_ci      |
+----------+----------+-----------+----------------+---------------------+---------------------+---------------+---------+----------------------+----------------------+
1 row in set (0.00 sec)
```

图 7.5　查看存储过程的定义信息

2）查看存储过程的详细信息

查看存储过程的详细信息可以使用 SHOW CREATE PROCEDURE 语句，基本语法格式如下。

```
SHOW CREATE PROCEDURE <存储过程的名称>;
```

例 7.7　查看存储过程 cp_score 的详细文本信息。

SQL 语句如下。

```
show create procedure cp_score;
```

执行结果如图 7.6 所示。

```
+-----------+------------------------------------------------------------+----------------------
| Procedure | sql_mode                                                   | Create Procedure
+-----------+------------------------------------------------------------+----------------------
| cp_score  | STRICT_TRANS_TABLES,NO_AUTO_CREATE_USER,NO_ENGINE_SUBSTITUTION | CREATE DEFINER=`root`@`localhost` PROCEDURE `cp_score`(in p_name char(
begin
select b.成绩 into p_score from student a,sc b
where a.学号=b.学号
and 姓名=p_name;
end        | utf8                 | utf8_general_ci      | utf8_general_ci     |
+-----------+------------------------------------------------------------+----------------------
1 row in set (0.00 sec)
```

图 7.6　查看存储过程的详细信息

四、存储过程中的异常处理

在存储过程中处理 SQL 语句时可能产生错误消息，导致存储过程处理终止。例如，MySQL 向一个表中插入新的记录而主键值已经存在，INSERT 语句会产生一个出错消息。存储过程发生错误时，可以通过 MySQL 的错误处理机制帮助数据库开发人员控制程序流程。

存储过程中的异常处理是通过 DECLA RE HANDLER 语句实现的，DECLARE HANDLER 语句的基本语法格式如下。

```
DECLARE 错误处理类型 HANDLER FOR 错误触发条件[,…]存储过程语句;
```

1. 错误处理类型

错误处理类型有 CONTINUE 和 EXIT。当错误处理类型是 CONTINUE 时，表示错误发生后，MySQL 立即执行自定义错误处理程序，然后忽略该错误继续执行其他 MySQL 话句；当错误处理类型是 EXIT 时，表示错误发生后，MySQL 立即执行自定义错误处理程序，然后立刻停止其他 MySQL 语句的执行。

2. 错误触发条件

错误触发条件的格式如下。

```
SQLSTATE [VALUE] SQLSTATE 值 |错误触发条件名称 |SQLWARNING |NOT FOUND |
SQLEXCEPTION |MySQL 错误代码
```

错误触发条件支持标准的 SQLSTATE 定义。SQLWARNING 表示对所有以 01 开头的 SQLSTATE 代码的速记，NOT FOUND 表示对所有以 02 开头的 SQLSTATE 代码的速记，SQLEX-

CEPTION 表示对所有没有被 SQLWARNING 或 NOT FOUND 捕获的 SQLSTATE 代码的速记。除了 SQLSTATE 值，MySQL 错误代码被支持。

例 7.8 在数据库 D_sample 中，创建存储过程 p_insert，向表 student 插入一条记录（'201507001','张文静','女','1996－2－1','汉族','共青团员）。已知表 student 中存在学号 201507001。

SQL 语句如下。

```
use D_sample;
delimiter $$
create procedure p_insert()
begin
declare infoint default 0;
declare continue handler for sql state '23000' set @info =1;
insert into student
values('201507001','张文静','女','1996 -2 -1','汉族','共青团员);
end $$
delimiter;
```

调用存储过程查看结果为：

```
call p_insert();
select @info;
```

执行结果如图 7.7 所示。

```
mysql> call p_insert();
Query OK, 0 rows affected (0.00 sec)

mysql> select @info;
+-------+
| @info |
+-------+
|     1 |
+-------+
1 row in set (0.01 sec)
```

图 7.7　查看存储过程错误处理条件

在调用存储过程中，当执行 INSERT 语句出现错误消息时，MySQL 错误触发条件被激活，对应于 SQLSTATE 代码 23000 中的一条，执行错误触发程序“set @ info = 1”。未遇到错误消息时，错误触发条件不会被激活。

项目实践一　创建查询选课记录的存储过程

（1）创建一个存储过程 P_score，在数据库 D_eams 的成绩表 T_sc 中查询成绩为 60 分以上的学生学号、课程号和成绩信息。

SQL 语句如下。

```
use D_eams;
delimiter $$
create procedure P_score()
bcgin
select 学号,课程号,成绩
from T_sc
where 成绩 > =60
```

```
order by 学号;
end $$
delimiter;
```

执行存储过程 P_score 的代码为:

```
call P_score();
```

学号	课程号	成绩
201507001	07001	89.0
201507001	07003	78.0
201507002	07003	92.0
201507003	07002	81.0
201507003	07005	85.0
201507006	07004	91.0

6 rows in set (0.00 sec)

图 7.8　执行存储过程结果

返回所有成绩在 60 分以上成绩信息的执行结果，如图 7.8 所示。

(2) 创建存储过程 P_scorel，输入学生姓名，返回学生的成绩，SQL 语句如下。

```
use D_eams;
delimiter $$
create procedure P_score1(in p_name1 char(10),out p_score1 decimal
(4,1))
begin
select b. 成绩 into p_score1 from T_student a,T_sc b
where a. 学号 =b. 学号
and 姓名 =p_name1;
end $$
delimiter;
```

以上代码为了接收某一存储过程的返回值，需要一个变量来存放返回参数的值，具体代码为:

```
call P_score1('刘海燕',@ p + score1);
select concat('刘海燕','的成绩是:',@p_score1)as 结果为:;
```

执行效果如图 7.9 所示。

```
mysql> call P_score1('刘海燕',@p_score1);
Query OK, 1 row affected (0.01 sec)

mysql> select concat('刘海燕','的成绩是：',@p_score1)as结果为：;
+-----------------------------+
| as结果为:                    |
+-----------------------------+
| 刘海燕的成绩是：92.0         |
+-----------------------------+
1 row in set (0.00 sec)
```

图 7.9　执行带输出参数@P_scorel 的存储过程

任务二　触发器

触发器是一种特殊的存储过程，它与表紧密相连，可以是表定义的一部分。当用户修改指定表或者视图中的数据时，触发器会自动执行。

视频 12　触发器

一、触发器概述

1. 触发器的概念

触发器是数据库服务器中发生事件时自动执行的一种特殊的存储过程，它为数据库提供了有效的监控和处理机制，以确保数据的完整性。触发器基于一个表创建，但可以针对多个表进行操作，常用来实现复杂的商业规则。

在 MySQL 中，一张表可以有多个触发器，用户根据数据操作语句对触发器进行设置。触发器不同于一般的存储过程，它被定义后，用户的表操作均由服务器自动激活相应的触发器，执行该触发器定义的 SQL 语句，而不需要通过存储过程名字显示调用。

触发器不能通过名称直接调用，更不允许设置参数和返回值。

2. 触发器的优点

触发器能够实现由主键和外键所不能保证的复杂的数据完整性和一致性，解决高级形式的业务规则、复杂的行为限制，并实现定制记录等问题。

触发器具有以下优点：

（1）触发器自动执行，在表的数据做了任何修改（比如手工输入或者使用程序采集的操作）后立即激活；

（2）触发器可以通过数据库中的相关表进行层叠更改，比直接把代码写在前台的做法更安全合理；

（3）触发器可以强制限制，这些限制比用 CHECK 约束所定义的更复杂。与 CHECK 约束不同的是，触发器可以引用其他表中的列。

3. 触发器的分类

在 MySQL 系统中，按照触发事件的不同，可以把提供的触发器分为 INSERT 触发器、UPDATE 触发器和 DELETE 触发器三种。INSERT 触发器在插入某一行时被激活，通过 INSERT、LOAD DATA、REPLACE 语句触发；UPDATE 触发器在更改某一行时被激活，通过 UPDATE 语句触发；DELETE 触发器在删除某一行时被激活，通过 DELETE、REPLACE 语句触发。

触发器可以查询其他表，还可以包含复杂的 SQL 语句。触发器和触发语句作为可在触发器内回滚的单个事务对待，如果检测到错误，则整个事务自动回滚。

二、创建触发器

MySQL 使用 MySQL Workbench 管理工具或者 SQL 语句创建触发器，在创建触发器前需要注意以下几个问题。

（1）CREATE TRIGGER 语句必须是批处理的第一个语句，并且只能应用在一张表上；

（2）创建触发器的权限默认分配给表的所有者，且不能把该权限传给其他用户；

（3）触发器只能在当前的数据库中创建，但是可以引用当前数据库的外部对象；

（4）在同一条 CREATE TRIGGER 语句中，可以为多种用户操作（如 INSERT 和 UPDATE）定义相同的触发器操作；

（5）如果一个表的外键设置为 DELETE 或 UPDATE 的级联操作，则不能再为该表定义 DELETE 或 UPDATE 触发器。

使用 SQL 语句创建触发器的基本语法格式如下。

```
CREATE TRIGGER <触发器名> <触发时间> <触发事件>
ON <表> FOR EACH ROW
<SQL 语句>;
```

说明：

（1）触发器的名字在当前数据库中必须是唯一的；

（2）触发时间包括 BEFORE 和 AFTER，BEFORE 表示在触发事件发生之前执行触发程序，AFTER 表示在触发事件发生之后执行触发程序；

（3）触发事件包括 DELETE、INSERT 和 UPDATE，表示激活触发程序的触发类型；

（4）FOR EACH ROW 表示操作影响的每一条记录都会执行一次触发程序；

（5）SQL 语句指定触发器被触发后将执行的操作，包括触发器执行的条件和动作，触发器条件是指除了引起触发器执行的操作外的附加条件，触发器动作是指当用户执行激发触发器的某种操作并满足触发器的附加条件时，触发器所执行的操作。

例 7.9 在数据库 D_ sample 的表 student 中添加一条学生信息时，显示提示信息。

SQL 语句如下。

```
use D_sample;
delimiter %%
create trigger ct_student after insert
on student for each row
set @ info ='添加成功,欢迎新同学!';
end %%
delimiter;
```

添加学生记录的 SQL 语句如下。

```
insert into student
values('201507020','张超','女','1996-2-11','汉族','共青团员');
```

查看@ info 的值：

```
select @ info;
```

执行结果如图 7.10 所示。

例 7.10 在数据库 D_sample 的表 student 中创建一个名为ct_update 的触发器，该触发器将不允许用户修改表中的记录。

本例通过 ROLLBACK WORK 子句恢复原来数据的方法来实现记录不被修改的要求，SQL 语句如下。

```
use D_sample;
delimiter $$
```

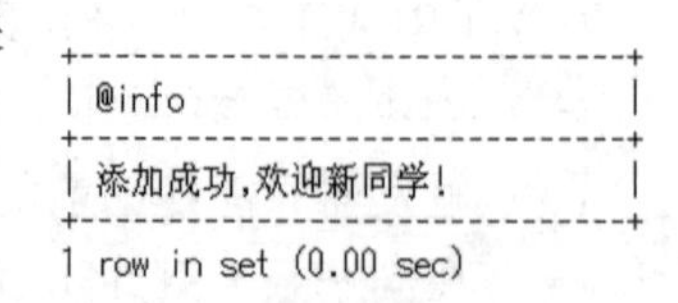

```
+------------------------------+
| @info                        |
+------------------------------+
| 添加成功,欢迎新同学!          |
+------------------------------+
1 row in set (0.00 sec)
```

图 7.10 INSERT 触发结果

```
create trigger ct_update after update
on student for each row
begin
set @inf ='你不能做任何更改!';
end $$
delimiter;
```

创建好触发器后执行 UPDATE 操作，SQL 语句如下。

```
begin work;
update student
set 民族 ='蒙古族'
where 学号 ='201507001';
rollback work;
select @inf;
select * from student
where 学号 ='201507001';
```

执行结果如图 7.11 所示，可以发现上述更新操作并不能实现。

```
mysql> begin work;
Query OK, 0 rows affected (0.00 sec)

mysql> update student
    -> set 民族='蒙古族'
    -> where 学号='201507001';
Query OK, 1 row affected (0.02 sec)
Rows matched: 1  Changed: 1  Warnings: 0

mysql> rollback work;
Query OK, 0 rows affected (0.04 sec)

mysql> select @inf;
+---------------------------+
| @inf                      |
+---------------------------+
| 你不能做任何更改!         |
+---------------------------+
1 row in set (0.00 sec)

mysql> select * from student
    -> where 学号='201507001';
+-----------+----------+--------+----------------+--------+--------------+
| 学号      | 姓名     | 性别   | 出生日期       | 民族   | 政治面貌     |
+-----------+----------+--------+----------------+--------+--------------+
| 201507001 | 张文静   | 女     | 1996-02-01     | 汉族   | 共青团员     |
+-----------+----------+--------+----------------+--------+--------------+
1 row in set (0.00 sec)
```

图 7.11 UPDATE 触发结果

例 7.11 在数据库 D_sample 的表 student 中创建一个名为 ct_delete 的触发器，该触发器对表 student 中删除记录的操作给出提示信息，并取消当前的删除操作。

本例通过 ROLLBACK WORK 子句恢复原来数据的方法来防止记录被删除，SQL 语句如下。

```
use D_sample;
delimiter $$
```

```
create trigger ct_delete before delete
on student for each row
begin
set @infol='你无权删除此记录!';
end $$
delimiter;
```

创建好触发器后执行DELETE操作的SQL语句如下。

```
begin work;
delete from student
where 学号='201507012';
rollback work;
select @infol;
select * from student
where 学号='201507012';
```

执行结果如图7.12所示。

```
mysql> begin work;
Query OK, 0 rows affected (0.00 sec)

mysql> delete from student
    -> where 学号='201507012';
Query OK, 1 row affected (0.01 sec)

mysql> rollback work;
Query OK, 0 rows affected (0.03 sec)

mysql> select @infol;
+----------------------------+
| @infol                     |
+----------------------------+
| 你无权删除此记录!          |
+----------------------------+
1 row in set (0.00 sec)

mysql> select * from student
    -> where 学号='201507012';
+-----------+--------+--------+----------------+--------+--------------+
| 学号      | 姓名   | 性别   | 出生日期       | 民族   | 政治面貌     |
+-----------+--------+--------+----------------+--------+--------------+
| 201507012 | 乔雨   | 女     | 1996-07-23     | 汉族   | 共青团员     |
+-----------+--------+--------+----------------+--------+--------------+
1 row in set (0.00 sec)
```

图7.12 DELETE触发结果

三、管理触发器

触发器创建后，MySQL用户可以根据应用需要灵活管理触发器。

1. 查看触发器

1）使用SHOW TRIGGERS语句

在MySQL中SHOW TRIGGERS语句查看触发器的基本信息，其基本语法格式如下。

```
SHOW TRIGGERS;
```

例 7.12　在数据库 D_sample 中查看触发器的信息。

SQL 语句如下。

```
use D_sample;
show triggers;
```

执行结果如图 7.13 所示。

```
mysql> show triggers;
+-----------+--------+---------+------------------------------------+--------+------------------------+--------------------------------------------
| Trigger   | Event  | Table   | Statement                          | Timing | Created                | sql_mode
+-----------+--------+---------+------------------------------------+--------+------------------------+--------------------------------------------
| ct_student | INSERT | student | set @info='添加成功,欢迎新同学!'   | AFTER  | 2018-11-24 16:18:04.06 | STRICT_TRANS_TABLES,NO_AUTO_CREATE_USER,NO_ENGI
| ct_update | UPDATE | student | begin
set @inf='你不能做任何更改!';
end         | AFTER  | 2018-11-24 16:32:11.10 | STRICT_TRANS_TABLES,NO_AUTO_CREATE_USER,NO_ENGINE_SUBSTITUTION | root@localhost | utf8          | utf8_general
| ct_delete | DELETE | student | begin
set @infol='你无权删除此记录!';
end         | BEFORE | 2018-11-24 16:46:02.10 | STRICT_TRANS_TABLES,NO_AUTO_CREATE_USER,NO_ENGINE_SUBSTITUTION | root@localhost | utf8          | utf8_general_c
+-----------+--------+---------+------------------------------------+--------+------------------------+--------------------------------------------
3 rows in set (0.00 sec)
```

图 7.13　使用 SHOW TRIGGERS 语句查看触发器

2）使用 SHOW CREATE TRIGGER 语句

在 MySQL 中执行 SHOW CREATE TRIGGER 语句查看触发器的基本信息，其基本语法格式如下。

```
SHOW CREATE TRIGGER <触发器名>;
```

例 7.13　在数据库 D_sample 中查看触发器 ct_student 的信息。

SQL 语句如下。

```
use D_sample;
show create trigger ct_student;
```

执行结果如图 7.14 所示。

```
mysql> show create trigger ct_student;
+------------+----------------------------------------------------------------+------------------------------------------------------------
| Trigger    | sql_mode                                                       | SQL Original Statement
+------------+----------------------------------------------------------------+------------------------------------------------------------
| ct_student | STRICT_TRANS_TABLES,NO_AUTO_CREATE_USER,NO_ENGINE_SUBSTITUTION | CREATE DEFINER=`root`@`localhost` trigger ct_student after insert
on student for each row
set @info='添加成功,欢迎新同学!'          | utf8          | utf8_general_ci     | utf8_general_ci     | 2018-11-24 16:18:04.06 |
+------------+----------------------------------------------------------------+------------------------------------------------------------
1 row in set (0.00 sec)
```

图 7.14　使用 SHOW CREATE TRIGGER 语句查看触发器

3）查看数据库 information_schema 下的表 triggers

在 MySQL 中，所有触发器的定义都存放在数据库 information_schema 下的表 triggers 中，查询 triggers 表可以看到数据库中所有触发器的详细信息，查询语句为：

```
select * from information_schema.triggers;
```

2. 删除触发器

触发器使用之后可以删除，但是只有触发器的所有者才有权删除触发器。

MySQL 中使用 DROP TRIGGER 语句来删除触发器，其语法格式为：

```
DROP TRIGGER <触发器名>;
```

例 7.14　在数据库 D_sample 中删除表 student 的触发器 ct_student。

SQL 语句如下。

```
use D_sample;
drop trigger ct_student;
```

执行结果如图 7.15 所示。

```
mysql> drop trigger ct_student;
Query OK, 0 rows affected (0.04 sec)
```

图 7.15　删除触发器

项目实践二　创建一个插入事件触发器

在教务管理系统数据库 D_eams 的表 T_course 中，创建一个插入事件触发器 TR_ course。添加一条课程信息时，显示提示信息。

SQL 语句如下。

```
use D_eams;
delimiter %%
create trigger TR_course after insert
on T_course for each row
begin
set @tr_i ='操作成功!';
end %%
delimiter;
```

添加课程记录的 SQL 语句如下。

```
insert into T_course
values('07013','UI 设计',null,4,4,'4');
select @tr_i;
```

执行结果如图 7.16 所示。

```
mysql> insert into T_course values('07013','UI设计',null,4,4,'4');
Query OK, 1 row affected (0.06 sec)

mysql> select @tr_i;
+----------------+
| @tr_i          |
+----------------+
| 操作成功!      |
+----------------+
1 row in set (0.00 sec)
```

图 7.16　INSERT 触发结果

任务三　事　件

在 MySQL 中，事件是定时任务机制，是在指定的时间单元内由事件调度器（即临时触发器）执行完成特定的任务。例如，定时使数据库中的数据在某个间隔后刷新，定时关闭账户，定时打开或关闭数据库指示器等。事件调度器基于特定的时间周期触发来执行任务，触发器基于某个表所产生的事件触发。因此，对数据的定时操作不再依赖外部程序，直接使用数据库本身提供的功能即可。

一、创建事件

使用 CREATE EVENT 语句创建事件，其基本语法格式如下。

```
CREATE EVENT[IF NOT EXISTS]<事件名>
ON SCHEDULE<时间调度>
[ON COMPLETION[NOT]PRESERVE]
[ENABLE|DISABLE|DISABLE ON SLAVE]
[COMMENT '注释内容']
DO<SQL 语句>;
```

时间调度的语法格式如下。

```
AT TIMESTAMP[+INTERVAL 时间间隔]
|EVERY<时间间隔>
[STARTS timestamp[+INTERVAL 时间间隔]]
[ENDS timestamp[+INTERVAL 时间间隔]]
```

时间间隔的语法格式如下。

```
COUNT {YEAR|QUARTER|MONTH|DAY|HOUR|MINUTE|
WEEK|SECOND|YEAR_MONTH|DAY_HOUR|DAY_MINUTE|
DAY_SECOND|HOUR_MINUTE|HOUR_SECOND|MINUTE_SECOND}
```

说明：

（1）时间调度表示事件发生的时间或频率；

（2）timestamp 表示一个具体的时间点，后面还可以加上一个时间间隔，表示事件在该时间间隔后发生；

（3）时间间隔由一个数值和单位构成；

（4）count 是间隔时间的数值。

（5）DO<SQL 语句>表示事件启动时执行的 SQL 语句，如果包含多条语句，可以使用 BEGIN…END 复合语句。

例 7.15 在数据库 D_sample 中创建事件 E_event，实现每隔 10 秒钟向数据表 T_event 中插入一条记录。

SQL 语句如下。

```
use D_sample;
create event E_event
on schedule every 10 second
on completion preserve
do
insert into T_event(用户,创建时间)
values('Root',now());
```

查看数据表 T_event 中数据，结果如图 7.17 所示。

二、管理事件

1. 查看事件

查看当前是否已开启事件调度器，SQL 语句如下。

```
show variables like'event_scheduler';
```

或

```
select @@event_scheduler;
```

或

```
show processlist;
```

执行结果如图 7.18 所示。

编号	用户	创建时间
null	Root	2018-08-18 09:16:46
null	Root	2018-08-18 09:16:56
null	Root	2018-08-18 09:17:06
null	Root	2018-08-18 09:17:16
null	Root	2018-08-18 09:17:26
null	Root	2018-08-18 09:17:36

图 7.17　E_event 事件执行结果

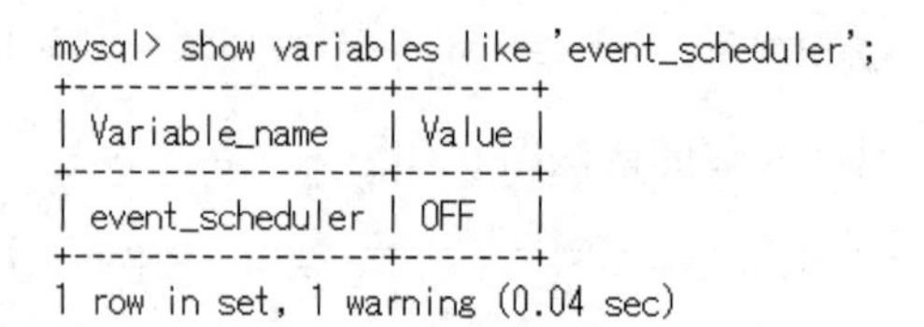

```
mysql> show variables like 'event_scheduler';
+-----------------+-------+
| Variable_name   | Value |
+-----------------+-------+
| event_scheduler | OFF   |
+-----------------+-------+
1 row in set, 1 warning (0.04 sec)
```

图 7.18　查看事件

2. 开启事件

如图 7.18 所示，EVENT_SCHEDULER 为 ON，说明事件已经开启；如果显示为 OFF，则需要开启事件。

开启事件的 SQL 语句如下。

```
set global event_scheduler =1;
```

或

```
set global event_scheduler = ON;
```

说明：要在 my.cnf 中添加 EVENT_SCHEDULER = ON，如果没有添加的话，MySQL 重启事件将回到原来的状态。

3. 修改事件

事件在创建后通过 ALTER EVENT 语句来修改其定义和相关属性，其基本语法格式如下。

```
ALTER EVENT <事件名>
[ON SCHEDULE <时间调度>]
[ON COMPLETION [NOT] PRESERVE]
[RENAME TO <新事件名>]
[ENABLE |DISABLE |DISABLE ON SLAVE]
```

```
[COMMENT '注释内容']
[DO <SQL 语句 >];
```

例如，将事件 E_event 更名为 E_test 的 SQL 语句如下。

```
alter event E_event
rename to E_test;
```

4. 删除事件

使用 DROP EVENT 语句删除已经创建的事件，其基本语法格式如下。

```
DROP EVENT [IF EXISTS] <事件名 >;
```

例如，删除事件 E_test 的 SQL 语句如下。

```
drop event E_test;
```

小　结

存储过程是独立存在于表之外的数据库对象，存储过程由被编译在一起的一组 SQL 语句组成。它可以被用户调用，也可以被另一个存储过程或触发器调用，它的参数可以被传递，它的出错代码也可以被检验。触发器是一种实现复杂数据完整性、一致性的特殊存储过程，可在执行 SQL 语句触发事件时自动生效。事件能方便地实现数据库的计划任务，提高工作效率，而且能精确到秒。

本章主要通过使用 SQL 语句详细介绍了存储过程、触发器和事件的开发应用，包括创建和查看、修改、删除等管理操作的具体步骤。

习　题

1. 选择题

（1）下面关于存储过程的描述不正确的是（　　）。

A. 存储过程实际上是一组 SQL 语句

B. 存储过程预先被编译存放在服务器的系统表中

C. 存储过程独立于数据库而存在

D. 存储过程可以完成某一特定的业务逻辑

（2）触发器的类型有三种，下面（　　）是错误的触发器类型。

A. UPDATE　　B. DELETE　　C. ALTERE　　D. INSERTE

（3）触发器可以在（　　）中创建。

A. 表　　B. 过程　　C. 数据过程　　D. 函数

（4）下面选项中不属于存储过程的优点的是（　　）。

A. 增强代码的重用性和共享性　　B. 加快运行速度，减少网络流量

C. 可以作为安全性机制　　D. 编辑简单

（5）在一个表上可以有（　　）不同类型的触发器。

A. 一种　　B. 两种　　C. 三种　　D. 无限制

（6）使用（　　）语句删除触发器 trig_stu。

A. DROP * FROM trig_stu

B. DROP trig_stu

C. DROP TRIGGER WHERE NAME = 'trig_stu'

D. DROP TRIGGER trig_stu

2. 填空题

（1）触发器定义在一个表中，当在表中执行（　　）、（　　）或 DELETE 操作时被触发自动执行。

（2）在无法得到定义某存储过程的脚本文件而又想知道存储过程的定义语句时，使用（　　）系统存储过程查看定义存储过程的 SQL 语句。

（3）（　　）是基于特定时间周期触发来执行某些任务，（　　）是基于某个表所产生的事件触发。

（4）（　　）是特殊类型的存储过程，它能在任何试图改变表中由触发器保护的数据时执行。

3. 实践题

（1）创建存储过程 cp_Add，要求该存储过程能够实现对输入的两个数相加，并将结果输出。

（2）执行存储过程 cp_Add，计算 38 与 26 的和。

（3）在表 student 中创建并删除触发器 ctr_del。

（4）查看触发器 ctr_del 的一般信息和文本信息。

（5）删除学号为“201007003”的记录，验证触发器的执行。

（6）开启事件 ce_event。

（7）停止事件 ce_event。

项目八

事务与锁

学习要点

事务是为了避免多个用户同时操作相同的数据时可能发生异常情况而引入的一个概念，MySQL 应用事务能够保证数据库的一致性和可恢复性，正确地使用事务处理可以有效地控制这类问题的发生。本章主要介绍了事务的作用，事务的创建、修改和删除方法及锁的作用。

任务一　事务

数据库系统的主要特点之一是实现数据共享，允许多个用户同时访问数据。当多个用户同时操作相同的数据时，如果不采取任何措施，则会造成数据异常。事务是为避免这些异常情况的发生而引入的一个概念，MySQL 应用事务能够保证数据库的一致性和可恢复性，正确地使用事务处理可以有效控制数据异常问题的发生。

一、事务概述

1. 事务的概念

事务是用户定义的一个数据库操作序列，相关操作必须全做或全不做，不能只完成部分操作，而另一部分操作没有执行。事务中任何一条语句执行时出错，事务都会返回到事务开始前的状态。事务是一个不可分割的逻辑工作单元，是数据库中不可再分的基本部分。

在现实生活中，银行交易、股票交易、网上购物等是以事务为基本构成实现的。例如，在银行转账工作中，从账户 A 转账 5 000 元钱到账户 B 需要进行以下两步操作：

第一步，账户 A 的余额 -5 000；

第二步，账户 B 的余额 +5 000。

如果在成功完成第一步操作后，由于突然断电或其他原因而没有执行第二步操作，那么在系统恢复运行后，将只完成第一步操作，账户 A 的余额减少了 5 000 元，而账户 B 并没有增加5 000元，账户信息发生逻辑错误，账面上少了5 000元，数据库处于不一致状态。为了避免上述异常，第二步操作没有完成时，系统将撤销第一步操作，此时当系统恢复正常时，账面数值是正确的。

通过标记事务的开始和结束让系统知道属于一个事务的操作。

2. 事务的ACID特性

每个事务的处理必须满足ACID原则，即原子性（Atomicity）、一致性（Consistency）、隔离性（Isolation）和持久性（Durability），简称为事务的ACID特性。

1）原子性

原子性意味着每个事务都必须被看作一个不可分割的单元。假设一个事务由两个或者多个任务组成，其中的语句必须同时成功才能认为整个事务是成功的。如果事务失败，系统将返回到该事务以前的状态。

保证原子性是数据系统本身的职责，由DBMS的事务管理子系统实现。

2）一致性

事务执行的结果必须使数据库从一个一致性状态转换到另一个一致性状态。当数据库中只包括成功事务提交的结果时，数据库处于一致性状态。如果数据库系统运行中发生故障，有些事务尚未完成就被迫中断，未完成的事务对数据库所做的修改有一部分已经写入物理数据库，数据库处于不正确状态。为了保证数据库处于一致性状态，所有的规则必须应用于事务的修改，以保证所有数据的完整性和数据库的一致性。数据库的一致性和原子性是密不可分的。

确保单个事务的一致性是编写事务的应用程序员的职责。在系统运行中，事务的一致性是由DBMS的完整性子系统实现的。

3）隔离性

一个事务的执行不能被其他事务干扰，即一个事务内部的操作和使用的数据对其他并发事务是隔离的。并发执行的各个事务之间不能相互干扰，即事务识别数据时数据所处的状态，要么是被另一个并发事务修改前的状态，要么是被其他事务修改后的状态。事务不会识别中间状态的数据。

隔离性是由DBMS的并发控制子系统实现的。

4）持久性

事务一旦提交，数据库中数据的改变就是持久的。如果提交一个事务使系统崩溃，或数据库因故障而受到破坏，那么重新启动计算机后，DBMS能够恢复，该事务的结果依然存在。

保证事务ACID特性是事务管理的重要任务，可以说，对数据库中的数据保护是围绕着实现事务的特性而达到的。

二、事务操作

1. 事务横式

MySQL有三种事务模式，即自动提交事务、显式事务和隐式事务。

1）自动提交事务

自动提交事务是 MySQL 的默认事务管理模式。每条单独的 SQL 语句都是一个事务。在自动事务模式下，一条语句成功执行后，会被自动提交（系统变量 AUTOCOMMIT 值为 1），如果在执行过程中产生错误，则被自动回滚。例如，在执行 INSERT、UPDATE 或 DELETE 语句时，如果违反约束，则语句不能成功执行，事务自动回滚。

2）显示事务

显式事务是由用户定义的一组 SQL 语句组成的，每个显式事务均以 BEGIN WORK 语句开始，以 COMMIT 或 ROLLBACK 语句结束。

3）隐式事务

隐式事务不需要使用 BEGIN WORK 语句启动事务，但每个事务仍以 COMMIT 或 ROLLBACK 语句显式完成。执行“SET@@ AUTOCOMMIT = 0”语句可以使 MySQL 进入隐式事务模式。在隐式事务模式下，执行下面任何一个语句，MySQL 会开始一个新的事务：

（1）DROP DATABASE 或 DROP TABLE；

（2）CREATE INDEX 或 DROP INDEX；

（3）ALTER TABLE 或 RENAME TABLE；

（4）LOCK TABLES 或 UNLOCK TABLES；

（5）SET@@ AUTOCOMMIT = 1。

当显式事务被提交或回滚，或隐式事务模式关闭时，MySQL 返回自动提交事务模式。

2. 事务的描述

在 MySQL 系统中，一个事务可以由四个语句来描述，它们分别是开始事务、提交事务、回滚事务和设置保存点。

1）开始事务

START TRANSACTION 语句用于标识一个用户定义事务的开始，其语法格式如下。

```
START TRANSACTION |BEGIN WORK;
```

2）提交事务

COMMIT 语句用于结束一个用户定义的事务，保证数据修改成功写入数据库，事务正常结束，其语法格式如下。

```
COMMIT [WORK] [AND[NO] CHAIN] [[NO] RELEASE];
```

说明：AND CHAIN 子句会在当前事务结束时，立刻启动一个新事务，并且新事务与刚结束的事务有相同的隔离等级；RELEASE 子句在当前事务终止后，断开服务器与当前客户端的连接；NO 关键词抑制 CHAIN 或 RELEASE 完成。

3）回滚事务

ROLLBACK 语句用于事务的回滚，即在事务运行的过程中发生某种故障时，事务不能继续执行，MySQL 系统将抛弃自最近一条 BEGIN WORK 语句以后的所有修改，回滚到事务开始时的状态，其语法格式如下。

```
ROLLBACK [WORK] [AND [NO] CHAIN] [[NO] RELEASE];
```

4）设置保存点

用户可以使用 ROLLBACK TO 语句使事务回滚到某个点，在这之前需要使用 SAVE-

POINT 语句设置一个保存点，其语法格式如下。

```
SAVEPOINT <保存点名称>;
```

ROLLBACK TO SAVEPOINT 语句会向已命名的保存点回滚一个事务。在保存点被设置后，如果当前事务对数据进行了更改，则更改会在回滚中被撤销，其语法格式如下。

```
ROLLBACK [WORK] TO SAVEPOINT <保存点名称>;
```

当事务回滚到某个保存点后，在该保存点之后设置的保存点将被删除。RELEASE SAVEPOINT 语句会从当前事务的一组保存点中删除已命名的保存点，不进行提交或回滚。如果保存点不存在，会出现错误，其语法格式如下。

```
RELEASE SAVEPOINT <保存点名称>;
```

例 8.1 定义一个事务向数据库 D_sample 的表 student 中插入三条记录，若插入相同的学号，则回滚事务，即插入无效，否则成功提交。

SQL 语句如下。

```
use D_sample;
delimiter $$
create procedure TR_proc()
begin
    declare continue handler for sqlstate '23000'
    begin
        rollback;
    end;
    --开始事务
    start transaction;
    insert into student
        values('201507031','张文静','女','1991-2-1','汉族','共青团员');
    insert into student
        values('201507032','刘海燕','女','1991-10-18','汉族','共青团员');
    insert into student
        values('201507033','宋志强','男','1991-05-23','汉族','中共党员');
    --提交事务
    commit;
end $$
delimiter;
```

验证结果 SQL 语句如下。

```
call TR_proc();
select * from student
    where 学号='201507031';
```

执行结果如图 8.1 所示。

```
mysql> call TR_proc();
Query OK, 0 rows affected (0.06 sec)

mysql> select * from student
    -> where 学号='201507031';
+-----------+--------+------+------------+------+----------+
| 学号      | 姓名   | 性别 | 出生日期   | 民族 | 政治面貌 |
+-----------+--------+------+------------+------+----------+
| 201507031 | 张文静 | 女   | 1991-02-01 | 汉族 | 共青团员 |
+-----------+--------+------+------------+------+----------+
1 row in set (0.00 sec)
```

图 8.1 使用事务操作结果

例 8.2 定义一个事务向数据库 D_sample 的表 sc 中插入记录，并设置保存点。

SQL 语句如下。

```
use D_sample;
delimiter $$
create procedure TR_save_point()
begin
    declare continue handler for 1062
    begin
        rollback to apoint;
        rollback;
    end;
    start transaction;
    insert into sc values('201507002','07002',80);
    savepoint apoint;
    insert into sc values('201507002','07001',85);
    commit;
end $$
delimiter;
```

验证结果 SQL 语句如下。

```
call TR_save_point();
select * from sc;
```

执行结果如图 8.2 所示。

```
mysql> select * from sc;
+-----------+--------+------+
| 学号      | 课程号 | 成绩 |
+-----------+--------+------+
| 201507001 | 07001  | 89.0 |
| 201507001 | 07003  | 78.0 |
| 201507002 | 07003  | 92.0 |
| 201507003 | 07002  | 81.0 |
| 201507003 | 07005  | 85.0 |
| 201507006 | 07004  | 91.0 |
| 201507002 | 07002  | 80.0 |
| 201507002 | 07001  | 85.0 |
+-----------+--------+------+
8 rows in set (0.00 sec)
```

图 8.2 设置保存点结果

任务二 锁

MySQL 支持多用户共享同一数据库，但是，当某些用户同时对同一个数据进行操作时，会产生一定的并发问题。使用事务可以解决用户存取数据的这个问题，从而保证数据库的完整性和一致性。为了防止其他用户修改未完成事务中的数据，必须在事务中使用锁。

一、并发问题

当同一数据库系统中有多个事务并发运行时，如果不加以控制，可能产生数据的不一致问题。

数据库的并发操作导致的数据库不一致主要有四种，即丢失更新（Lost Update）、脏读（Dirty Read）、不可重复读（Unrepeatable Read）和幻读（Phantom Read）。

1. 丢失更新

当两个或多个事务选择同一行，并基于最初选定的值进行更新时，由于每个事务都不知道其他事务的存在，最后的更新将重写由其他事务所做的更新，这将导致数据丢失。

2. 脏读

一个事务正在访问数据，而其他事务正在更新该数据，但尚未提交，此时会发生脏读问题，即第一个事务所读取的数据是“脏”（不正确）数据，可能会引起错误。

3. 不可重复读

当一个事务多次访问同一行而且每次读取不同的数据时会导致不可重复读，由于该事务也是正在读取其他事务正在更改的数据，不可重复读与脏读有相似之处。当一个事务访问数据时，另外的事务也访问该数据并对其进行修改，由于第二个事务对数据的修改而导致第一个事务两次读到的数据不一样。

4. 幻读

当一个事务对某行执行插入或删除操作，而该行属于某个事务正在读取的行的范围时发生幻读。由于某行已被其他事务删除，事务第一次读的行范围显示出其中一行在第二次读或后续读中已经不存在。

二、事务的隔离级别

为了避免上述数据库的并发操作导致数据库的不一致，在标准 SQL 规范中，定义了 4 种事务隔离级别，即序列化（Serializable）、可重复读（Repeatable Read）、提交读（Read Committed）、未提交读（Read Uncommitted）。不同的隔离级别对事务的处理不同。

1. 序列化

如果隔离级为序列化，用户之间通过一个接一个顺序地执行当前的事务提供事务之间最大限度的隔离。

2. 可重复读

如果隔离级为可重复读，事务不会被看作一个序列，无法看到当前执行事务的变，即用户在同一个事务中重复执行同一条 SELECT 语句，结果是相同的。

3. 提交读

提交读隔离级的安全性比可重复读隔离级的安全性差，处于这一级的事务不仅可以看到其他事务添加的新记录，而且可以看到其他事务对现存记录做出的提交了的修改。

4. 未提交读

未提交读提供了事务之间最小限度的隔离。除了容易产生虚幻的读操作和不能重复的读操作外，处于未提交流隔离级的事务可以读到其他事务未提交的数据。如果该事务使用其他事务不提交的变化作为计算的基础，未提交的变化被其父事务撤销时，将导致大量的数据变化。

MySQL 支持四种事务隔离级别，在 InnoDB 存储引擎中，使用 SET TRANSACTION 语句，定义事务的隔离级别，其语法格式如下。

```
SET [GLOBAL |SESSION] TRANSACTION ISOLATION LEVEL
SERIALIZABLE
 |REPEATABLE READ
 |READ COMMITTED
 |READ UNCOMMITTED;
```

系统变量 TX_ISOLATION 中存储了事务的隔离级，可以使用 SELECT 语句查看当前隔离级的值，其 SQL 语句如下。

```
SELECT @@ TX_ISOLATION;
```

执行结果如图 8.3 所示。

```
mysql> SELECT @@TX_ISOLATION;
+-----------------+
| @@TX_ISOLATION  |
+-----------------+
| REPEATABLE-READ |
+-----------------+
1 row in set (0.00 sec)
```

图 8.3 当前隔离级的值

隔离级别越高，越能保证数据的完整性和一致性，但是对并发性能的影响也越大。对于多数应用程序，可以优先考虑把数据库系统的隔离级别设为提交读，以避免脏读取，并且具有较好的并发性能。提交读会导致不可重复读、幻读和第二类丢失更新等并发问题，在可能出现以类问题的场合，可以由程序员管理数据或对象上的锁处理，或完全依靠数据库来管理锁的工作来控制。

三、MySQL 中的锁定

1. 锁定机制

MySQL 支持多种不同的存储引擎，不同的存储引擎采用不同的锁定机制。在 MySQL 中有三种类型（级别）的锁定机制，即表级锁定、行级锁定和页级锁定。在 MySQL 数据库中，使用表级锁定的主要是 MyISAM、MEMORY、CSV 等一些非事务性存储引擎，而使用行级锁定的主要是 InnoDB 存储引擎和 NDB Cluster 存储引擎，页级锁定主要是 BDB 存储引擎的锁定方式。

1）表级锁定

表级锁定是一个特殊类型的访问包括读锁定和写锁定两种锁定，整个表被客户锁定。根据锁定的类型，其他客户不能向表中插入记录，甚至从中读数据也受到限制。

（1）读锁定的表级锁定的实现机制：如果表没有加写锁定，则加一个读锁定，否则，将请求放入读锁定队列中。

（2）写锁定的表级锁定的实现机制：如果表没有加锁定，则加一个写锁定，否则，将请求放写锁定队列中。

2）页级锁定

MySQL 将锁定表中的某些行（称作页），被锁定的行只对锁定最初的线程是可行的。

页级锁定开锁和加锁时间介于表级锁定和行级锁定之间，会出现死锁，锁定粒度介于表级锁定和行级锁定之间。

3）行级锁定

行级的锁定比表级锁定或页级锁定对锁定过程提供了更精细的控制。在这种情况下，只有线程使用的行是被锁定的，表中的其他行对于其他线程都是可用的。

行级锁定包括排他锁、共享锁和意向锁三种锁定。

（1）排他锁（X）。如果事务 T1 获得了数据行 R 上的排他锁，则 T1 既可读又可写数据行。事务 T1 对数据行 R 加上排他锁，则其他事务对数据行 R 的任务封锁请求都不会成功，直至事务 T1 释放数据行 R 上的排他锁。

（2）共享锁（S）。如果事务 T1 获得了数据行 R 上的共享锁，则 T1 可以读但不可以写数据项 R。事务 T1 对数据行 R 加上共享锁，则其他事务对数据行 R 的排他锁请求不会成功，而对数据行 R 的共享锁请求可以成功。

（3）意向锁（I）。意向锁是一种表锁，表示一个事务有意对数据加共享锁或排他锁，锁定的粒度是整张表，分为意向共享锁（IS）和意向排他锁（IX）两类。

①意向共享锁（IS）：事务打算给数据行加共享锁。事务在取得一个数据行的共享锁之前必须先取得该表的 IS 锁。

②意向排他锁（IX）：事务打算给数据行加排他锁。事务在取得一个数据行的排他锁之前必须先取得该表的 IX 锁。

2. 查看锁定信息

在 MySQL 中使用 SHOW STATUS LIKE 语句查看表级锁定和行级锁定的信息。

1）查看表级锁定的信息

SQL 语句如下。

```
show status like 'table % ';
```

执行结果如图 8.4 所示。

```
mysql> show status like 'table%';
+----------------------------+-------+
| Variable_name              | Value |
+----------------------------+-------+
| Table_locks_immediate      | 378   |
| Table_locks_waited         | 0     |
| Table_open_cache_hits      | 11    |
| Table_open_cache_misses    | 7     |
| Table_open_cache_overflows | 0     |
+----------------------------+-------+
5 rows in set (0.00 sec)
```

图 8.4　表级锁定的状态变量

有两个状态变量记录 MySQL 内部表级锁定的情况：

（1）Table_locks_immediate 表示产生表级锁定的次数；

（2）Table_locks_waited 表示出现表级锁定争用而发生等待的次数。

两个状态值从系统启动后开始记录，每出现一次对应的事件，数值加 1。如果 Table_locks_waited 状态值比较高，说明系统中表级锁定争用现象比较严重，需要分析争用锁定资源的原因。

2）查看行级锁定的信息

对于 InnoDB 所使用的行级锁定，系统是通过更加详细的状态变量记录的，SQL 语句如下。

```
show status like 'innodb_row_lock%';
```

执行结果如图 8.5 所示。

InnoDB 的行级锁定状态变量说明如下。

（1）Innodb_row_lock_current_waits 表示当前正在等待锁定的数量；

（2）Innodb_row_lock_time 表示从系统启动到现在的锁定时间总长度；

（3）Innodb_row_lock_time_avg 表示每次等待的平均时间长度；

（4）Innodb_row_lock_time_max 表示从系统启动到现在等待最长的一次时间长度；

```
mysql> show status like 'innodb_row_lock%';
+-------------------------------+-------+
| Variable_name                 | Value |
+-------------------------------+-------+
| Innodb_row_lock_current_waits | 0     |
| Innodb_row_lock_time          | 0     |
| Innodb_row_lock_time_avg      | 0     |
| Innodb_row_lock_time_max      | 0     |
| Innodb_row_lock_waits         | 0     |
+-------------------------------+-------+
5 rows in set (0.00 sec)
```

图 8.5　行级锁定的状态变量

（5）Innodb_row_lock_waits 表示系统启动后到现在总共等待的次数。

以上 5 个状态变量中，主要观察 Innodb_row_lock_waits 以及 Innodb_row_lock_time、Innodb_row_lock_time_avg 三项。当 Innodb_row_lock_waits 较高、Innodb_row_lock_time 较长时，需要分析系统中长时间等待的原因，并根据分析结果制订优化计划。

3. 死锁的处理

1）死锁的定义

两个或两个以上的事务分别申请封锁对方已经封锁的数据对象，导致长期等待而无法继续运行的现象称为死锁。

例如，事务 T1 在对数据 R1 进行封锁后，又要求对数据 R2 进行封锁，而事务 T2 已获得对数据 R2 的封锁，又要求对数据 R1 进行封锁，此时两个事务都不能得到封锁而处于等待状态，发生死锁。死锁状态见表 8.1。

表 8.1　死锁状态

时间	事务 T1	事务 T2
t0	LOCK Rl	
t1		LOCK R2
t		
t3	LOCK R2	
t4	WAIT	
t5	WAIT	LOCK R1
t6	WAIT	WAIT
t7	WAIT	WAIT

2）死锁产生的条件

（1）互斥条件：一个数据对象一次只能被一个事务使用，即对数据的封锁采用排他锁。

（2）不可抢占条件：一个数据对象只能被占有它的事务所释放，而不能被别的事务强行抢占。

（3）部分分配条件：一个事务已经封锁分给它的数据对象，但仍然要求封锁其他数据。

（4）循环等待条件：允许等待其他事务释放数据对象，系统处于加锁请求相互等待状态。

3）死锁的预防

要想预防死锁的产生，就得破坏形成死锁的条件，与操作系统预防死锁的方法类似，在数据库环境下，常用的方法有一次加锁法和顺序加锁法两种。

（1）一次加锁法。

一次加锁法将事务要使用的所有数据对象依次加锁，并要求加锁成功，只要一个加锁不成功，则本次加锁失败，应该立即释放所有已加锁成功的数据对象，重新开始加锁。

一次加锁法虽然可以有效地预防死锁，但也存在以下问题：首先，对某一事务所要使用的全部数据一次性加锁，扩大了封锁的范围，从而降低了系统的并发度；其次，数据库中的数据是不断变化的，原来不要求封锁数据，在执行过程中可能会变成封锁对象，所以很难事先精确地确定每个事务所要封锁的数据对象，只能在开始扩大封锁范围，将可能要封锁的数据全部加锁，从而进一步降低了并发度，影响了系统的运行效率。

（2）顺序加锁法。

顺序加锁法预先对所有可加锁的数据对象规定加锁顺序，每个事务都需要按此顺序加锁，释放则按逆序进行。

顺序加锁法存在一些问题。因为事务的封锁请求可以随着事务的执行而动态地决定，所以很难事先确定封锁对象，也很难确定封锁顺序。即使确定了封锁顺序，随着数据操作的不断变化，维护封锁顺序也需要很大的系统开销。

在数据库系统中，可加锁的目标集合不仅很大，而且是动态变化的，可加锁的目标通常不是按名寻址，而是按内容寻址，预防死锁需要付出很高的代价，因而，上述两种在操作系统中广泛使用的预防死锁的方法并不适合数据库的特点。

4）死锁的诊断与解除

一般情况下，在数据库系统中，允许发生死锁，在死锁发生后可以自动诊断并解除死锁。一般采用超时法或事务等待图法判定死锁。

（1）超时法。预先规定一个最大等待时间，如果一个事务的等待时间超过了此规定时间，则认为产生了死锁。超时法是最简单的死锁诊断法，但有可能发生误判，若时间规定得太长，则又不能及时发现死锁。

（2）等待图法。等待图是一个有向图 G =（T，W），所有正在运行的事务构成了有向图的节点集 T。若 Ti 申请的加锁对象已被 Tj 封锁，则从 Ti 到 Tj 产生一条有向边，即 Ti 等待 Tj，产生有向边 ij；若等待解除，则删除有向边 ij。显然，产生死锁和等待与图中生成的回路是等价的。DBMS 周期性地检测等待图，以便及时发现回路（死锁），一旦发现死锁，DBMS 将立即着手解除。

此时，选择发生死锁的事务，将其回滚（释放其获得的锁及其他资源），从而解除系统中产生的死锁。被回滚的事务必须等待一段时间后才能重新启动，以避免再次产生死锁。

一般选择要回滚的事务有最迟交付的事务、已获锁最少的事务和回滚代价最小的事务。

项目实践　定义学生选课事务

学生选课事务规定每人选课不能超过三门。向数据库 D_eams 的表 T_sc 中插入多条记录，并进行检验，若插入相同的学号大于 3，则回滚事务，即插入无效，否则提交成功。

SQL 语句如下。

```
use D_eams;
delimiter %%
create procedure TR_course(in xh char(9))
begin
    declare num int;
    declare continue handler for 1062
    begin
        rollback;
    end;
    start transaction;
    insert into T_sc(学号,课程号)
        values('201507001','07001');
    insert into T_sc(学号,课程号)
        values('201507001','07002');
    insert into T_sc(学号,课程号)
        values('201507001','07003');
    insert into T_sc(学号,课程号)
        values('201507002','07003');
    insert into T_sc(学号,课程号)
        values('201507001','07013');
    insert into T_sc(学号,课程号)
        values('201507002','07001');
    select count(*)into @num from T_sc where 学号=xh;
    if @num>3 then
        begin
            rollback;
            set @ch1='您选的课程数已经超三门,操作无效!';
        end;
    else
        begin
            commit;
            set @ch1='您选的课程数符合要求,操作成功!';
        end;
    end if;
end%%
delimiter;
```

验证结果 SQL 语句如下。

```
call TR_course('201507001');
select @ch1;
```

```
mysql> call TR_course('201507001');
Query OK, 0 rows affected (0.18 sec)

mysql> select @ch1;
+-------------------------------------+
| @ch1                                |
+-------------------------------------+
| 您选的课程数已经超三门,操作无效!    |
+-------------------------------------+
1 row in set (0.00 sec)
```

图 8.6 学生选课事务操作结果

执行结果如图 8.6 所示。

如果将本例中的 SQL 语句代码改为“call TR_course（'201507002'）;”，再次执行以上 SQL 语句，则显示“您选的课程数符合要求，操作成功!”。

小　结

关系数据库管理系统通过事务日志和锁机制来保证事务的 ACID 特性。当事务中的某个操作失败时，系统自动利用事务日志进行回滚；当事务中所有操作成功时，事务对数据的修改将永久写入数据库。加锁是为了隔离事务间的相互干扰，对数据进行保护。

习　题

1. 选择题

（1）一个事务提交后，如果系统出现故障，则事务对数据的修改将（　　）。

A. 无效　　B. 有效

C. 事务保存点前有效　　D. 以上都不是

（2）以下与事务控制无关的关键字是（　　）。

A. ROLLBACK　　B. COMMIT　　C. DECLARE　　D. BEGIN

（3）MySQL 中的锁不包括（　　）。

A. 共享锁　　B. 互斥锁　　C. 排他锁　　D. 意向锁

（4）下列关于避免死锁的描述不正确的是（　　）。

A. 尽量使用并发执行语句

B. 要求每个事务一次将所有要使用的数据全部加锁，否则就不予执行

C. 预先规定一个锁定顺序，所有的事务都必须按照这个顺序对数据进行锁定

D. 每个事务的执行时间不应太长，较长的事务可分为几个事务

（5）数据库的并发操作可能带来的问题包括（　　）。

A. 丢失更新　　B. 数据独立性提高

C. 非法用户的使用　　D. 数据冗余度增加

2. 填空题

（1）事务的四个特性是（　　）、（　　）、（　　）和（　　）。

（2）在 MySQL 中，一个事务处理控制语句以关键字（　　）开始，以关键字（　　）或（　　）结束。

（3）在 MySQL 中，一个事务是一个（　　）的单位，它把必须同时执行或不执行的一组操作（　　）在一起。

3. 实践题

（1）使用事务对表进行添加和查询操作。

要求在事务中包含三个操作：

①在表 student 中插入一条记录，并查询插入是否成功，然后设置一个保存点；

②删除插入的数据，并查询删除是否成功，然后回滚事务；

③最后执行第三个查询操作，查看插入的数据是否存在。

（2）对表 student 执行插入和查询操作，检查在程序执行过程中锁的使用情况。

项目九

数据库安全管理

学习要点

通过本章的学习，了解数据的安全控制机制，掌握数据库安全控制的各种方法，对MySQL数据库中的用户和权限进行，以及MySQL日志文件进行管理。

任务一　MySQL的安全性

数据库是存放数据的系统，是企业宝贵的信息资源，必须保证数据库中的数据是安全的。数据库的安全与保护涉及很多内容，本节主要讨论数据库的安全机制、危害数据库安全性的因素、保证数据库安全性的手段和方法，以及MySQL的安全与保护机制。

数据库的安全性需要保护数据库，以防止不合法的使用造成数据泄密、更改或破坏。数据库管理员必须制定一套安全控制策略，一方面，要保证合法用户可以登录到数据库服务器中，并且实施数据库中各种权限范围内的操作；另一方面，要防止所有的非授权用户进行越权的或非法的操作。

一、MySQL安全性概述

数据库的安全控制有多种措施，通常使用用户管理和权限管理的方法。用户管理用来阻止非法的用户登录到数据库服务器中，而利用操作权限管理来控制越权的非法操作，另外，采用提高系统可靠性和数据备份等方法也能控制无意的损坏。

二、MySQL安全管理等级

MySQL安全管理等级包括操作系统安全性、服务器安全性、数据库安全性和数据库对象安全性。

1. 操作系统安全性

在用户使用客户端计算机通过网络实现MySQL服务器的访问时，必须是合法用户才能获得计算机操作系统的使用权。

操作系统安全性由操作系统管理员或网络管理员负责管理，操作系统安全性的地位得到提高，同时也加大了管理数据库系统安全的灵活性和难度。

2. 服务器安全性

用户在登录 MySQL 服务器时，要提供正确的用户名和密码才能获得 MySQL 的访问权限。管理控制好用户登录是 MySQL 安全体系中 DBA 可以发挥主动性的第一道防线。

3. 数据库安全性

用户访问数据库时，必须创建与服务器登录名映射的数据库用户，才能获得访问数据库的权利。

在默认情况下，只有数据库的拥有者才可以访问该数据库的对象，或者分配访问权限给其他用户，以便其他用户拥有该数据库的访问权利。

4. 数据库对象安全性

数据库对象安全性是检查用户权限的最后一个安全等级。用户操作数据库对象时，必须检查用户是否具有操作该对象的权限，MySQL 将自动把该数据库对象的拥有权赋予对象的创建者。对象的拥有者可以实现该对象的安全控制。

任务二　用户管理

视频 13　用户管理

MySQL 用户包括超级用户（ROOT）和普通用户。ROOT 用户拥有所有的权限，包括创建用户、删除用户和修改普通用户的密码等管理权限，而新创建的普通用户只拥有创建该用户时赋予它的权限。

一、创建用户

在 MySQL 中，使用 CREATE USER 语句创建用户，其语法格式如下。

```
CREATE USER <用户>[IDENTIFIED BY [PASSWORD]'密码']
[,用户 n[IDENTIFIED BY [PASSWORD]'密码 n']][,…];
```

用户的格式如下。

```
'用户名'@ '主机名'
```

主机名指定了创建的用户使用 MySQL 连接的主机，“%” 表示一组主机，Localhost 表示本地主机。

例如，创建两个新用户 U_studentl 和 U_student2，密码分别为“1234” 和 “5678”，SQL 语句如下。

```
create user U_student1@localhost identified by '1234',
U_student2@localhost identified by '5678';
```

以上创建的两个新用户的详细信息保存在 MySQL 数据库的表 user 中，执行如下 SQL 语句，结果如图 9.1 所示。

```
use mysql;
select user,host,authentication_string from user;
```

```
mysql> use mysql
Database changed
mysql> select user,host,authentication_string from user;
+-----------+-----------+-------------------------------------------+
| user      | host      | authentication_string                     |
+-----------+-----------+-------------------------------------------+
| root      | localhost | *84AAC12F54AB666ECFC2A83C676908C8BBC381B1 |
| mysql.sys | localhost | *THISISNOTAVALIDPASSWORDTHATCANBEUSEDHERE |
| U_student1 | localhost | *A4B6157319038724E3560894F7F932C8886EBFCF |
| U_student2 | localhost | *F13ACB16013CCF84877CED35B9DB9105C0C98A43 |
+-----------+-----------+-------------------------------------------+
4 rows in set (0.00 sec)
```

图 9.1　创建的两个新用户

二、修改用户名和密码

1. *修改用户名*

使用 RENAME USER 语句修改一个已经存在的用户名，其语法格式如下。

```
RENAME USER <旧用户名> TO <新用户名>
[,<旧用户名 n>TO<新用户名 n>][,…];
```

例如，将用户 U_student1 的名称改为“U_stu1”的 SQL 语句如下。

```
rename user U_student1@localhost to U_stu1;
```

2. *修改用户密码*

使用 SET PASSWORD 语句修改用户的登录密码，其语法格式如下。

```
SET PASSWORD [FOR 用户] = PASSWORD('新密码');
```

例如，将用户 U_student2 的密码修改为“abc123”的 SQL 语句如下。

```
set password for U_student2@ localhost = password ('abc123');
```

三、删除用户

使用 DROP USER 语句删除一个或多个 MySQL 用户，并取消其权限。DROP USER 语句必须拥有 MySQL 数据库的全局 CREATE USER 权限或 DELETE 权限，其语法格式如下。

```
DROP USER <用户>[,…];
```

例如，删除 U_stu1 和 U_student2 用户的 SQL 语句如下。

```
drop user U_stu1,U_student2@ localhost;
```

任务三 权限管理

视频 14 权限管理

权限管理对登录到 MySQL 的用户进行权限验证，所有用户的权限都存储在 MySQL 的权限表中。合理的权限管理能够保证数据库系统的安全，不合理的权限设置会给 MySQL 服务器带来安全隐患。

一、权限概述

MySQL 数据库中有多种类型的权限，这些权限都存储在 MySQL 数据库的权限表中，在 MySQL 启动时，服务器将这些数据库中的权限信息读入内存。

1. 列权限

列权限作用于一个给定表的单个列，权限存储在 MySQL 数据库的表 columns_priv 中，通过指定一个 COLUMNS 子句将权限授予特定的列，同时要在 ON 子句中指定具体的表。例如，使用 UPDATE 语句更新表 student 中学号列值的权限。

2. 表权限

表权限作用于一个给定表的所有列，权限存储在 MySQL 数据库的 tables_priv 表中，可以通过“GRANT ON”表名语句为具体的表名设置权限。例如，使用 SELECT 语句查询表 student 中所有数据的权限。

3. 数据库权限

数据库权限作用于一个给定数据库的所有表，权限存储在 MySQL 数据库的表 db 中，可以通过使用“GRANT ON 数据库名 . *”语句设置数据库权限。例如，在已有的数据库 D_sample中创建新表的权限。

4. 全局权限

全局权限作用于一个给定服务器上的所有数据库，权限存储在 MySQL 数据库的表 user 中，可以通过使用“GRANT ALL ON *. *”语句设置全局权限。例如，删除已有的数据库或者创建一个新的数据库的权限。

权限的管理包含授予权限和收回权限两个内容，授予权限允许用户具有某种操作权，收回权限不允许用户具有某种操作权，或者收回曾经授予的权限。

二、授予权限

在 MySQL 中，使用 GRANT 语句授予权限，拥有 GRANT 权限的用户可以执行 GRANT 语句，其语法格式如下。

```
GRANT <权限名称>[(列名)][,<权限名称>][(列名)][,…n]
ON[TABLE |FUNCTION |PROCEDURE]
{表名或视图名 |* |*.* |数据库名.* |数据库名.表名或视图名}
TO <用户>[IDENTIFIED BY [PASSWORD]'密码']
[,<用户>[IDENTIFIED BY [PASSWORD]'密码']][,…n]
```

```
[WITH GRANT OPTION];
```

例 9.1 使用 GRANT 语句创建一个新用户 U_student，密码为“studentpwd”。用户 U_student对所有的数据有查询和插入权限，并授予 GRANT 权限。

SQL 语句如下。

```
grant select,insert on *.*
to U_student@localhost identified by 'studentpwd'
with grant option;
```

例 9.2 使用 GRANT 语句将数据库 D_sample 中表 student 的 DELETE 权限授予用户 U_student。

SQL 语句如下。

```
grant delete on D_sample.student
to U_student@localhost;
```

例 9.3 使用 GRANT 语句将数据库 D_sample 中表 sc 的成绩列的 UPDATE 权限授予用户 U_student1。

SQL 语句如下。

```
grant update(成绩)on D_sample.sc
to U_student1@localhost;
```

三、收回权限

收回权限是取消已经赋予用户的某些权限。收回用户不必要的权限在一定程度上可以保证数据的安全性。权限收回后，用户账户的记录将从表 db、tables_priv 和 columns_priv 中删除，但是用户账户记录仍然保存在表 user 中。利用 REVOKE 语句收回权限，语法格式有两种，一分别用于收回用户的所有权限和用户指定的权限。

1. 收回所有权限

收回用户所有权限的语法格式如下。

```
REVOKE ALL PRIVILEGES,GRANT OPTION
FROM <用户>[,<用户>][,…n];
```

例如，使用 REVOKE 语句收回 U_student 用户的所有权限，包括 GRANT 权限，其 SQL 语句如下。

```
revoke all privileges,grant option
from U_student@localhost;
```

2. 收回指定权限

收回用户指定权限的语法格式如下。

```
REVOKE <权限名称>[(列名)][,<权限名称>[(列名)]][,…n]
```

```
ON{表名或视图名|*|*.*|数据库名.*|数据库名.表名或视图名}
FROM <用户>[,<用户>][,…n];
```

例如，收回 U_student1 用户对数据库 D_sample 中表 sc 的成绩列的 UPDATE 权限，其 SQL 语句如下。

```
revoke update(成绩)on D_sample.sc
from U_student1@localhost;
```

四、查看权限

在 MySQL 中使用 SELECT 语句查询表 user 中各个用户的权限，也可以直接使用 SHOW GRANTS 语句查看权限。

1. 使用 SELECT 语句查看权限

在 MySQL 数据库的表 user 中存储用户的基本权限，使用 SELECT 语句查看。

例如，使用 SELECT 语句查看表 user 中用户的基本权限信息，其 SQL 语句如下。

```
select host,user,select_priv,insert_priv,update_priv,delete_priv,create_priv,drop_priv,alter_priv,show_db_priv,create_user_priv
from mysql.user;
```

执行结果如图 9.2 所示。

```
mysql> select host,user,select_priv,insert_priv,update_priv,delete_priv,
    -> create_priv,drop_priv,alter_priv,show_db_priv,create_user_priv
    -> from mysql.user;
+-----------+-----------+-------------+-------------+-------------+-------------+-------------+-----------+------------+--------------+------------------+
| host      | user      | select_priv | insert_priv | update_priv | delete_priv | create_priv | drop_priv | alter_priv | show_db_priv | create_user_priv |
+-----------+-----------+-------------+-------------+-------------+-------------+-------------+-----------+------------+--------------+------------------+
| localhost | root      | Y           | Y           | Y           | Y           | Y           | Y         | Y          | Y            | Y                |
| localhost | mysql.sys | N           | N           | N           | N           | N           | N         | N          | N            | N                |
| localhost | U_student1| N           | N           | N           | N           | N           | N         | N          | N            | N                |
| localhost | U_student2| N           | N           | N           | N           | N           | N         | N          | N            | N                |
+-----------+-----------+-------------+-------------+-------------+-------------+-------------+-----------+------------+--------------+------------------+
4 rows in set (0.00 sec)
```

图 9.2 查看用户的基本权限

2. 使用 SHOW GRANTS 语句查看权限

使用 SHOW GRANTS 语句可以查看指定用户的权限信息，其语法格式如下。

```
SHOW GRANTS FOR <用户>;
```

例如，使用 SHOW GRANTS 语句查看用户 U_student1 的权限信息，SQL 语句如下。

```
show grants for U_student1@localhost;
```

执行结果如图 9.3 所示。

```
mysql> show grants for U_student1@localhost;
+-----------------------------------------------+
| Grants for U_student1@localhost               |
+-----------------------------------------------+
| GRANT USAGE ON *.* TO 'U_student1'@'localhost' |
+-----------------------------------------------+
1 row in set (0.02 sec)
```

图 9.3 使用 SHOW GRANTS 语句查看用户权限

任务四　日志文件

日志是数据库的重要组成部分，日志文件中记录了数据库运行期间发生的变化。当数据库遭到意外损害时，可以通过日志文件查询出错原因，进行数据恢复。

MySQL 日志记录了 MySQL 数据库的运行情况、用户操作和错误信息等。例如，当一个用户登录到 MySQL 服务器时，日志文件会记录该用户的登录时间和执行的操作等；当 MySQL 服务器在某个时间出现异常时，异常信息也会被记录到日志文件中。日志文件可以为 MySQL 的管理和优化提供必要的信息。因此，对于 MySQL 的管理工作而言，日志文件是不可缺少的。

MySQL 日志主要分为二进制日志、错误日志、通用查询日志和慢查询日志。

一、二进制日志

二进制日志主要记录数据库的变化情况，它以一种有效的格式包含了所有更新的或者可能更新了的数据（如没有匹配任何行的一条 DELETE 语句）的语句。语句以“事件”的形式保存，描述数据的更改。

二进制日志还包含关于每个更新数据库语句的执行时间信息，但不包含没有修改任何数据的语句。如果要记录所有语句，需要使用通用查询日志。二进制日志包含了备份后进行的所有更新，能够最大程度地恢复数据。

1. 查看二进制日志的开启状态

使用 SHOW GLOBAL 语句查看二进制日志的开启状态，SQL 语句如下。

```
show global variables like '% log_bin % ';
```

LOG_BIN 用于控制会话级别二进制日志功能的开启或关闭，默认为 ON，表示启用记录功能。语句执行结果如图 9.5 所示。

```
mysql> show global variables like '%log_bin%';
+---------------------------------+-------+
| Variable_name                   | Value |
+---------------------------------+-------+
| log_bin                         | OFF   |
| log_bin_basename                |       |
| log_bin_index                   |       |
| log_bin_trust_function_creators | OFF   |
| log_bin_use_v1_row_events       | OFF   |
+---------------------------------+-------+
5 rows in set, 1 warning (0.01 sec)
```

图 9.4　查看二进制日志的开启状态

2. 查看二进制日志的大小

使用 SHOW BINARY LOGS 语句查看当前服务器使用的二进制文件及其大小，但不能直接使用查看命令打开并查看二进制日志。SQL 语句如下。

```
show binary logs;
```

执行结果如图 9.5 所示。

3. 查看二进制日志信息

使用 SHOW BINLOG EVENTS 语句查看二进制日志信息，其语法格式如下。

```
SHOW BINLOG EVENTS[IN '日志文件名'][FROM 位置][LIMIT[offset,]行数];
```

例如，使用 SHOW BINLOG EVENTS 语句查看从指定的事件位置开始的二进制日志信息，SQL 语句如下。

```
show binlog events from 98886 limit 3 \G;
```

执行结果如图 9.6 所示。

```
mysql> show binary logs;
+----------------------+-----------+
| Log_name             | File_size |
+----------------------+-----------+
| PROF-PC-bin.000001   |     99474 |
| PROF-PC-bin.000002   |   2052678 |
| PROF-PC-bin.000003   |       177 |
| PROF-PC-bin.000004   |       177 |
| PROF-PC-bin.000005   |   1330486 |
| PROF-PC-bin.000006   |       177 |
| PROF-PC-bin.000007   |       177 |
| PROF-PC-bin.000008   |       177 |
| PROF-PC-bin.000009   |       154 |
| PROF-PC-bin.000010   |       177 |
| PROF-PC-bin.000011   |       177 |
| PROF-PC-bin.000012   |       154 |
| PROF-PC-bin.000013   |       177 |
| PROF-PC-bin.000014   |       177 |
| PROF-PC-bin.000015   |       177 |
| PROF-PC-bin.000016   |       154 |
| PROF-PC-bin.000017   |       177 |
| PROF-PC-bin.000018   |       177 |
```

图 9.5 查看二进制日志的大小

4. 删除二进制日志文件

1）删除所有二进制日志文件

使用 RESET MASTER 语句删除所有二进制日志文件，其语法格式如下。

```
RESET MASTER;
```

```
mysql> show binlog events from 98886 limit 3\G;
*************************** 1. row ***************************
   Log_name: PROF-PC-bin.000001
        Pos: 98886
 Event_type: Query
  Server_id: 1
End_log_pos: 99032
       Info: use `mysql`; CREATE USER 'root'@'localhost' IDENTIFIED WITH 'mysql_native_password'
*************************** 2. row ***************************
   Log_name: PROF-PC-bin.000001
        Pos: 99032
 Event_type: Anonymous_Gtid
  Server_id: 1
End_log_pos: 99097
       Info: SET @@SESSION.GTID_NEXT= 'ANONYMOUS'
*************************** 3. row ***************************
   Log_name: PROF-PC-bin.000001
        Pos: 99097
 Event_type: Query
  Server_id: 1
End_log_pos: 99243
       Info: use `mysql`; GRANT ALL PRIVILEGES ON *.* TO 'root'@'localhost' WITH GRANT OPTION
3 rows in set (0.00 sec)
```

图 9.6 查看二进制日志信息

2）删除部分二进制日志文件

使用 PURGE MASTER LOGS 语句删除在指定的日志或日期之前的二进制日志文件，其语法格式如下。

```
PURGE {MASTER|BINARY} LOGS {TO '日志文件名'|BEFORE 'date'};
```

二、错误日志

错误日志文件记录了 MySQL 服务的启动、关闭和服务器运行中发生的错误等信息。

1. 查看错误日志

使用 SHOW GLOBAL 语句查看错误日志，SQL 语句如下。

```
show global variables like '% log_error % ';
```

执行结果如图 9.7 所示。

2. 删除错误日志文件

使用 MySQLADMIN 命令删除错误日志，SQL 语句如下。

```
mysqladmin -u root -p flush -logs
```

该命令同样可用于删除通用查询日志文件和慢查询日志文件。

三、通用查询日志

通用查询日志记录 MySQL 的所有用户操作，包括启动与关闭服务、执行查询和更新语句等。

1. 查看通用查询日志的开启状态

使用 SHOW GLOBAL 语句查看通用查询日志开启状态，SQL 语句如下。

```
show global variables like 'general_log % ';
```

执行结果如图 9.8 所示。

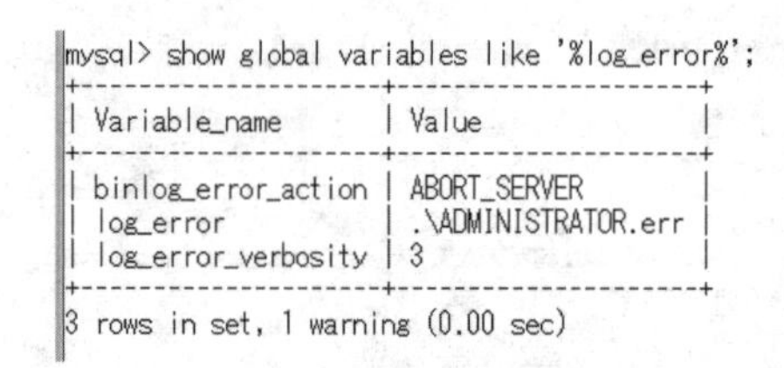

```
mysql> show global variables like '%log_error%';
+---------------------+---------------------+
| Variable_name       | Value               |
+---------------------+---------------------+
| binlog_error_action | ABORT_SERVER        |
| log_error           | .\ADMINISTRATOR.err |
| log_error_verbosity | 3                   |
+---------------------+---------------------+
3 rows in set, 1 warning (0.00 sec)
```

图 9.7　查看错误日志

```
mysql> show global variables like 'general_log%';
+------------------+-------------------+
| Variable_name    | Value             |
+------------------+-------------------+
| general_log      | ON                |
| general_log_file | ADMINISTRATOR.log |
+------------------+-------------------+
2 rows in set, 1 warning (0.00 sec)
```

图 9.8　查看通用查询日志的开启状态

默认情况下，通用查询日志功能是关闭的，设置通用查询日志功能为开启状态的 SQL 语句如下。

```
set global general_log = 'on';
```

2. 查看通用查询日志信息

查看通用查询日志信息的 SQL 语句如下。

```
show create table mysql.general_log \G;
```

四、慢查询日志

慢查询日志用来记录执行时间超过指定时间的查询语句，查找出执行效率低的查询语句，进行优化。

1. 查看慢查询日志的开启状态

使用 SHOW GLOBAL 语句查看慢查询日志的开启状态，SQL 语句如下。

```
show global variables like 'slow_query_log % ';
```

```
mysql> show global variables like 'slow_query_log%';
+---------------------+--------------------------+
| Variable_name       | Value                    |
+---------------------+--------------------------+
| slow_query_log      | ON                       |
| slow_query_log_file | ADMINISTRATOR-slow.log   |
+---------------------+--------------------------+
2 rows in set, 1 warning (0.00 sec)
```

图 9.9 查看慢查询日志的开启状态

执行结果如图 9.9 所示。

2. 查看慢查询日志信息

查看慢查询日志信息，SQL 语句如下。

```
select * frommysql.slow_log;
```

项目实践 创建数据管理员用户

(1) 使用 GRANT 语句，创建数据管理员用户 U_eams，密码为 system123。用户 U_eams对数据库 D_eams 的数据有查询和更新权限，并授予 GRANT 权限。SQL 语句如下。

```
grant select,update
on D_eams. *
to U_eams@local host identified by 'system123'
with grant option;
```

(2) 以数据管理员用户 U_eams 的身份登录 MySQL 服务器，操作步骤如下。

①打开命令行窗口，进入 MySQL 安装目录下的 bin 目录;

```
cd C: \Program Files \MySQL \MySQL Server 5.7 \bin
```

②通过 MySQL 命令登录 MySQL 服务器。

```
mysql -h localhost -u U_eams -psystem123
```

其中，-h 后为主机名，-u 后为用户名，-p 后为密码。

执行结果如图 9.10 所示。

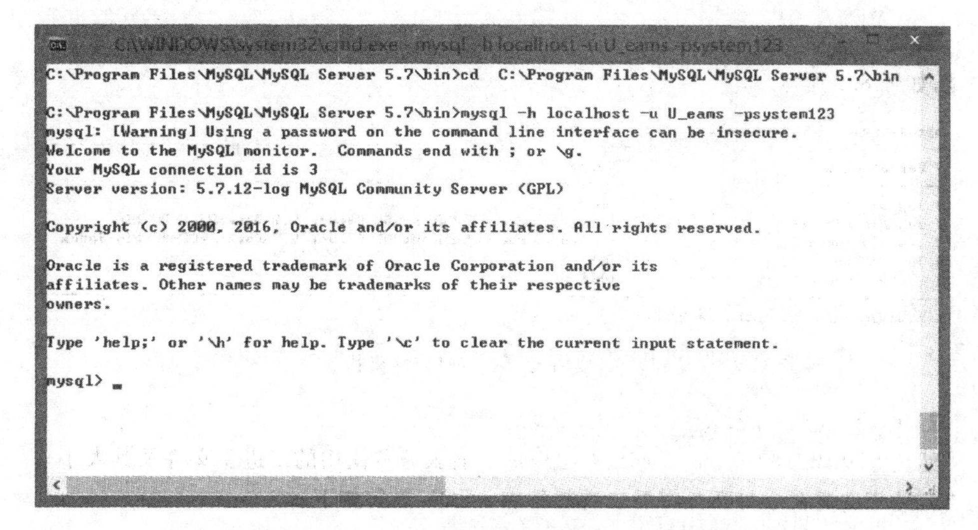

图 9.10 以 U_eams 用户身份登录 MySQL 服务器

小　结

本章主要讨论了 MySQL 的安全性管理问题，涉及数据库用户和权限等。用户访问数据库前必须登录 MySQL 服务器，用户具有访问数据库的某种权限。数据库管理和维护是数据库管理员的日常工作任务。

通过本章学习应该理解用户和权限的基本概念，掌握用户管理和权限管理的方法，理解日志文件的基本概念及其管理。

习　题

1. 选择题

（1）MySQL 数据库中有多种类型的权限，以下（　　）不是 MySQL 数据库的权限。

A. 列权限　　B. 行权限　　C. 表权限　　D. 数据库权限

（2）恢复数据不可以使用以下（　　）命令或语句。

A. MySQL　　B. LOAD DATA INFILE

C. SHOW DATA　　D. SOURCE

（3）使用（　　）语句可以查看指定用户的权限信息。

A. SHOW USER　　B. SHOW GLOBAL

C. SHOW DATA　　D. SHOW GRANTS

（4）除了使用 SELECT INTO OUTFILE 语句备份数据，还可以使用（　　）命令备份数据。

A. MySQLADMIN　　B. MySQLBINLOG　　C. MySQLDUMP　　D. MySQLSHOW

2. 填空题

（1）在 MySQL 中，可以使用（　　）语句为数据库添加用户。

（2）在 MySQL 中，使用（　　）语句授予权限，使用（　　）语句收回权限。

（3）MySQL 提供的数据库备份方法有（　　）备份、（　　）备份和（　　）备份。

（4）MySQL 日志主要分为（　　）日志、（　　）日志、（　　）日志和（　　）日志。

（5）使用（　　）语句可删除一个或多个 MySQL 用户，并取消其权限。

3. 实践题

（1）在 MySQL 中创建用户 u1。

（2）授予 u1 查看表 student 的权限，授予 u2 更改表 course 的权限。

（3）备份所有数据库。

（4）用 MySQL 命令将数据表内容恢复到文本文件。

（5）查看错误日志、通用查询日志和慢查询日志。

（6）删除错误日志、通用查询日志和慢查询日志。

项目十 数据库应用开发实例

学习要点

本章通过开发图书管理系统，讨论后台数据库设计与实现，以及前台使用通用开源脚本语言 PHP 进行数据库应用系统开发的技能。

任务一　系统分析

系统分析依据管理信息系统的开发背景、实际需求做出简单的系统需求分析，理清系统的真实需求。

一、开发背景

图书资料的管理是高校图书馆的重要工作，传统的人工方式管理图书资料存在效率低、保密性差且较为烦琐等缺点。随着图书资料数量的增加，图书资料管理工作量将大大增加，增加了图书资料管理者的工作量和劳动强度，给图书资料信息的查找、更新和维护带来很多困难。

随着科学技术的不断提高，传统的手工管理方法必然被以计算机为基础的信息管理方法所取代。

图书资料管理作为计算机应用的一个分支，具有手工管理无法比拟的优点，如检索迅速、查找方便、可靠性高、存储量大、保密性好、寿命长、成本低等，这些优点能够极大地提高图书资料管理的效率。因此，开发一套能够为用户提供充足的信息和快捷的查询手段的图书资料管理系统是非常必要的。

二、需求分析

图书管理系统实现图书馆日常管理的数字化，提供图书馆的图书编目、图书流通等日常管理，以及流通管理、图书信息检索等功能。

图书管理系统的基本需求如下。

（1）提供多种检索查询方式，可以进行简单的关键字、书名、作者、出版社、图书分类等多种细目的详细查询，查询结果直观；

（2）读者既可以查询检索图书及图书详细信息，发表、查看图书评论，也可以查询自己的借阅状态，预约和续借图书；

（3）能够处理读者的借阅归还和续借请求，进行图书超期、丢失、污损等赔偿和处罚处理；

（4）可以对系统数据进行维护，增加、删除、更新图书信息等；

（5）能够进行读者管理，包括增加、删除和修改读者账户；

（6）在查看图书（或读者）档案时，在同一界面同时显示图书（或读者）的历史借阅记录，借书与还书时，显示读者（或者图书）当前借阅状态，为图书管理提供参考；

（7）注销读者时删除其借阅记录；

（8）借阅权限采用分类限制，定义各类读者的借书数量、借书期限、有效期限等；

（9）可以发布公告、通知，介绍图书馆活动、培训信息等；

（10）提供统计查询功能，如借阅信息统计、当前借阅查询、历史借阅查询、图书丢失清单等，一个图书管理系统至少应包含信息录入、数据修改与删除及查询与统计等功能。

任务二　系统设计

系统设计是依据系统的需求分析做出的，包括系统功能设计、数据库设计、开发环境选择等。

一、系统功能设计

图书管理系统包括读者信息管理、图书信息管理、图书借阅管理和系统用户管理。读者信息管理包括读者类别管理和读者个人数据的录入、修改、删除，图书信息管理包括图书征订、编目、典藏操作，图书借阅管理包括借阅、续借、归还和查询，系统用户管理包括系统用户类别管理和用户数据管理。

图书管理系统应具有以下功能：

（1）读者信息管理，包括读者类别管理，读者个人数据的录入、修改、删除等功能；

（2）图书征订，包括图书征订数据的录入、修改、删除等功能；

（3）图书编目，包括图书编目信息的录入、修改等功能；

（4）图书典藏，包括新书分配、库室调配等功能；

（5）图书流通，包括图书借阅、续借，图书归还，图书书目查询等功能；

（6）系统用户管理，包括系统用户数据的录入、修改、删除等功能。

图书管理系统的功能模块组成如图 10.1 所示。

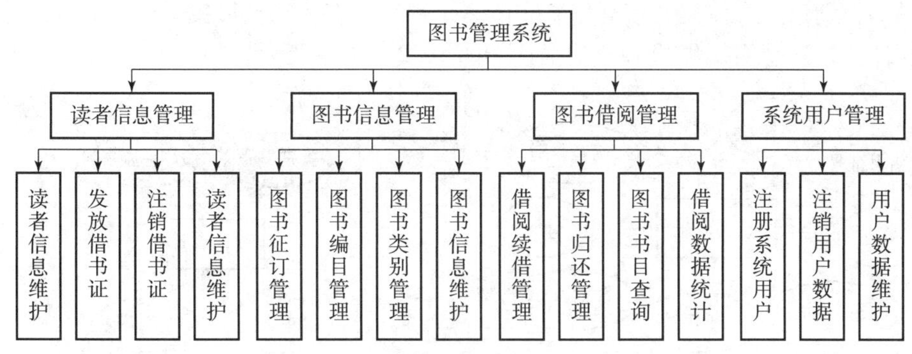

图 10.1　图书管理系统的功能模块组成

二、数据库设计

在数据库系统设计时应该充分了解用户各个方面的需求，包括现有的以及将来可能增加的需求。数据库设计一般包括数据库需求分析、数据库概念结构设计、逻辑结构设计和数据库物理结构设计四步。

1. 数据库需求分析

用户的需求具体体现在各种信息的提供、保存、更新和查询，要求数据库结构能充分满足各种信息的输出和输入，收集基本数据、数据结构以及数据处理的流程，组成一份详尽的数据字典，为具体设计打下基础。

在仔细分析调查有关图书馆管理信息需求的基础上，得到本系统所处理的数据流程。

针对一般图书馆管理信息系统的需求，通过对图书馆管理工作过程的内容和数据流程的分析，设计如下的数据项和数据结构：

（1）读者信息，包括的数据项有借书证号、姓名、性别、读者类别、单位、联系电话、电子信箱、注册日期、备注等；

（2）读者类别信息，包括的数据项有类别编号、类别名称、借书数量、借书期限等；

（3）图书信息，包括的数据项有图书编号、图书名称、ISBN、作者、出版社、出版日期、图书类别、索引号、定价、页数、内容简介等；

（4）图书类别信息，包括的数据项有类别编号、类别名称等；

（5）借阅信息，包括的数据项有读者编号、图书编号、借阅日期、归还日期、状态、操作号等；

（6）预约图书信息，包括的数据项有预约编号、预约日期、图书编号、读者编号等；

（7）用户信息，包括的数据项有用户编号、用户名称、用户类别、密码、权限等；

（8）用户类别，包括的数据项有用户类别编号、类别名称等。

完成数据结构、数据项和数据流程设计后，进行数据库设计。

2. 数据库概念结构设计

设计数据项和数据结构以后，需要设计能够满足用户需求的各种实体集以及它们之间的联系，为后面的逻辑结构设计打下基础。

数据库需求分析规划出的实体集有读者信息实体集、读者类别信息实体集、图书信息实

体集、图书类别信息实体集、借阅信息实体集、预约图书信息实体集、用户信息实体集和用户类别实体集，各个实体集的E-R图描述如图10.2～10.9所示。

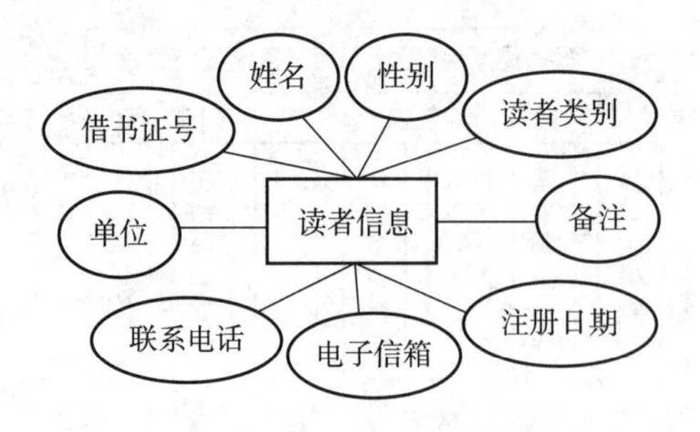

图10.2　读者信息实体集E－R图

图10.3　读者类别信息实体集E－R图

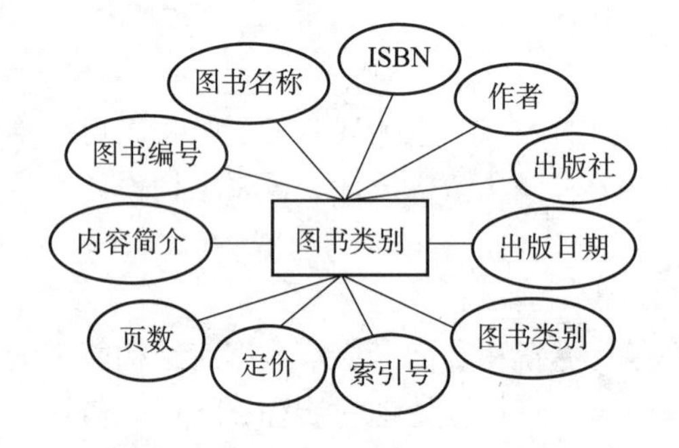

图10.4　图书信息实体集E－R图

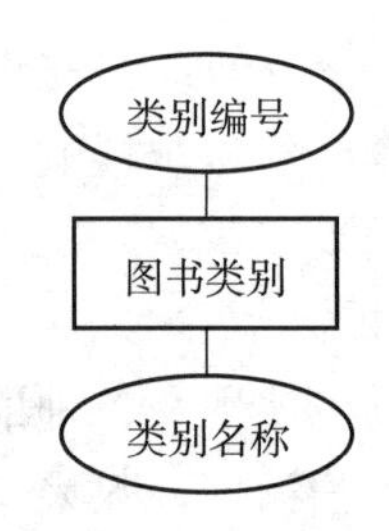

图10.5　图书类别信息实体集E－R图

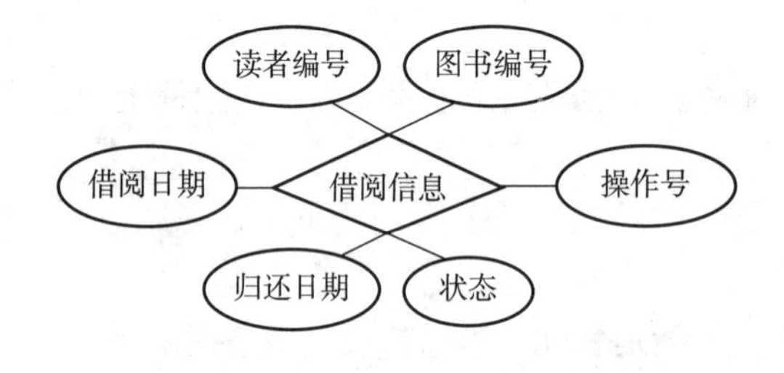

图10.6　借阅信息实体集E－R图

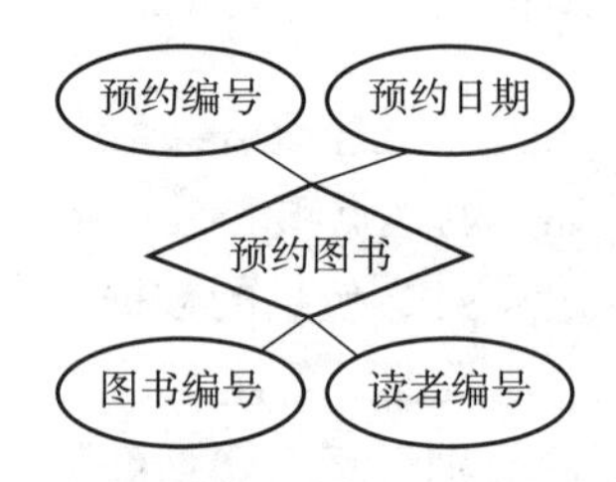

图10.7　预约图书信息实体集E－R图

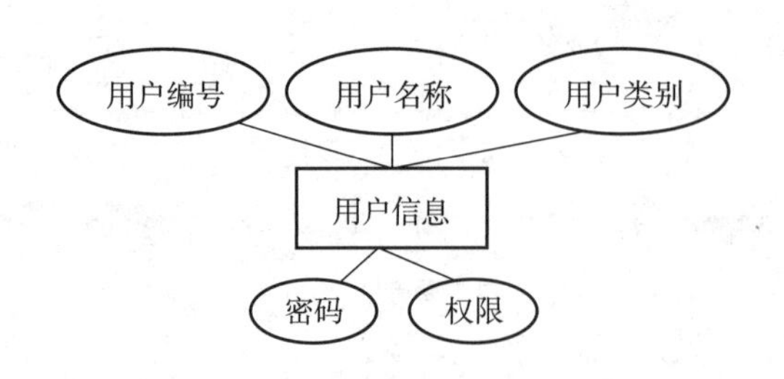

图10.8　用户信息实体集E－R图

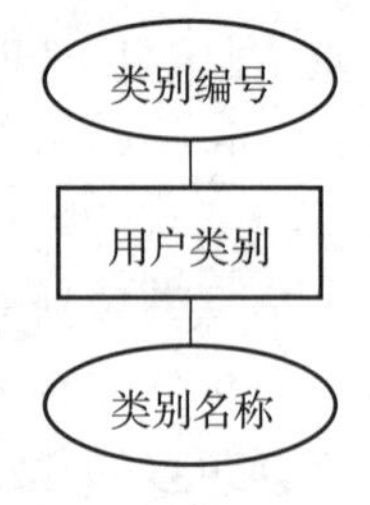

图10.9　用户类别实体集E－R图

实体集之间相互关系的E－R图如图10.10所示。

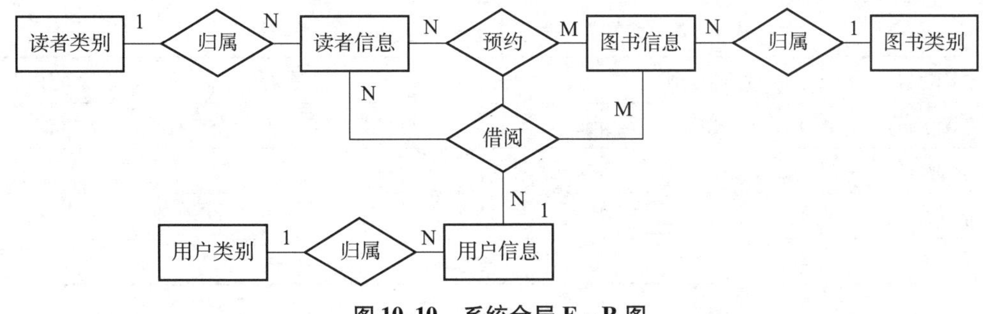

图 10.10 系统全局 E-R 图

3. 数据库逻辑结构设计

逻辑结构设计的任务是把概念结构设计阶段设计好的基本 E-R 图，转换为与选用的具体机器上的 DBMS 产品所支持的数据模型相符合的逻辑结构。

E-R 图向关系模型转换的结果如下。

（1）读者信息表（借书证号，姓名，性别，读者类别，单位，联系电话，电子信箱，注册日期，备注）；

（2）读者类别信息表（类别编号，类别名称，借书数量，借书期限）；

（3）图书信息表（图书编号，图书名称，ISBN，作者，出版社，出版日期，图书类别，索引号，定价，页数，内容简介）；

（4）图书类别信息表（类别编号，类别名称）；

（5）借阅信息表（读者编号，图书编号，借阅日期，归还日期，状态，操作号）；

（6）预约图书信息表（预约编号，预约日期，图书编号，读者编号）；

（7）用户信息表（用户编号，用户名称，用户类别，密码，权限）；

（8）用户类别表（类别编号，类别名称）。

4. 数据库物理结构设计

物理结构设计的目的是为一个给定的逻辑数据模型选取一个最适合应用环境的物理结构。

图书管理系统数据库中各个表结构的设计结果见表 10.1 ~ 表 10.8，每个表格表示数据库中的一个表。

表 10.1 读者信息表（t_reader）的表结构

字段名	数据类型	长度	是否空	备注
借书证号	CHAR	5	否	主键
姓名	VARCHAR	10	否	
性别	CHAR	2	否	
读者类别	CHAR	2	否	
单位	VARCHAR	50	是	
联系电话	VARCHAR	13	是	
电子信箱	VARCHAR	50	是	
注册日期	DATE		否	
备注	TEXT		是	

表 10.2　读者类别表（T_reader_type）的表结构

字段名	数据类型	长度	是否空	备注
类别编号	CHAR	2	否	主键
类别名称	VARCHAR	50	否	
借书数量	INT		否	
借书期限	INT		否	

表 10.3　图书信息表（T_book）的表结构

字段名	数据类型	长度	是否空	备注
图书编号	CHAR	6	否	主键
图书名称	VARCHAR	50	否	
ISBN	VARCHAR	13	否	
作者	VARCHAR	50	否	
出版社	VARCHAR	50	否	
出版日期	DATE		否	
图书类别	CHAR	6	否	
索引号	VARCHAR	50	否	
定价	DECIMAL	6，2	否	
页数	INT		否	
内容简介	TEXT		是	

表 10.4　图书类别信息表（T_book_type）的表结构

字段名	数据类型	长度	是否空	备注
类别编号	CHAR	6	否	主键
类别名称	VARCHAR	10	否	

表 10.5　借阅信息表（T_borrow）的表结构

字段名	数据类型	长度	是否空	备注
读者编号	CHAR	5	否	
图书编号	CHAR	6	否	
借阅日期	DATE		否	
归还日期	DATE		否	
状态	INT		否	
操作号	CHAR	5	否	

表 10.6 预约图书信息表（T_booking_book）的表结构

字段名	数据类型	长度	是否空	备注
预约编号	CHAR	11	否	主键
预约日期	DATE		否	
图书编号	CHAR	6	否	
读者编号	CHAR	5	否	

表 10.7 用户信息表（T_user）的表结构

字段名	数据类型	长度	是否空	备注
用户编号	CHAR	5	否	主键
用户名称	CHAR	6	否	
用户类别	CHAR	2	否	
密码	VARCHAR	16	否	
权限	VARCHAR	20	否	

表 10.8 用户类别表（T_user_type）的表结构

字段名	数据类型	长度	是否空	备注
类别编号	CHAR	2	否	主键
类别名称	VARCHAR	20	否	

以上表与表之间的关系如图 10.11 所示。

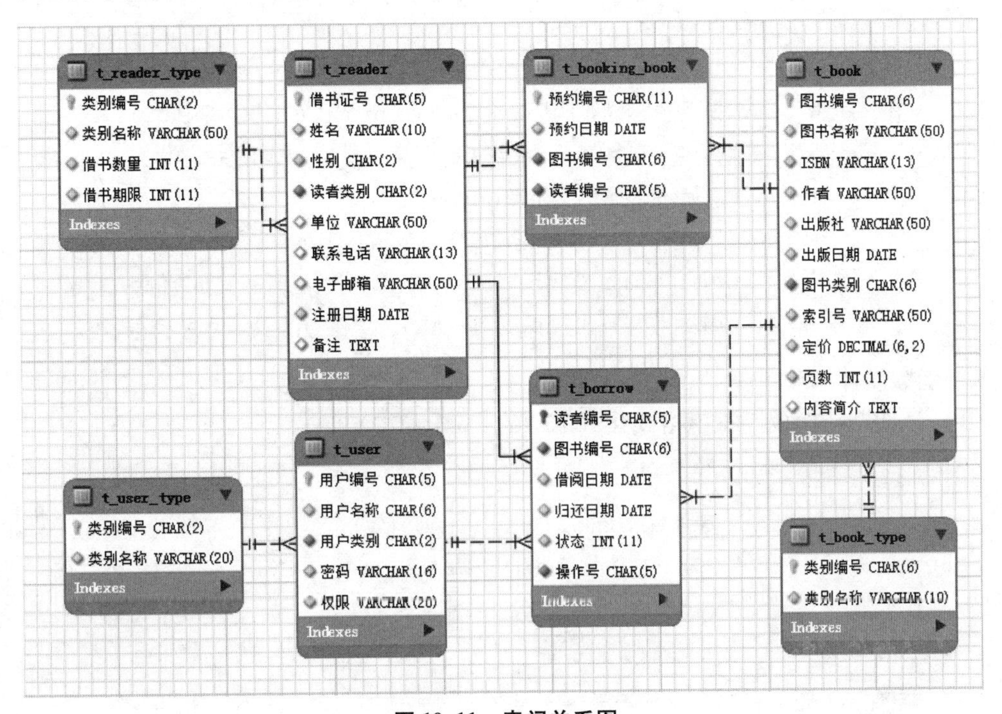

图 10.11 表间关系图

数据库设计除了上述数据库表设计外，还包括数据库视图设计、函数设计、触发器设计和存储过程设计等。图书管理系统视图设计、函数设计、触发器设计和存储过程设计如下。

1）视图设计

（1）预约图书信息。

```
create view V_booking_book
as
        select c.图书名称,预约日期=F_dateformat(b.预约日期),b.预约编号,
            a.借书证号
            from T_reader a inner join T_booking_book b
            on a.借书证号=b.读者编号
            inner join T_book c on b.图书编号=c.图书编号;
```

（2）图书检索。

```
create view V_book_search
as
        select a.图书编号,a.图书名称,a.作者,a.索引号,a.出版社,b.类别名称,
        b.类别编号
            from T_book a inner join T_book_type b
            on a.图书类别=b.类别编号;
```

（3）读者借阅状态。

```
create view V_borrow
as
        select c.借书证号,借阅日期=F_dateformat(b.借阅日期),
            归还日期=F_dateformat(b.归还日期),a.图书名称,
            状态=F_book_extended(now())
            from T_book a inner join T_borrow b on a.图书编号=b.图书编号
                inner join T_reader c on b.读者编号=c.借书证号
                inner join T_user d on b.操作号=d.用户编号;
```

2）函数设计

（1）日期型转换成字符串格式化（YYYY-MM-DD）。

```
delimiter $$
create function F_dateformat(indate date)
returns char(10)
begin
        declare str1 char(10);
        set str1=cast(indate as char(10));
        return str1;
```

```
end $$
delimiter;
```

（2）图书超期判断。

```
delimiter $$
create function F_book_extended(today date)
returns int
begin
     declare i int;
     declare str char(4);
     select datediff(today,归还日期)into i from D_lms.T_borrow;
      if i < =0 then
            set str ='正常';
     else
            set str ='超期';
     end if;
     return i;
end $$
delimiter;
```

3）存储过程设计

（1）借阅图书。

```
delimiter $$
create procedure P_borrow
(inreader_num char(5),
 inbook_num char(6),
 inuser_num char(5))
begin
     declare category_num char(2);
     declare borrow_limit int;
     select c.借书期限 into borrow_limit
          from T_reader a inner join T_borrow b on a.借书证号 =b.读者编号
          inner join T_reader_type c on a.读者类别 =c.类别编号
                where a.借书证号 =reader_num;
     insert into D_lms.T_borrow(读者编号,图书编号,借阅日期,归还日期,操作号)
     values(reader_num,book_num,now(),date_add(now(),
     intervalborrow_limit day),uscr_num);
end $$
delimiter;
```

（2）类别编号更新。

```
delimiter $$
create procedure P_number_update
(in table_num int,
 in num char(6),
 in name varchar(50)
)
begin
     if table_num =1 then
          update D_lms.T_user_type
               set 类别名称 =name
                    where 类别编号 =num;
     end if;
     if table_num =2 then
          update D_lms.T_reader_type
               set 类别名称 =name
                    where 类别编号 =num;
     end if;
     if table_num =3 then
          update D_lms.T_book_type
               set 类别名称 =name
                    where 类别编号 =num;
     end if;
end $$
delimiter;
```

(3) 续借。

```
delimiter $$
create procedure P_reborrow
(i ncategory_num char(2),
 in book_num char(6)
)
begin
     declare borrow_limit int;
     select 借书期限 into borrow_limit from D_lms.T_reader_type
          where 类别编号 =category_num;
     update D_lms.T_borrow
        set 借阅日期 =now(),归还日期 =date_add(now(),
        interval borrow_limit day),状态 =1
             where 图书编号 =book_num;
end $$;
```

```
delimiter;
```

4）触发器设计

（1）借阅图书。

```
delimiter $$
create trigger TR_borrow after insert
      on T_borrow for each row
      begin
          declare errorint;
          declare book_num char(6);
          declare reader_num char(5);
          declare category_num char(2);
          declare continue handler for sql exception set error =1;
          begin work;
          select 图书编号,读者编号 into book_num,
          reader_num from D_lms.T_borrow;
          select c.类别编号 into category_num
          from T_reader a inner join T_borrow b on a.借书证号 =b.读者编号
          inner join T_reader_type c on a.读者类别 =c.类别编号
          where a.借书证号 =reader_num;
          update D_lms.T_reader_type
          set 借书数量 =借书数量 -1
          where 类别编号 =category_num;
          updateD_lms.T_borrow
          set 状态 =1
          where 图书编号 =book_num;
          commit;
          if(error =1)then
          rollback;
          end if;
      end $$
delimiter;
```

三、开发环境选择

开发与运行环境的选择会影响到数据库设计，本例的图书管理系统开发与运行环境选择如下。

（1）操作系统：Windows 8.1。

（2）开发工具：PHP 5.6。

（3）数据库管理系统：MySQL Server 5.7。

任务三　系统实现

在完成基本的数据库设计之后，需要进行数据库应用系统的程序开发。有本节介绍数据库连接设计与实现，以及图书管理系统中的登录模块、系统主模块及图书借阅管理模块的设计与实现。

一、数据库访问设计

数据库访问管理操作 conn.php 的主要代码如下。

```
<? php
$ server = "localhost";                  //服务器名
$ user = "root";                         //用户名
$ password = "123456";                   //密码
$ database = "D_lms";                    //连接的数据库
$ conn = mysql_connect( $ server, $ user, $ password) or die( "数据库服务器连接错误".mysql_error());               //连接服务器及连接失败提示
mysql_select_db( $ database, $ conn) or die( "数据库访问错误".mysql_error());                        //打开数据库及访问错误提示
mysql_query( "set names gb2312");       //设置字符集
```

二、登录模块设计

登录模块用于验证用户的合法性，若用户不合法，则不能进入系统。

登录程序 login.php 的主要代码如下。

```
…
function check(form){
      if(form.name.value = = ""){
            alert("请输入用户名!");form.name.focus();return false;
      }
      if(form.pwd.value = = ""){
            alert("请输入密码!");form.pwd.focus();return false;
      }
}
…
```

在浏览器中查看查看设计效果，设计好的登录界面如图 10.12 所示。

图 10.12　图书管理系统登录界面

三、图书借阅管理模块设计

图书借阅管理模块结合用户的借阅历史记录判断用户是否可以借阅图书。

图书借阅管理模块创建的 bookBorrow.php 的主要代码如下。

```
…
function checkreader(form){
    if(form.readerid.value==""){
        alert("请输入读者条形码!");form.readerid.focus();return;
    }
    form.submit();
}
function checkbook(form){
    if(form.bookid.value==""){
        alert("请输入图书条形码!");form.bookid.focus();return;
    }
    if(form.inputkey.value==""){
        alert("请输入查询关键字!");form.inputkey.focus();return;
    }
    if(form.numbr.value-form.borrowNumber.value<=0){
        alert("您不能再借阅其他图书了!");return;
    }
    form.submit();
}
…
```

图书借阅管理界面如图 10.13 所示。

读者验证　读者编号：　确定

姓　名：　性　别：　读者类型：

单位部门：　联系电话：　可借数量：　册

添加的依据：◉ 图书编号　○ 图书名称　确定　完成借阅

图书名称	借阅日期	归还日期	出版社	索引号	定价(元)

图 10.13　图书借阅管理界面

四、系统主模块设计

系统主模块通过菜单项集成所有系统功能。

创建系统主模块 main. php 的主要代码如下。

```
<html>
<head>
    <meta http-equiv="Content-type"content="text/html;
   charset=GB2312"/>
    <title>系统主菜单</title>
</head>
<body topMargin="0" leftMargin="0" bottomMargin="0"
vlink="D9DFAA" bgcolor="D9DFAA">
    <table border="0"cellpadding="0" cellspacing="0">
    <tr>
        <td><img src="images/图书借阅管理.jpg" width="190"
        height="42"></td>
    </tr>
    <tr>
        <td><ahref="bookBorrow.php" target="frmmain"><img
        src="images/借阅续借管理.jpg"width="190" height="36">
        </a></td>
    </tr>
    <tr>
        <td><ahref="bookBack.php" target="frmmain"><img
        src="images/图书归还管理.jpg" width="190" height="36"
        ></a></td>
    </tr>
    <tr>
        <td><ahref="bookSearch.php" target="frmmain"><img
```

```
    src = "images/图书书目查询 .jpg" width = "190" height = "36" >
    </td >
</tr >
<tr >
    <td > <img src = "images/读者信息管理 .jpg" width = "190"
    height = "42" > </td >
</tr >
<tr >
    <td > <ahref = "readerType.php" target = "frmmain" > <img
    src = "images/读者类别管理 .jpg" width = "190" height = "36" >
    </td >
</tr >
<tr >
    <td > <ahref = "readerModify.php" target = "frmmain" > <
    img src = "images/借书证管理 .jpg" width = "190"
    height = "36" > </td >
</tr >
<tr >
    <td > <img src = "images/图书信息管理 .jpg" width = "190"
    height = "42" > </td >
</tr >
<tr >
    <td > <ahref = "bookQuery.php" target = "frmmain" > <img
    src = "images/图书编目管理 .jpg" width = "190" height = "36" > </
    a > </td >
</tr >
<tr >
    <td > <ahref = "bookType.php" target = "frmmain" > <img
    src = "images/图书类别管理 .jpg" width = "190" height = "36"
    > </td >
</tr >
<tr >
    <td > <ahref = "bookModify.php" target = "frmmain" > <img
    src = "images/图书信息维护 .jpg" width = "190" height = "36" >
    </td >
</tr >
<tr >
    <td > <img src = "images/系统用户管理 .jpg" width = "190"
    height = "42" > </td >
```

```
    </tr>
    <tr>
        <td><ahref="userModify.php" target="frmmain"><img
        src="images/注册注销用户.jpg" width="190" height="36">
        </td>
    </tr>
    </table>
</body>
</html>
```

系统主界面如图 10.14 所示。

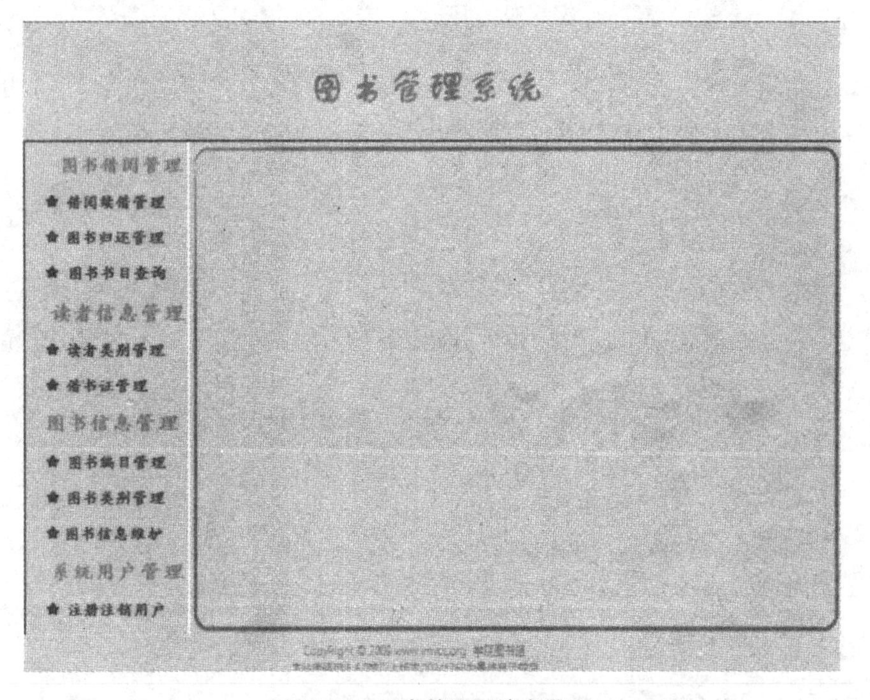

图 10.14　图书管理系统主界面

小　　结

本章通过图书管理系统介绍了数据库应用系统开发过程，包括系统分析、系统设计和系统实现。数据库设计是系统设计的其中一个方面，数据库设计包括数据库对象设计，如表、视图、函数、存储过程和触发器等。本章重点掌握数据库设计及其在 MySQL 中的实现。

习　题

1. 填空题

数据库设计除了数据库表设计外，还包括数据库（　　　）设计、（　　　）设计、（　　　）设计和（　　　）设计等。

2. 实践题

基于前面讨论的图书管理信息，开发一个用于教务管理的数据库应用系统。

拓展应用篇

项目十一

Java 访问 MySQL 数据库

一、下载与安装 MySQL Connector/J

本节介绍下载与安装 MySQL Connector/J 的方法和技巧。

（一）下载 MySQL Connector/J

在 MySQL 的官方网站下载 MySQL 驱动 MySQL Connector/J，下载网址为“http://dev. mysql. com/downloads/connector/j/5. 1. html”。在下载页面中有“Source and Binaries (zip)”和“Source and Binaries (tar. gz)”两个下载项，前者用于 Windows 操作系统，后者用于 Linux 操作系统。下载后的文件分别是“mysql - connector - java - 5. 1. 3 5. zip”和“mysql - connector - java. 5. 1. 35. tar. gz”，均包含驱动的源代码和二进制包。源代码可以自行进行编译，二进制包是编译好的驱动，名称为“mysql - connector - java - 5. 1. 35 - bin. jar”。

（二）安装 MySQL Connector/J 驱动

在 Windows 操作系统中，解压“mysql - connector - java - 5. 1. 35. zip”，将其路径添加到环境变量中，在 DOS 窗口中执行 Java 语句时若需要调用 JDBC 驱动，系统会自动到环境变量中查找。

在桌面的【计算机】图标单击鼠标右键，在弹出的快捷菜单中选择【属性】命令，打开【系统】窗口，选择【高级系统设置】选项，打开【系统属性】对话框，在 classpath 变量中添加“mysql - connector - java - 5. 1. 35 - bin. jar”的路径即可。

提示：在 Windows 操作系统中的 classpath 变量中添加 JDBC 驱动路径后，需要重新启动计算机才能生效。

在 Linux 操作系统中，使用 TAR 命令解压“mysql - connector - java - 5. 1. 35. tar. gz”，命令为：

tar - xzvf mysql - connector - java - 5. 1. 35tar. gz

解压完成后，可以看到源文件和 jar 包文件，需要在“/etc/profile”文件中添加 JDBC

驱动的 jar 包的路径。假设 jar 包“mysql - connector - java - 5. 1. 35 - bin. jar”在“/home/mine”目录下使用 vi 工具打开“/etc/profile”文件，然后按照下面的方式添加环境变量：

CLASSPATH =. ; /home/mine/mysql - connector - java - 5. 1. 35 - bin. jar

export CLASSPATH

二、Java 连接 MySQL 数据库

在 java. sql 包中存在 DriverManager 类、Connection 接口、Statement 接口和 ResultSet 接口，这些类和接口的含义和作用如下。

(1) DriverManager 类：负责加载各种不同的驱动程序（Driver），并根据不同的请求向调用者返回相应的数据库连接（Connection）。

(2) Connection 接口：管理建立好的数据库连接，负责进行数据库间通信，保证 SQL 执行以及事务处理在某个特定的 Connection 环境中进行。

(3) Statement 接口：主要用于执行 SQL 语句。

(4) ResultSet 接口：主要用于存储数据库返回的记录。

Java 连接 MySQL 数据库的过程如下。

（一）指定 MySQL 驱动程序

使用 java. lang. Class 类中的 forName（）方法指定 JDBC 驱动的类型，SQL 语句如下。

```
Class.forName("com.mysql.jdbc.Driver");
```

其中，com. mysql. jdbc. Driver 指 MySQL 的 JDBC 驱动中的 Driver 类，另外一个 Driver 类存储在 org. git. mm. mysql 包下，作用和 com. mysql. jdbc. Driver 完全一样，也可以使用 forName（）方法指定 MySQL 驱动，SQL 语句如下。

```
Class.forName("org.git.mm.mysql.Driver");
```

org. git. mm. mysql. Driver 类的代码如下。

```
public class Driver extends com.mysql.jdbc.Driver{ //Driver 类继承
com.mysql.jdbc.Driver 类
public Driver()throws SQLException{ //抛出 SQLException 异常
super();//调用 super()方法
}
}
```

从上面的代码可以看出，org. git. mm. mysql. Driver 类是 com. mysql. jdbc. Driver 的子类。尽管随着 com. mysql. jdbc. Driver 的退出，org. git. mm. mysql. Driver 也开始退出历史的舞台，但是为了保证早期使用 org. git. mm. mysql. Driver 的 Java 代码的可用性，在新的 JDBC 驱动程序中需要添加名为 org. git. mm. mysql. Driver 的类。

（二）使用 getConnection（）方法连接数据库

指定 MySQL 驱动程序以后，使用 DriverManager 类和 Connection 接口来连接数据库，这

里使用 DriverManager 类中的 getConnection( ) 方法实现过接，该方法返回一个 JDBC Connection 对象，应该把它存储在程序中，以便以后引用。调用 getConnection( ) 方法的语法如下。

```
DriverManager.getConnection(URL,username,password);
```

其中，URL 是程序要连接的数据库和要使用的 JDBC 驱动程序，username 是程序连接时所用的数据库用户名，password 是该用户的密码。

例 11.1 连接本地计算机 MySQL 数据库，MySQL 使用默认端口号 3306，连接的数据库为 test，使用用户 root 连接，密码为 feiyu123。

连接 MySQL 的语句如下。

```
Connection myConnection = DriverManager.getConnection(
"jdbc:mysql://localhost:3306/test",
"root",
"feiyu123"
);
```

本例也可以写为如下形式。

```
Stringurl = "jdbc:mysql://localhost:3306/test";//获取协议、IP 和端口等
信息
String user = "root";//获取数据库用户名
String password = "feiyu123";//获取数据库用户密码
ConnectionmyConnection = DriverManager.getConnection ( url, user,
password);//创建 Connection 对象
);
```

这个语句要调用 java. sql 包下的 DriverManager 类和 Connection 接口。Connection 接口是在 JDBC 驱动中实现的，JDBC 驱动的 com. mysql. jdbc 包下有 Connection 类。

三、Java 操作 MySQL 数据库

连接 MySQL 数据库以后，可以对 MySQL 数据库中的数据进行查询、插入、更新和删除等操作。Statement 接口主要用来执行 SQL 语句，执行后返回的结果由 ResultSet 接口管理，Java 主要通过这两个接口来操作数据库。

（一）创建 Statement 对象

Connection 对象调用 createStatement( ) 方法来创建 Statement 对象，该方法的语法格式如下。

```
Statement mystatement = connection.createStatement();
```

其中，mystatement 是 Statement 对象，connection 是 Connection 对象，createStatement( ) 方法返回 Statement 对象。Statement 对象创建成功后，可以调用其中的方法来执行 SQL 语句。

（二）使用 SELECT 语句查询数据

Statement 对象创建完成后，可以调用 executeQuery( ) 方法执行 SELECT 语句，查询结果返回给 ResultSet 对象。调用 executeQuer( ) 方法的语法格式如下。

```
ResultSet rs = statement.executeQuery("SELECT 语句");
```

通过该语句可以将查询结果存储到 rs 中。如果查询包含多条记录，可以使用循环语句来读取所有的记录，其代码如下。

```
while(rs.next()){
String ss = rs.getString("字段名");
System.out.print(ss);
}
```

其中，“字段名”参数表示查询出来的记录的字段名称，getString( ) 将指定字段的值取出来。

例 11.2 从表 fruits 中查询水果的名称和价格。

部分代码如下。

```
Statement mystatement = connection.createStatement();//创建 Statement 对象
ResultSet rs = statement.executeQuery("SELECT f_name,f_price FROM fruits");//执行 SELECT 语句,并且将查询结果传递到 Statement 对象中
while(rs.next()){//判断是否还有记录
String fn = rs.getString("f_name");//获取 f_name 字段的值
String fp = rs.getString("f_price");//获取 f_price 字段的值
System.out.print(fn + " " + fp);//输出字段的值
}
```

（三）插入、更新和删除数据

如果需要插入、更新和删除数据，需要用 Statement 对象调用 executeUpdate( ) 方法来实现，该方法执行后，返回影响表的行数。

使用 executeUpdate( ) 方法的语法格式如下。

```
int result = statement.executeUpdate(sql);
```

其中，sql 参数可以是 INSERT 语句，也可以是 UPDATE 语句或者 DELECT 语句，该语句的结果为数字。

例 11.3 向表 fruits 中插入一条新记录。

部分代码如下。

```
Statement mystatement = connection.createStatement();//创建 Statement 对象
```

```
Stringsql = " INSERT INTO fruits VALUES ( 'hl ' ,166, 'blackberry ',
20.2)";//获取 INSERT 语句
int result = statement.executeUpdate(sql);//执行 INSERT 语句,返回插入
的记录数
System.out.print(result);//输出插入的记录数
```

上述代码执行后，新记录将插入表 fruits 中，同时返回数字 1。

例 11.4 更新表 fruits 中 f_id 为 hl 的记录，将该记录的 f_price 改为 33.5。

部分代码如下。

```
Statement mystatement = connection.createStatement ( );//创建 State-
ment 对象
Stringsql = "UPDATE fruits SET f_price =33.5 WHERE f_id = 'hl'";//获取
UPDATE 语句
int result = statement.executeUpdate(sql);//执行 UPDATE 语句,返回更新
的记录数
System.out.print(result);//输出更新记录数
```

上述代码执行后，f_id 为 hl 的记录被更新，同时返回数字 1。

例 11.5 删除表 fruits 中 f_id 为 hl 的记录。

部分代码如下。

```
Statement mystatement = connection.createStatement ( );//创建 State-
ment 对象
Stringsql = "DELECT FROM fruits WHERE f_id = 'hl'"; //获取 DELECT 语句
int result = statement.executeUpdate (sql); //执行 DELECT 语句, 返回删
除的记录数
System.out.print (result); //输出删除的记录数
```

上述代码执行后，f_id 为 hl 的记录被删除，同时返回数字 1。

（四）执行任意 SQL 语句

如果无法确定 SQL 语句是查询还是更新，可以使用 execute( ) 函数，该函数的返回结果是 boolean 类型的值，返回值为 true 表示执行查询语句，返回 false 表示执行更新语句。调用 execute( ) 方法的代码如下。

```
boolean result = statement.execute(sql);
```

如果要获取 SELECT 语句的查询结果，需要调用 getResultSet( ) 方法。要获取 INSERT 语句、UPDATE 语句或者 DELECT 语句影响表的行数，需要调用 getUpdateCount( ) 方法。这两个方法的调用语句如下。

```
ResultSet result01 = statement.getResultSet();
int result02 = statement.getUpdate();
```

使用 execute() 函数执行 SQL 语句的部分代码如下。

```
Statement mystatement = connection.createStatement();//创建 Statement 对象
sql = ("SELECT f_name,f_price FROM fruits");//定义 sql 变量,获取 SELECT 语句
boolean rst = statement.execute(sql);//执行 SELECT 语句
//如果执行 SELECT 语句,则 execute()方法返回 TRUE
if(rst = =true){
ResultSet result = statement.getResultSet();//将查询结果传递给 result
While(result.next()){//判断是否还有记录
String fn = rs.getString("f_name");//获取 f_name 字段的值
String fp = rs.getString("f_price");//获取 f_price 字段的值
System.out.print(fn + " " + fp);//输出字段的值
}
}
//如果执行 UPDATE 语句、INSERT 语句或者 DELECT 语句,则 execute()方法返回 FALSE
else{
int ss = stat.getUpdateCount();//获取发生变化的记录数
System.out.println(ss);//输出记录数
}
```

如果执行的是 SELECT 语句，则 rst 的值为 true，将执行 if 语句中的代码；如果执行的是 INSERT 语句、UPDATE 语句或者 DELECT 语句，将执行 else 语句中的代码。

（五）关闭创建的对象

当所有的语句执行完毕后，需要关闭创建的对象，包括 Connection 对象、Statement 对象和 ResultSet 对象。关闭对象的顺序与创建对象的顺序正好相反，先关闭 ResultSet 对象，然后关闭 Statement 对象，最后关闭 ResultSet 对象。关闭对象使用 close() 方法，将对象的值设为空。关闭对象的部分代码如下。

```
if(result! =null){//判断 ResultSet 个对象是否为空
result.close();//调用 close()方法关闭 ResultSet 对象
result =null;
}
if(statement! =null){//判断 Statement 对象是否为空
statement.close();//调用 close()方法关闭 Statement 对象
statement =null;
}
if(connection! =null){//判断 Connection 对象是否为空
```

```
connection.close();//调用 close()方法关闭 Connection 对象
connection=null;
}
```

四、Java 备份和还原 MySQL 数据库

在 Java 语言中，使用 mysqldump 命令备份 MySQL 数据库，使用 mysql 命令还原数据库。本节将介绍备份与还原 MySQL 数据库的方法和技巧。

（一）备份 MySQL 数据库

Java 语言中的 Runtime 类的 exec() 方法可以运行外部的命令。调用 exec() 方法的代码如下。

```
Runtimerr=Runtime.getRuntime();
rr.exec("外部命令语句");
```

在 Windows 操作系统下用 Java 备份 MySQL 数据库的部分代码如下。

```
Stringstr="mysqldump -u root -p feiyu123 -pot mytest >d:/mytest.sql";
//将 mysqldump 命令的语句赋值给 str
Runtimerr=Runtime.getRuntime();//创建 Runtime 对象
rr.exec("cmd/c"+str);//调用 exec()函数
```

上面的例子将数据库 mytest 备份到 D:\目录下的 mytest.sql 文件中。使用 -pot 选项可以提高备份的速度，cmd 表示要使用 cmd 命令来打开 DOS 窗口，/c 表示执行完毕后关闭 DOS 窗口。

（二）还原 MySQL 数据库

用 Java 还原 MySQL 数据库时，使用 exec() 方法来执行 mysql 命令。
在 Windows 操作系统下用 Java 还原 MySQL 数据库的部分代码如下。

```
Stringstr="mysql -u root -p feiyu123 mytest >d:/mytest.sql";
//将 mysql 命令的语句赋值给 str
Runtimerr=Runtime.getRuntime();//创建 Runtime 对象
rr.exec("cmd/c"+str);//调用 exec()函数
```

上面的例子将 D:\目录下的 mytest.sql 文件还原到数据库 mytest 中。

项目十二

PHP 操作 MySQL 数据库

一、PHP 访问 MySQL 数据库的一般步骤

通过 Web 访问数据库的工作过程一般分为以下几个步骤；

（1）用户使用浏览器对某个页面发出 HTTP 请求；

（2）服务器端接收到请求，并发送给 PHP 程序进行处理；

（3）PHP 解析代码，在代码中有连接 MySQL 数据库的命令和请求特定数据库的特定数据的 SQL 命令，根据这些代码，PHP 打开一个和 MySQL 的连接，并且发送 SQL 命令到 MySQL 数据库；

（4）MySQL 接收并执行 SQL 语句，执行完毕后将执行结果返回到 PHP 程序；

（5）PHP 执行代码，并根据 MySQL 返回的请求结果数据，生成特定格式的 HTML 文件，然后传递给浏览器，HTML 代码经过浏览器解释执行，就是用户请求的展示结果。

二、连接数据库前的准备工作

在连接数据库之前，需要对 PHP 进行配置，从而支持 MySQL 数据库。

（一）在 Windows 系统下配置 PHP

默认情况下，从 PHP5 开始，PHP 不再自动开启对 MySQL 的支持，需要用户在扩展函数库中手动开启 MySQL 函数库。方法是打开 php. ini，找到“；extension = php_mysql. dll”，去掉该语句前面的分号（;），如图 12.1 所示，保存 php. ini 文件，然后重新启动 IIS 或 APACHE服务器即可。

配置文件设置完成后，可以通过 phpinfo( ) 函数来检查是否配置成功，如果 PHP 的环境配置信息中出现 mysql 项目，表示已经开启了对 MySQL 数据库的支持，如图 12.2 所示。

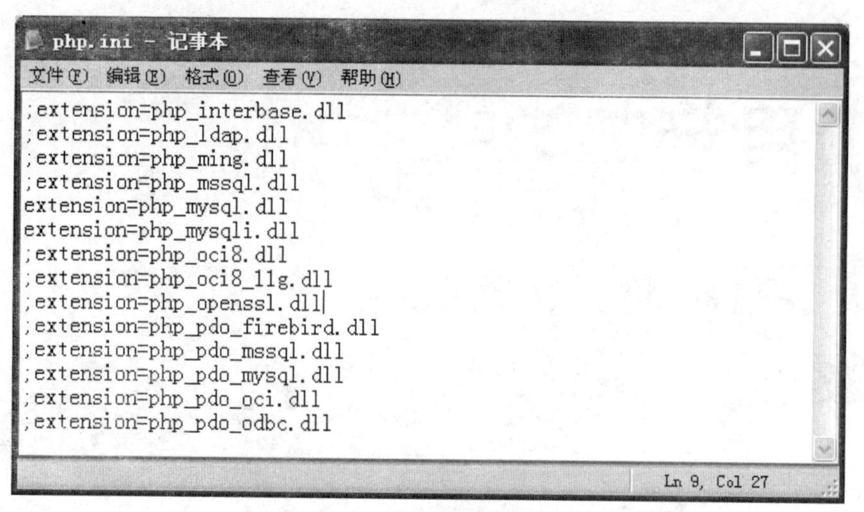

图 12.1 修改 php.ini 文件

mysql

MySQL Support	enabled
Active Persistent Links	0
Active Links	0
Client API version	mysqlnd 5.0.11-dev - 20120503 - $Id: 3c688b6bbc30d36af3ac34fdd4b7b5b787fe5555 $

Directive	Local Value	Master Value
mysql.allow_local_infile	On	On
mysql.allow_persistent	On	On
mysql.connect_timeout	60	60
mysql.default_host	*no value*	*no value*
mysql.default_password	*no value*	*no value*
mysql.default_port	*no value*	*no value*
mysql.default_socket	*no value*	*no value*
mysql.default_user	*no value*	*no value*
mysql.max_links	Unlimited	Unlimited
mysql.max_persistent	Unlimited	Unlimited
mysql.trace_mode	Off	Off

mysqli

MysqlI Support	enabled
Client API library version	mysqlnd 5.0.11-dev - 20120503 - $Id: 3c688b6bbc30d36af3ac34fdd4b7b5b787fe5555 $
Active Persistent Links	0
Inactive Persistent Links	0
Active Links	0

图 12.2 PHP 的环境配置页面

（二）在 Linux 系统下配置 PHP

假设 Apache 服务器安装在/usr/local/apache 目录下，那么 httpd.conf 就应该在/usr/local/apache/conf/目录下。使用 vi 工具打开 httpd.conf，在其中加入以下信息：

```
load Module php5_module modules/libphp5.so
Add Type application/x-httpd-php.php
```

重新启动 Apache 服务器，命令如下。

```
Shell > /etc/init.d/httpd.restart
```

三、PHP 操作 MySQL 数据库所用的函数

下面介绍 PHP 操作 MySQL 数据库所使用的函数的含义和使用方法。

（一）通过 MySQL 类库访问 MySQL 数据库

PHP 操作 MySQL 数据库是通过 MySQLI 类库来完成的。这个类是 PHP 专门针对 MySQL 数据库设计的扩展接口。

下面以通过 Web 向 user 数据库请求数据为例，介绍使用 PHP 函数处理 mysql 数据库数据的方法，具体步骤如下。

step 01 在网站根目录下创建文件夹 phpmysql。

step 02 在文件夹 phpmysql 下建立文件 htmlform. html，输入的代码如下。

```
<html>
<head>
<title>Finding User</title>
</head>
<body>
<h2>Finding users frommysql database.</h2>
<form action="formhandler.php" method="post">
Fill user name:
<input name="username" type="text" size="20"/><br/>
<input name="submit" type="submit" value="Find"/>
</form>
</body>
</html>
```

step 03 在文件夹 phpmysql 下建立文件 formhandler. php，输入的代码如下。

```
<html>
<head>
<title>User found</title>
</head>
<body>
<h2>User found frommysql database.</h2>
<? php
$ username = $_POST['username'];
if(! $ username){
echo "Error:There is no data passed.";
exit;
```

```
}

if(! get_magic_quotes_gpc()){
$ username = addslashes( $ username);
}
@ $ db = mysqli_connect('localhost','root','753951','adatabase');

if(mysqli_connect_errno()){
echo "Error:Could not connect to mysql database.";
exit;
}

$ q = "SELECT * FROM user WHERE name = ' ". $ username." ' ";

$ result = mysqli_query( $ db, $ q);
$ rownum = mysqli_num_rows( $ result);

for( $ i = 0; $ i < $ rownum; $ i ++){
$ row = mysqli_fetch_assoc( $ result);
echo "Id:". $ row['id']." <br/> ";
echo "Name:". $ row['name']." <br/> ";
echo "Age:". $ row['age']." <br/> ";
echo "Gender:". $ row['gender']." <br/> ";
echo "Info:". $ row['info']." <br/> ";
}
mysqli_free_result( $ result);
mysqli_close( $ db);

? >
< /body >
< /html >
```

step 04　运行 htmlform. html，结果如图 12. 3 所示。

step 05　在输入框中输入用户名“lilili”，单击【Find】按钮，页面跳转至 formhandler. php，并返回请求结果，如图 12. 4 所示。

在运行本实例前，用户可以参照前面项目的知识，在 MySQL 服务器上创建数据库 adatabase，添加数据表 user，然后添加一些演示数据即可。

在下面的小节中，将详细分析此案例中所用函数的含义和使用方法。

（二）使用 mysqli_connect( ) 函数连接 MySQL 服务器

PHP 使用 mysqli_connect( ) 函数连接 MySQL 数据库。

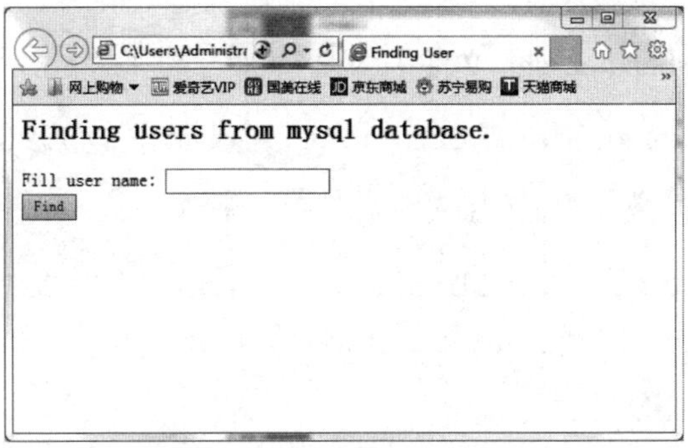

图 12.3　htmlform. html 页面

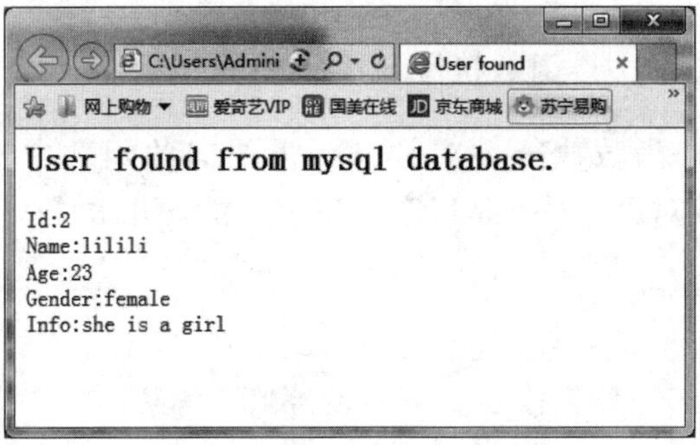

图 12.4　formhandler. php 页面

mysqli_connect( ) 函数的格式如下。

```
mysqli_connect('MySQL服务器地址','用户名','用户密码','要连接的数据库名')
```

例如，$ db = mysqli_connect（'localhost','root','753951','adatabase'）;

上述语句通过 mysqli_connect 函数连接 MySQL 数据库，并把此连接生成的对象传递给名为 $ db 的变量，也就是对象 $ db。其中，MySQL 服务器地址为 localhost，用户名为 root，用户密码为 root 用户的登录密码 753951，要连接的数据库名为 adatabase。

默认情况下，MySQL 服务的端口号为 3360，如果采用默认的端口号，可以不用指定。如果采用了其他的端口号，比如采用 1066 端口，则需要特别指定。例如，127.0.0.1：1066，表示 MySQL 服务于本地机器的 1066 端口。

（三）使用 mysqli_select_db( ) 函数选择数据库文件

连接到数据库以后，需要选择数据库，只有选择了数据库，才能对数据表进行相关的操作。这里需要使用函数 mysqli_select_db( ) 来选择，其格式如下。

```
mysqli_select_db（数据库服务器连接对象，目标数据库名）
```

例如，“$ db = mysqli_connect（‘localhost’，‘root’，‘753951’，‘adatabase’）;”语句已经通过传递参数值 adatabase 确定需要操作的数据库。如果不传递此参数，而只提供“MySQL 服务器地址”“用户名”和“用户密码”，mysqli_connect( ) 函数也可以连接到 MySQL 数据库服务器并且以相应的用户登录。如果上例的语句变为“$ db = mysqli_connect（‘localhost’，‘root’，‘753951’）;”也可以成立。此时，必须继续选择具体的数据库来进行操作。

如果把上例中的 formhandler. php 文件中的语句：

```
@ $ db =mysqli_connect('localhost','root','753951','adatabase');
```

用以下两个语句替代：

```
@ $ db =mysqli_connect('localhost','root','753951');
mysqli_select_db( $ db,'adatabase');
```

程序的运行效果完全一样。

在新的语句中，"mysqli_select_db（ $ db，'adatabase'）；"语句确定了数据库服务器连接对象为 $ db，目标数据库名为 adatabase。

（四）使用 mysqli_query() 函数执行 SQL 语句

使用 mysqli_query() 函数执行 SQL 语句，需要向此函数中传递两个参数，一个是 MySQL 数据库服务器连接对象，一个是以字符串表示的 SQL 语句。mysqli_query() 函数的格式如下。

```
mysqli_query (数据库服务器连接对象, SQL 语句)
mysqli_query() //函数执行 SQL 语句之后返回结果。
```

（五）使用 mysqli_fetch_assoc() 函数从数组结果集中获取信息

要使用 mysqli_fetch_assoc() 函数从数组结果集中获取信息，只需确定 SQL 请求返回的对象即可。

"$ row = mysqli_fetch_assoc （ $ result）；"语句直接从 $ result 结果中取得一行，并且以关联数组的形式返回给 $ row。

（六）使用 mysqli_fetch_object() 函数从结果中获取一行作为对象

要使用 mysqli_fetch_object() 函数从结果中获取一行作为对象，同样只需确定 SQL 请求返回的对象即可。

（七）使用 mysqli_num_rows() 函数获取查询绪果集中的记录数

要使用 mysqli_num_rows() 函数获取查询结果包含的数据记录的条数，只需要给出返回的数据对象即可。

（八）使用 mysqli_free_resuit() 函数释放资源

释放资源的函数为 mysqli_free_result()，函数的格式如下。

```
mysqli_free_result(SQL 请求所返回的数据库对象)
```

（九）使用 mysqli_close() 函数关闭连接

在连接数据库时，可以使用 mysqli_connect() 函数，完成一次对服务器的使用后，关闭此连接，以免对 MySQL 服务器中的数据误操作并释放资源。服务器的连接也是对象型的数据类型。

mysqli_close( ) 函数的格式如下。

```
mysqli_close (需要关闭的数据库连接对象)
```

四、实例——使用 insert 语句动态添加用户信息

下面将使用其他 SQL 语句实现 PHP 的数据请求。

向数据库 adatabase 的数据库表 user 中添加新的用户信息，具体操作步骤如下。

step 01 在文件夹 phpmysql 下建立文件 insertform. html，并输入如下代码：

```
<html>
<head>
<title>Adding User</title>
</head>
<body>
<h2>Adding users tomysql database.</h2>
<form action = "formhandler.php" method = "post">
Select gender:
<select name = "gender">
<option value = "male">man</option>
<option value = "female">woman</option>
</select><br />
Fill user name:
<input name = "username" type = "text" size = "20"/> <br />
Fill user age:
<input name = "age" type = "text" size = "3"/> <br />
Fill user info:
<input name = "info" type = "text" size = "60"/> <br />
<input name = "submit" type = "submit" value = "Add"/>
</form>
</body>
</html>
```

step 02 在文件夹 phpmysql 下建立文件 insertformhandler. php，并输入如下代码：

```
<html>
<head>
<title>User adding</title>
</head>
<body>
<h2>adding new user.</h2>
```

```
<? php
$ username = $_POST['username'];
$ gender = $_POST['gender'];
$ age = $_POST['age'];
$ info = $_POST['info'];
if(! $ username and ! $ gender and ! $ age and ! $ info){
echo "Error:There is no data passed.";
exit;
}
if(! $ username of ! $ gender of ! $ age or ! $ info){
echo "Error:Some data did not be passed.";
exit;
}
if(! get_magic_quotes_gpc()){
$ username =addslashes( $ username);
$ gender =addslashes( $ gender);
$ age =addslashes( $ age);
$ info =addslashes( $ info);
}
@$ db =mysqli_connect('localhost','root','753951');
mysqli_select_db( $ db,'adatabase');
if(mysqli_connect_errno()){
echo "Error:Could not connect to mysql database.";
exit;
}
$ q ="INSERT INTO user(name,age,gender,info)VALUES('$ username',$
age,'$ gender','$ info')";
if(! mysqli_query( $ db, $ q)){
echo"no new user has been added to database.";
}else{
echo"New user has been added to database.";
};
mysqli_close( $ db);
? >
</body>
</html>
```

step 03　运行 insertform. html，运行结果如图 12. 5 所示。

step 04　单击【Add】按钮，页面跳转至 insertformhandler. php，并返回执行结果，如图 12. 6 所示。

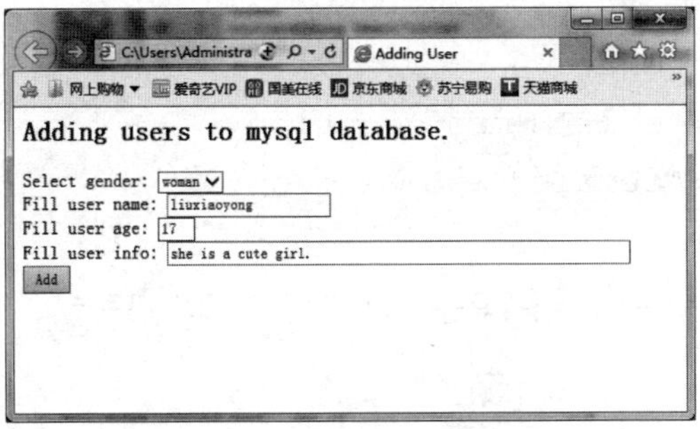

图 12.5 insertform. html 页面

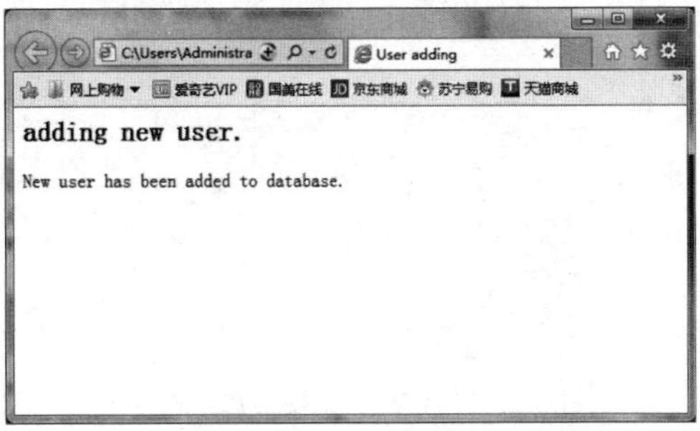

图 12.6 insertformhandler. php 页面

此时数据库的表 user 中就被添加了一个新的元素。

各个文件的作用如下。

（1）在 insertform. html 文件中，除 user 表中 id 字段以外，其余字段的信息输入框都存在；

（2）在文件 insertformhandler. php 中，建立 mysql 连接，生成连接对象等操作都与上例中的程序相同，只是将 sql 请求语句的内容改为“ $ q = “INSERT INTO user（name, age, gender, info）VALUES（‘ $ username’, $ age, ‘ $ gender’, ‘ $ info’）”;” 插入语句。其中，name、gender、info 字段为字符串型，所以 $ username、 $ gender、 $ info 三个变量要以字符串的形式加入。

五、实例二——使用 select 语句查询数据信息

本例讲述如何使用 select 语句查询数据信息，具体操作步骤如下。

step 01 在文件夹 phpmysql 下建立文件 selectform. html，并输入如下代码：

```
<html>
<head>
<title>Finding User</title>
</head>
<body>
<h2>Finding users from mysql database.</h2>
<form action="select formhandler.php" method="post">
```

```
Select gender:
<select name="gender">
<option value="male">man</option>
<option value="female">woman</option>
</select><br />
<input name="submit" type="submit" value="Find"/>
</form>
</body>
</html>
```

step 02　在文件夹 phpmysql 下建立文件 selectformhandler. php，并输入如下代码：

```
<html>
<head>
<title>User found</title>
</head>
<body>
<h2>User found from mysql database. </h2>
<? php
$ gender = $_POST['gender'];
if(! $ gender){
echo "Error:There is no data passed.";
exit;
}
if(! get_magic_quotes_gpc()){
$ gender=addslashes( $ gender);
}
@$ db=mysqli_connect('localhost','root','753951');
mysqli_select_db( $ db,'adatabase');
if(mysqli_connect_errno()){
echo "Error:Could not connect to mysql database.";
exit;
}
$ q="SELECT * FROM user WHERE gender='". $ gender."'";
$ result=mysqli_query( $ db, $ q);
$ rownum=mysqli_num_rows( $ result);
for( $ i=0; $ i< $ rownum; $ i++){
$ row=mysqli_fetch_assoc( $ result);
echo "Id:". $ row['id']."<br/>";
echo "Name:". $ row['name']."<br/>";
echo "Age:". $ row['age']."<br/>";
```

```
echo "Gender:". $ row['gender']." <br/> ";
echo "Info:". $ row['info']." <br/> ";
}
mysqli_free_result( $ result);
mysqli_close( $ db);
? >
< /body >
< /html >
```

step 03 运行 selectform. html，结果如图 12. 7 所示。

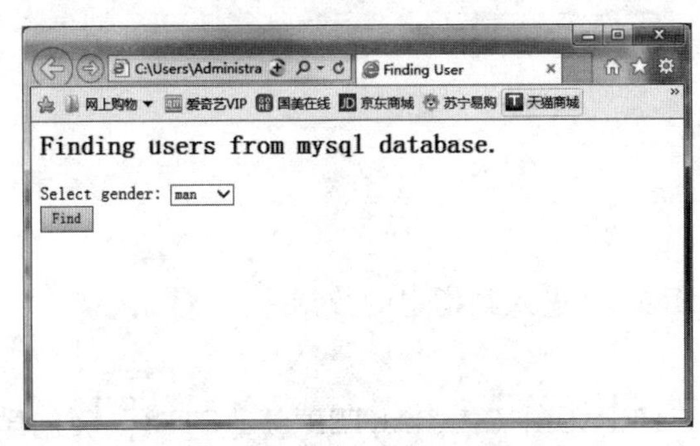

图 12. 7 selectform. html 页面

step 04 单击【Find】按钮，页面跳转至 selectformhandler. php，并返回信息，如图 12. 8 所示。

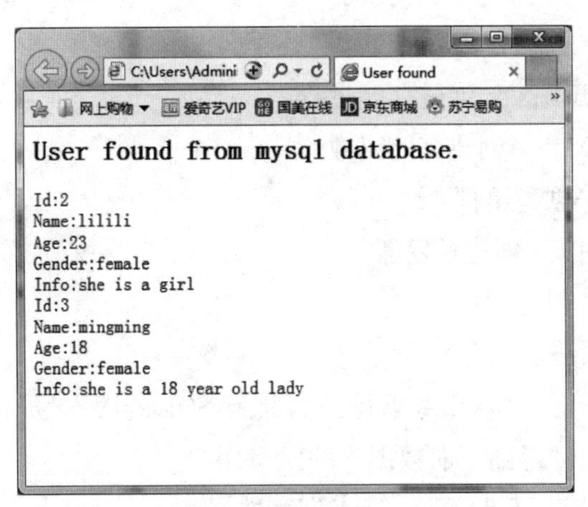

图 12. 8 selectformhandler. php 页面

此时，程序给出了所有 gender 为 female 的用户信息。

附录 A

MySQL 常用语句

1. USE

USE DATABASENAME；//进入到指定的数据库

2. CREATE

CREATE DATABASE DEFAULT CHARACTER SET UTF8；//创建库，并指定字符集

CREATE TABLE TABLENAME（COLUMS）；//创建表，并且为表指定相关列

CREATE INDEX；//创建普通索引

CREATE UNIQUE；//创建唯一性索引

CREATE VIEW；//创建视图：

CREATE PROCEDURE；//创建存储过程

CREATE FUNCTION；//创建存储函数

CREATE VIEW；//创建事件：

CREATE TRIGGER；//创建触发器：

CREATE USER；//创建用户：

3. SELECT

SELECT VERSION()；//从服务器得到当前 MySQL 的版本号与当前日期

SELECT USER()；//得到当前数据库的所有用户

SELECT * FROM TABLENAME；//查询表数据

SELECT FUNCTIONNAME；//调用存储函数

4. INSERT

INSERT [REPLACE] INTO TABLENAME VALUES；//向表插入数据，可以一次插入多行数据，数据之间用“,”分隔。

5. UPDATE

UPDATE…SET…；//更新表数据

6. ALTER

ALTER DATABASE；//修改数据库

ALTER TABLE；//修改表

ALTER VIEW；//修改视图

ALTER PROCEDURE；//修改存储过程

ALTER FUNCTION；//修改存储函数

ALTER EVENT；//修改事件

7. DELETE

DELETE FROM TABLENAME WHERE；//删除符合条件的表数据

8. DROP

DROP DATABASE DBNAME；//删除库：

DROP TABLE TABLENAME；//删除表：

DROP INDEX INDEXNAME；//删除索引：

DROP VIEW VIEWNAME；//删除视图

DROP PROCEDURE PROCEDURENAME；//删除存储过程

DROP FUNCTION FUNCTIONNAME；//删除存储函数

DROP EVENT EVENTNAME；//删除事件

DROP TRIGGER TRIGGERNAME；//删除触发器

DROP UASE USERNAME；//删除用户

9. SHOW

SHOW STATUS；//显示一些系统特定资源的信息，例如，正在运行的线程数量

SHOW VARIABLES；//显示系统变量的名称和值

SHOW PRIVILEGES；//显示服务器所支持的不同权限

SHOW DATABASES；//查看所有数据库

SHOW TABLES；//查看当前数据库中的所有表（视图）；

SHOW INDEX FROM TABLENAME；//显示表的索引

SHOW PROCEDURE STATUS；//查看存储过程

SHOW CREATE PROCEDURE；//查看预先指定的存储过程的文本

SHOW FUNCTION STATUS；//查看存储函数

SHOW CREATE FUNCTION；//查看预先指定的顾念函数的文本

SHOW EVENTS；//查看事件

SHOW TRIGGERS；//查看触发器，注意，没有 STATUS。

10. DEACRIBE/ DESC

DEACRIBE TABLENAME；//详细显示表中的所有信息

DESC VIEW；//详细显示视图中的所有信息

11. LOAD DATA INFILE/ SELECT INTO OUTFILE

SELECT * FROM pet INTO OUTFILE 'mytable. txt'；//备份表 pet 数据

LOAD DATA LOCAL INFILE 'mytable. txt' INTO TABLE pet；//导入数据到表中

12. GRANT/ REVOKE

GRANT all on *. * topeter@ localhost@ localhost identified by '123456';//创建 MySQL 账户，并授予其权限。

REVOKE all on XSGL. * FRO Mpeter@ localhost；//回收用户权限

13. MySQLDUMP

MySQLDUMP—all - databases > all_databases. sql；//备份数据库

14. CALL PROCEDURENAME

CALL PROCEDURENAME；//调用一个使用 CREATE PROCEDURE 建立的预先指定的存储过程

附录 B

存储引擎

1. 关于存储引擎

存储引擎是存储数据为存储的数据建立索引和更新、查询数据等技术的实现方法。因为在关系数据库中数据的存储是以表的形式存储的，所以存储引擎也可以称为表类型（即存储和操作此表的类型）。

在 Oracle 和 SQL Server 等数据库中只有一种存储引擎，所有数据存储管理机制相同的，而 MySQL 数据库提供了多种存储引擎，用户可以根据不同的需求为数据表选择不同的存储引擎，也可以根据自己的需要编写合适存储引擎。

2. MySQL 支持的存储引擎

（1）MyISAM：默认的 MySQL 插件式存储引擎，它是在 Wed、数据仓储和其他应用环境下最常使用的存储引擎之一。通过更改 STORAGE_ENGINE 配置变量，能够方便地更改 MySQL 服务的默认存储引擎。它是 Linux 平台默认的存储引擎，不支持事务，也不支持外键，尤其是访问速度快，对事务完整性没有要求或者以 SELECT、INSERT 为主的应用基本都可以使用这个引擎来创建表。

每个 MyISAM 在磁盘上存储成 3 个文件，其中文件名和表名都相同，但是扩展名分别为 . frm（存储表定义）、. MYD（MYData，存储数据）、. MYI（MYIndex，存储索引）。

（2）InnoDB：用于事务处理应用程序，具有众多特性，包括 ACID 事务支持，是 Windows 平台默认的存储引擎。它提供了具有提交、回滚和崩溃恢复能力的事务安全，但是比 MyISAM 的存储引擎的写处理效率差，并且会占用更多的磁盘空间以保留数据和索引。

①自动增长列。InnoDB 表的自动增长列可以手工插入，但是插入的如果是空或 0，则实际插入到则是自动增长后到值。通过" ALTER TABLE…AUTO_INCREMENT = n;" 语句强制设置自动增长值的起始值，默认为 1，但是该强制到默认值是保存在内存中，数据库重启后该值将会丢失。使用 LAST_INSERT_ID( ) 查询当前线程最后插入记录使用的值。如果一次插入多条记录，那么返回的是第一条记录使用的自动增长值。

对于 InnoDB 表，自动增长列必须是索引。如果是组合索引，也必须是组合索引的第一列，但是对于 MyISAM 表，自动增长列可以是组合索引的其他列，这样插入记录后，自动增长列是按照组合索引到前面几列排序后递增的。

②外键约束。MySQL 支持外键的存储引擎只有 InnoDB，在创建外键的时候，父表必须有对应的索引，子表在创建外键的时候也会自动创建对应的索引。

在创建索引的时候，可以指定在删除、更新父表时对子表进行的操作，包括 restrict、cascade、set null 和 no action。其中，restrict 和 no action 限制子表有关联的情况下，子表不能更新；casecade 表示父表在更新或删除时，更新或者删除子表对应的记录；set null 表示父表在更新或者删除时，子表对应的字段被 set null。

当某个表被其他表创建外键参照时，该表对应的索引或主键被禁止删除。

"set foreign_key_checks =0;"语句临时关闭外键约束，"set foreign_key_checks =1;"语句打开约束。

③BDB：可替代 InnoDB 的事务引擎，支持 COMMIT、ROLLBACK 和其他事务特性。

④Memory：将所有数据保存在 RAM 中，在需要快速查找引用和其他类似数据的环境下，可提供极快的访问。每个 MEMORY 表实际对应一个磁盘文件，格式是 . frm。MEMORY 类型的表访问速度非常快，因为它的数据是存放在内存中的，并且默认使用 HASH 索引，服务器一旦关闭，表中的数据就会丢失，但表还会继续存在。

服务器需要足够的内存来维持同一时间使用的 MEMORY 表，当不再使用 MEMORY 表时，执行 DELETE FROM 和 truncate table 或者删除整个表，以释放 MEMORY 表所占用的内存。

每个 MEMORY 表中放置数据量的大小，受到 max_heap_table_size 系统变量的约束，该系统变量的初始值是 16M，同时在创建 MEMORY 表时可以使用 MAX_ROWS 子句来指定表中的最大行数。

MySQL 5. 5. 版本之前默认为 MyISAM，MySQL5. 5 以后默认使用 InnoDB 存储引擎，其中，InnoDB 和 BDB 提供事务安全表，其他存储引擎为非事务安全表。

3. MySQL 中关于存储引擎的基本操作

1）查看数据库可以支持的存储引擎

用 SHOW 命令显示当前数据库支持的存储引擎情况，语句如下。

MySQL > show engines;

WAMP 下的运行结果见附表 1。

附表 1　MySQL 在 WAMP 下的运行结果

Engine	Support	Comment	Transactions	XA	Savepoints
FEDERATED	NO	FederatedMySQL storage engine	NULL	NULL	NULL
MRG_MYISAM	YES	Collection of identicalMyISAM tables	NO	NO	NO
MyISAM	YES	MyISAM storage engine	NO	NO	NO
BLACKHOLE	YES	/ dev/ null storage engine (anything you write to it…)	NO	NO	NO
CSV	YES	CSV storage engine	NO	NO	NO
MEMORY	YES	Hashbased, stored in memory, useful for temporary…	NO	NO	NO

续表

Engine	Support	Comment	Transactions	XA	Savepoints
ARCHIVE	YES	Archive storage engine	NO	NO	NO
InnoDB	DEFAULT	Supportstransactions, row - level locking, and fore…	YES	YES	YES
PERFORMANCE_SCHEMA	YES	Performance Schema	NO	NO	NO

2）通过查看表的结构等信息来查看存储引擎

（1）通过显示表的创建语句查看表的存储引擎。

MySQL > Show create table tablename;

结果如附图1所示。

```
| course | CREATE TABLE `course` (
  `c_no` char(4) NOT NULL,
  `c_name` char(10) DEFAULT NULL,
  `hours` int(11) DEFAULT NULL,
  `credit` int(11) DEFAULT NULL,
  `type` varchar(10) DEFAULT NULL,
  PRIMARY KEY (`c_no`)
) ENGINE=InnoDB DEFAULT CHARSET=gb2312 |
```

附图1　存储引擎查看结果1

（2）通过显示表的当前状态值查看表的存储引擎。

MySQL > show table status like 'course' \ G;

结果如附图2所示。

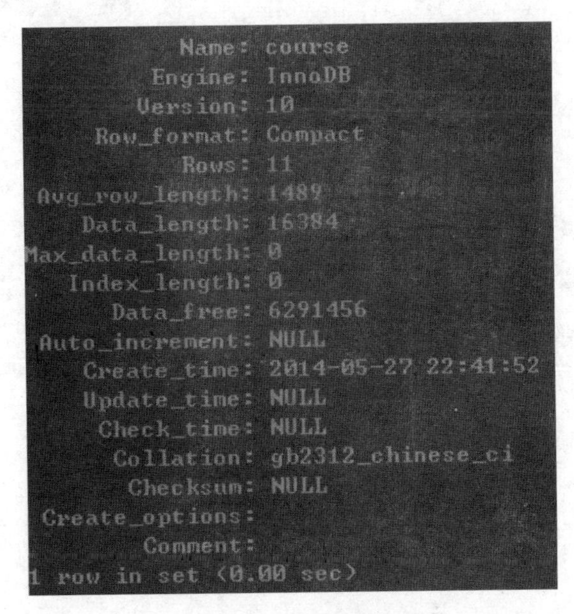

```
           Name: course
         Engine: InnoDB
        Version: 10
     Row_format: Compact
           Rows: 11
 Avg_row_length: 1489
    Data_length: 16384
Max_data_length: 0
   Index_length: 0
      Data_free: 6291456
 Auto_increment: NULL
    Create_time: 2014-05-27 22:41:52
    Update_time: NULL
     Check_time: NULL
      Collation: gb2312_chinese_ci
       Checksum: NULL
 Create_options:
        Comment:
1 row in set (0.00 sec)
```

附图2　存储引擎查看结果2

3）设置或修改表的存储引擎

在创建新表时指定存储引擎，或通过使用 ALTER TABLE 语句指定存储引擎。

（1）要想在创建表时指定存储引擎，可使用ENGINE参数。

```
MySQL > CREATE TABLE Test(
Id INT
) ENGINE = MyISAM;
```

（2）要想更改已有表的存储引擎，可使用ALTER TABLE语句。

```
MySQL > ALTER TABLE Test ENGINE = INNODB;
```